"十三五"国家重点出版物出版规划项目
新时代中国核电发展战略及技术研究丛书

中国自主先进压水堆技术
"华龙一号"
（下册）

HPR1000: China's Advanced Pressurized
Water Reactor NPP
(Volume 2)

邢 继 吴 琳 等 著

科学出版社
北 京

内 容 简 介

本书是以中国具有完整自主知识产权的"华龙一号"示范工程(福建福清核电厂5、6号机组)成果为基础,重点介绍了"华龙一号"的研发历程、安全理论、系统设计、厂房结构与布置、运行调试、安全分析及评价等。本书共分为上、下两册。上册介绍了"华龙一号"的总体方案和各功能系统,包括反应堆及其冷却剂系统、核辅助系统、专设安全系统、设计扩展工况应对措施、放射性废物处理系统、公用系统、辐射防护、核电厂消防、常规岛系统及设备、电气系统、仪表与控制系统、厂房布置及结构、运行技术;下册介绍能动与非能动相结合的安全理论、安全分析及评价、设计验证试验、安全评价活动、设备国产化及自主知识产权等。

本书既是对"华龙一号"技术的全面总结,也是对研发成果的高度概括,向读者呈现了"华龙一号"技术的整体和构成。本书可供核能专业研究者、研究生、本科生及核电行业设计、建造、运行、管理人员等阅读和参考。

图书在版编目(CIP)数据

中国自主先进压水堆技术"华龙一号". 下册 = HPR1000: China's Advanced Pressurized Water Reactor NPP(Volume 2) / 邢继等著. —北京:科学出版社,2020.12

(新时代中国核电发展战略及技术研究丛书)

"十三五"国家重点出版物出版规划项目

ISBN 978-7-03-067052-6

Ⅰ. ①中⋯ Ⅱ. ①邢⋯ Ⅲ. ①压水型堆–研究–中国 Ⅳ. ①TL421

中国版本图书馆 CIP 数据核字(2020)第 237924 号

责任编辑:吴凡洁 耿建业 韩丹岫 / 责任校对:王萌萌
责任印制:吴兆东 / 封面设计:蓝正设计

科学出版社 出版
北京东黄城根北街 16 号
邮政编码:100717
http://www.sciencep.com

北京捷迅佳彩印刷有限公司 印刷
科学出版社发行 各地新华书店经销
*

2020 年 12 月第 一 版 开本:787×1092 1/16
2023 年 4 月第三次印刷 印张:15 1/2
字数:349 000

定价:210.00 元
(如有印装质量问题,我社负责调换)

丛书编委会

主　　编：

　　叶奇蓁　　中国工程院院士，中国核电工程有限公司

编　　委：

　　陈念念　　中国工程院院士，中国核工业集团公司
　　刘正东　　中国工程院院士，钢铁研究总院
　　王乃彦　　中国科学院院士，中国核工业集团公司
　　于俊崇　　中国工程院院士，中国核动力研究设计院
　　吴宜灿　　中国科学院院士，中国科学院核能安全技术研究所
　　邢　继　　"华龙一号"总设计师，中国核电工程有限公司
　　郑明光　　"国和一号"总设计师，上海核工程研究设计院有限公司
　　张作义　　高温气冷堆示范工程总设计师，清华大学
　　隋永滨　　正高级工程师，中国机械工业联合会
　　付满昌　　正高级工程师，国家电力投资集团
　　赵成昆　　正高级工程师，中国核能行业协会
　　张东辉　　正高级工程师，中国原子能科学研究院
　　焦拥军　　正高级工程师，中国核动力研究设计院
　　徐洪杰　　研究员，中国科学院上海应用物理研究所
　　苏　罡　　正高级工程师，中国核电工程有限公司

丛书序

核能是安全、清洁、低碳、高能量密度的战略能源，核能作为我国现代能源体系的重要组成部分，在推动可持续发展、确保国家能源安全、提升中国在全球能源治理中的话语权等方面具有重要的作用与地位。核能对在新时代坚持高质量发展、实现科技创新引领、带动装备制造业发展、促进升级换代、打造中国经济"升级版"意义重大。

核科学技术是人类20世纪最伟大的科技成就之一，核能发电始于20世纪50年代，在半个多世纪中经历了不同阶段的发展。当今分布于32个国家的400余座核电反应堆提供了全世界约11%的电力。以核电为主要标志的核能的和平利用，在保障能源供应、促进经济发展、应对气候变化、造福国计民生等方面发挥了不可替代的作用。进入21世纪以来，核科学技术作为一门前沿学科，始终保持旺盛的生命力，在国际上深受重视和广泛关注，世界各国对其投入的研究经费更是有增无减，推出了大量的创新反应堆、核燃料循环和核能多用途等方案，在裂变和聚变领域不断取得突破。

虽然2011年发生的福岛核事故客观上延缓了各国发展核能的进程，但通过总结福岛核事故，各国在新型核电站的设计过程中进行了大量提高核电安全性的改进，做到了从设计上实际消除大规模放射性释放。此外，在大力发展可再生能源的同时，人们认识到，核电作为可调度能源，对不可调度的可再生能源是重要的支持和补充。核电是清洁能源，不排放温室气体，为应对气候变化，核电将成为推动中国兑现碳中和承诺的主力军。

目前全球范围内的核电建设正迎来新的高潮，特别是对于新兴国家和发展中国家，发展核电更具有重要意义。我国核电发展起步于20世纪80年代，通过30多年的发展，我国在运核电装机全球第三，在建核电装机全球第一；具有自主知识产权的第三代百万千瓦核电技术"华龙一号"，具有第四代特征的中国实验快堆和高温气冷堆实现满功率运行，现在不仅跻身世界核电大国行列，成功地实现了由"二代"向"三代"的技术跨越，而且形成了涵盖铀资源开发、核燃料供应、工程设计与研发、工程管理、设备制造、建设安装、运行维护和放射性废物处理处置等完整、先进的核电产业链和保障能力，为我国核电安全高效发展打下了坚实基础。无论是科技创新成果还是国际合作，无论是核工业体系建设还是产业发展，都有令世界瞩目的表现。

面对国家新时代发展布局，核能行业积极谋划，整合行业内院士专家，系统梳理了我国在核能科技创新、产业协同规模发展的成果，按照"以核电规模化发展为主线，核燃料循环可持续发展格局,重点展望新时代科技创新发展"的思路,与科学出版社合作,推出了"新时代中国核电发展战略及技术研究丛书",丛书包括自主先进压水堆技术"华龙一号"和"国和一号",具备四代核电特征的高温气冷堆技术,我国自主的核燃料循环科技和产业体系、核心设备和关键材料的科技发展情况。丛书首次系统介绍了自主核电型号和配套核燃料循环体系,特别突出了未来先进核燃料发展和关键设备、材料的应用,力图全面描绘出新时代核电科技发展趋势和情景。

本套丛书编委和作者都是活跃在核科技前沿领域的优秀学者和领军人才,在出版过程中,团队秉承科学理性、追求卓越的精神,希望能够体现核行业科技工作者面向新时代,对核能科技和产业体系高质量发展的思考,能够初步搭建汇集核能科技体系和成果的平台,推动核能作为我国战略产业,与社会更好地融合发展。

中国工程院院士
2020 年 12 月

序

从2015年5月7日开工建设到2020年11月27日首次并网,"华龙一号"全球首堆——中核集团福清核电5号机组的建设一直吸引着全球核电界的目光。首次并网的成功,标志着我国已经成为继美、法、俄等国之后又一个具有独立自主知识产权的三代核电技术的国家。

根据拥有的运行和在建核电机组数量,我国早已毫无争议地成为了核电大国,但由于起步较晚,我国核电技术长久处于跟随者的地位。我国核电技术人员一直以掌握核心技术、建设核电强国为己任。中核集团组织科研设计团队,在十几年不间断的研发设计中,充分消化、吸收先进核电设计理念,并结合福岛核事故经验反馈及国际上先进压水堆核电技术的发展,创造性地提出"能动与非能动相结合"的安全设计理念,成功研发"华龙一号",终于实现了我国几代核电人的夙愿。

"华龙一号"遵循纵深防御原则并通过采用冗余、多样、独立的可靠性手段,在多个防御层次上提升了核电厂的整体安全水平,满足国际上最高的核电安全标准及先进用户要求,性能指标、安全水平、市场竞争力均已达到国际先进水平。研发设计过程中采用的新技术和新方案,在实施的一系列由第三方独立开展的安全评价活动中,得到了国内外同行和权威机构的普遍认可。同时,"华龙一号"建立了完整的自主知识产权体系,为"华龙一号"工程项目的国内批量化、标准化建设及海外市场开发活动提供了坚实保障。

"华龙一号"商运发电前夕,研发团队在整理研发和设计资料的基础上撰写本书,全面介绍"华龙一号"的技术特点、安全理论、设计方案和研究成果等,以便大家对"华龙一号"有更深入的了解。本书在内容编排上由浅入深,由表及里。上册简述了研发历程和总体方案,使读者直观了解"华龙一号"的设计思路与理念,同时通过深入介绍反应堆及冷却剂系统、安全系统、辅助系统、结构与布置等,使读者知晓其设计细节。下册系统性地介绍"能动与非能动相结合"的安全理论、安全分析、设计扩展工况评价等,使读者明晰其设计内涵。

本书既能够作为核电从业者和监管机构的良好参考,也能为研究院所工作者提供理论支撑,亦可作为高等院校参考书目。该书的出版将有助于推动我国核电的技术发展,为我国能源安全和国民经济建设做出贡献。

值"华龙一号"商运之际,本书付梓出版,实为益事!有感而发,是以为序!

王寿君

中国核学会理事长

2020年11月

前言

"华龙一号"是我国自主研发的具有完整自主知识产权的百万千瓦级第三代压水堆核电技术。"华龙一号"的研发成功实现了中国几代核电人的梦想,使中国的核电技术可以和欧美等国家的先进核电技术在国际市场上同台竞争,是中国核电发展史上具有里程碑意义的成果。本书是全面介绍"华龙一号"技术与理论的首部著作,作者是"华龙一号"研发设计的主要技术决策者。在撰写过程中,作者参阅了大量的设计资料,力求全面准确,注重理论系统性并反映工程实践。作者力图以"华龙一号"的"能动与非能动相结合"的安全理念为主线将设计方案各方面内容有机结合起来,使读者对"华龙一号"技术和设计理念有清晰和深入的了解,并可在此基础上从事有关的理论研究和设计实践。

本书的主要特点可以从以下三个方面予以说明。

1. 具有与先进核电技术发展相应的学术价值

世界先进的第三代核电技术,在燃料技术、热效率、安全系统配置及安全分析方法、运营管理等各方面都有了全方位进步。针对第三代压水堆核电技术,国际组织、各国核安全监管机构和研究机构发布了安全设计要求文件以及用户要求文件,尤其在后福岛时代,对新建核电的设计提出了更严格的要求。基于压水堆核电厂的背景,"华龙一号"为了满足最新的安全要求,充分利用我国批量化设计、建造、运行和调试的丰富经验,引入先进的设计特征和分析方法,并吸取福岛事故的经验反馈,形成了具有创新性和先进性的先进安全设计理念,本书将这些先进技术和学术理念同步呈现给读者。

2. 将"能动与非能动相结合"核安全理念作为贯穿始终的主线

能动与非能动相结合的设计理念,将具有经工程验证、高效成熟的能动安全系统和有效应对动力源丧失事故的非能动安全系统相结合,是"华龙一号"最具代表性的创新,同时满足多样性的原则。能动与非能动相结合的安全系统可以使应急堆芯冷却、堆芯余热导出、熔融物堆内滞留、安全壳热量排出和事故后放射性包容等安全功能得到保证。

3. 积极反映我国核能技术的成就

"华龙一号"的设计方案充分利用了国内三十多年的核电建造和运营经验，采用成熟的三环路设计、主要系统及相应的安全系统配置，并根据经验反馈进行改进和创新设计，对于首次采用的先进设计特征进行试验验证。通过"华龙一号"设计单位和国内制造企业的联合研发，反应堆、压力容器等多数核心装备都实现"中国造"，提高了国内装备制造业高端设备的整体研发和制造水平，大幅提升了"华龙一号"设备国产化率和设备的经济性指标，打破了国际垄断，确保了核心关键设备不受制于人，为落实中国核电"走出去"战略提供了有力支撑。

本书的写作框架和大纲由邢继提出。各章撰写人员如下：上册，第1、2章由邢继、袁霞撰写，第3章由吴琳、刘昌文、钟元章撰写，第4章由吴琳、李海颖、曾忠秀撰写，第5、6章由邢继、李军撰写，第7章由李军、任云撰写，第8、11章由堵树宏撰写，第9章由刘诗华撰写，第10章由毛亚蔚撰写，第12章由李军撰写，第13章由费云艳撰写，第14章由王彦君、王华金撰写，第15章由邢继、王宏杰撰写，第16章由李玉民撰写，第17章由袁霞撰写；下册，第1章由邢继、吴宇翔撰写，第2章由吴琳、冷贵君、吴清撰写，第3章由吴琳、孙金龙、卢毅力撰写，第4章由孙金龙、邓纯锐撰写，第5章由李京彦、余志伟、胡宗文撰写，第6~8章由邢继、范黎撰写。

在本书撰写过程中，中国核电工程有限公司和中国核动力研究设计院的同事为本书的一些数据和插图提供了不少帮助，在此表示感谢。

作者虽长期从事核电技术研究设计工作，但限于水平和知识面的局限性，难免有疏漏之处，敬请读者批评指正。

作　者

2020年5月

目录

丛书序
序
前言

第1章 能动与非能动相结合理论的形成与实践 1
  1.1 能动与非能动相结合核电厂概念的形成 1
  1.2 能动与非能动相结合核电厂的实践——"华龙一号" 4
  1.3 能动与非能动相结合核电厂进一步发展的思考 7

第2章 设计基准事故分析 10
  2.1 初因事件与验收准则 10
    2.1.1 Ⅰ类工况：正常运行和正常运行瞬态 10
    2.1.2 Ⅱ类工况：中等频率事件 11
    2.1.3 Ⅲ类工况：稀有事故 12
    2.1.4 Ⅳ类工况：极限事故 13
  2.2 主要分析原则与假设 14
    2.2.1 保守假设与包络分析 14
    2.2.2 参数的不确定性 14
    2.2.3 专设安全设施与单一故障假设 14
    2.2.4 考虑的电厂系统与设备 15
    2.2.5 功率分布与堆芯余热 15
    2.2.6 操纵员的动作 16
  2.3 典型事故分析 16
    2.3.1 主蒸汽系统管道破裂 16
    2.3.2 电厂辅助设备非应急交流电源丧失 19
    2.3.3 反应堆冷却剂强迫流量部分丧失和全部丧失 22
    2.3.4 单个控制棒组件弹出 25
    2.3.5 蒸汽发生器传热管破裂 27
    2.3.6 大破口失水事故 32

第3章 概率安全分析 35
  3.1 概述 35
  3.2 内部事件一级 PSA 37

- 3.2.1 电厂运行状态分析 ... 38
- 3.2.2 始发事件分析 ... 39
- 3.2.3 事件序列分析 ... 45
- 3.2.4 系统分析 ... 50
- 3.2.5 数据分析 ... 53
- 3.2.6 定量化计算 ... 57
- 3.3 内部事件二级 PSA ... 59
  - 3.3.1 一级和二级 PSA 接口分析 ... 60
  - 3.3.2 安全壳性能分析 ... 62
  - 3.3.3 严重事故进程分析 ... 62
  - 3.3.4 安全壳事件树分析 ... 64
  - 3.3.5 源项分析 ... 65
  - 3.3.6 结果分析及大量放射性释放频率 ... 65
- 3.4 外部事件 PSA ... 66
  - 3.4.1 地震 PSA ... 66
  - 3.4.2 内部火灾 PSA ... 70
  - 3.4.3 内部水淹 PSA ... 74
- 3.5 乏燃料水池 PSA ... 79
  - 3.5.1 始发事件分析 ... 80
  - 3.5.2 事件序列分析 ... 80
  - 3.5.3 乏燃料水池 PSA 分析结果 ... 81

第4章 设计扩展工况评价 ... 83
- 4.1 概述 ... 83
- 4.2 未堆熔的设计扩展工况（DEC-A） ... 83
  - 4.2.1 DEC-A 清单选取 ... 83
  - 4.2.2 DEC-A 分析假设及准则 ... 84
  - 4.2.3 DEC-A 分析 ... 87
- 4.3 严重事故（DEC-B） ... 118
  - 4.3.1 DEC-B 清单选取 ... 118
  - 4.3.2 DEC-B 分析 ... 119
- 4.4 严重事故管理导则 ... 144
  - 4.4.1 严重事故管理导则框架结构介绍 ... 144
  - 4.4.2 反应堆堆芯严重事故管理导则 ... 145
  - 4.4.3 乏燃料水池严重事故管理导则 ... 147
  - 4.4.4 导则中的计算辅助 CAs ... 147
  - 4.4.5 严重事故管理导则与应急运行规程接口 ... 148
  - 4.4.6 严重事故管理导则与应急计划（EP）的接口 ... 148

第5章 设计验证试验 ... 150
- 5.1 堆腔注水冷却系统验证试验 ... 150

5.2	二次侧非能动余热排出系统验证试验	151
5.3	非能动安全壳冷却系统性能综合试验	153
5.4	反应堆堆内构件流致振动试验	155
	5.4.1 流致振动比例模型试验	156
	5.4.2 流致振动现场试验	156
5.5	控制棒驱动线抗震试验	160
5.6	反应堆水力模拟试验	163
5.7	蒸汽发生器验证试验	165
5.8	内置换料水箱过滤器验证试验	166
5.9	安全壳过滤排放系统综合试验	168
	5.9.1 安全壳过滤排放系统	168
	5.9.2 综合试验平台	168
	5.9.3 文丘里水洗器单独试验	170
	5.9.4 金属纤维过滤器单独试验	170
	5.9.5 水洗液稳定性实验	171
	5.9.6 整体试验方案和结果	171
	5.9.7 结论和建议	172
5.10	仿真验证技术的应用和发展	172

第6章 安全评价活动 174

6.1	概述	174
6.2	由阿根廷核电公司委托的比萨大学独立评价活动	174
6.3	与国家核安全局核与辐射安全中心的联合研究	175
6.4	中国核能行业协会的初步设计审查	176
6.5	国际原子能机构反应堆安全审查	177
6.6	国家能源局与核安全局组织的"华龙一号"总体技术方案评审会	178
6.7	核电厂设计多国评价活动	179
6.8	国家核安全局对福清5、6号机组初步安全分析报告的安全审评	179

第7章 自主知识产权 181

7.1	"华龙一号"知识产权工作体系	181
	7.1.1 "华龙一号"知识产权工作目标	181
	7.1.2 知识产权侵权风险排查	182
	7.1.3 自主创新成果与知识产权保护	184
7.2	"华龙一号"自主知识产权行业内专家评审意见	189

第8章 设备国产化 190

8.1	反应堆压力容器	190
8.2	控制棒驱动机构	191
8.3	堆内构件	192
8.4	蒸汽发生器	193

8.5 稳压器 195
8.6 主管道和波动管 196
8.7 先进堆芯测量系统 197
8.8 主泵转速测量装置 198
8.9 一体化堆顶 199
8.10 主设备弯道运输用重载车及驱动装置 201
8.11 堆芯测量探测器组件拆除装置 201
8.12 装卸料机及辅助单轨吊 202
8.13 双层安全壳燃料转运装置 203
8.14 乏燃料贮存格架 204
8.15 CNFC-3G 新燃料运输容器 205
8.16 放射性废物桶外水泥固化成套装置及配方 205
8.17 核电厂废过滤器芯接收和厂内运输装置 206
8.18 安全壳过滤排放系统纤维过滤器和文丘里水洗器 207
8.19 双层安全壳人员闸门 208
8.20 反应堆压力容器整体螺栓拉伸机 208
8.21 一体化堆内构件吊具 209
8.22 内置换料水箱过滤器 210
8.23 非能动安全壳热量导出系统换热器及汽水分离器 211
8.24 核安全级逻辑控制系统(继电器机架) 212
8.25 电气贯穿件 212
8.26 金属保温层 213
8.27 K1 级电气连接器 215
8.28 更高要求的通用设备研制 215
8.29 "华龙一号"全范围模拟机 218
8.30 数字化设计验证平台 220

附表 "华龙一号"系统代码 222

第 1 章
能动与非能动相结合理论的形成与实践

1.1 能动与非能动相结合核电厂概念的形成

能动与非能动相结合核电厂的概念是在我国自主先进核电技术"华龙一号"的研发过程中逐渐形成的,并随着"华龙一号"的工程应用和国际市场推广而深入人心。能动与非能动相结合核电厂的概念集中体现了整体安全和平衡设计的思想,是整体平衡的核安全观在核电厂总体安全设计中的理论实践,也是整体平衡的核安全观在自主先进核电技术研发过程中总结出的丰硕成果。

如果一个系统实现其功能的过程为非能动过程,即系统状态的改变(或维持)可完全依靠内部能量完成而不需外部质能输入,则此系统为非能动系统,否则为能动系统。核电厂系统设计中通常采用的非能动方法包括自然力(重力、自然循环、蓄电池与压缩流体的储能)、止回阀、爆破阀,不需要安全级支持系统及配套安全级厂房的情况下保持核电厂的安全。非能动系统相比能动系统最主要的优点是简化,不需要复杂(冗余的和多样化的)的控制系统或外部动力源,很大程度上简化系统的建造、运行和维护。另一个优点是安全,例如非能动系统能够降低对操纵员干预的依赖,提供了更充裕的响应时间,也减少了人因失误对电厂的危害;非能动系统能够消除与能动设备故障、动力源丧失相关的事故场景。因此非能动系统提供了在无需过多增加成本的前提下进一步提高安全性的解决方案。非能动系统的缺点在于依赖对非能动物理现象的理解,以及不同工况下系统性能的理解,需要开展大量的基础性研究工作并积累充分的数据。非能动系统的性能受到物理现象本身属性的制约,例如自然循环驱动压头低;自然驱动力和阻力受到很多不确定因素的影响,物理过程的失效成为导致系统失效的重要因素;由于自然循环现象的非线性属性,非能动系统可能存在内在的不稳定性。

传统核电厂通常采用功能更强大、运行更可控的能动设备(例如泵、阀门、风机等)实现所需的流体传输功能。在美国西屋公司把非能动作为设计理念贯彻于 AP1000 核电厂之前,非能动技术的应用具有明显的离散特性,即一项非能动技术通常是为了解决某一具体问题或替代某一具体设备而产生的,各非能动系统大多独立用于不同场合,涉及的物理原理各不相同。在第三代核电技术发展过程中,国际上已经形成了分别以 EPR 和 AP1000 为代表的两种先进核电技术方向,即所谓的渐进型核电厂和革新性核电厂。EPR 仍然采用传统的能动安全系统,重要安全系统及支持系统均为四个冗余系列,不仅满足单一故障准则,还能在一列安全系统预防性维修的假设下满足所需安全功能。

AP1000 则系统、普遍地贯彻了非能动设计理念，将整个电厂的能动安全系统全部由非能动系统替代，成为了非能动核电厂的代名词。非能动应急堆芯冷却系统和非能动安全壳冷却系统用非能动方法实现注水和冷却功能，在事故情况下带走堆芯余热和安全壳热量。同样，首次系统性采用了能动与非能动相结合的安全设计理念的"华龙一号"，也为能动与非能动相结合核电厂概念的成型提供了绝佳的范本，为能动与非能动相结合核电厂的技术发展提供了现实的标杆。

在"华龙一号"设计之初，非能动技术一定程度上代表着更先进的技术发展潮流。但是"华龙一号"研发团队也意识到了非能动系统存在的一些关键问题是短期内难以克服的，例如：非能动系统的可靠性不仅来自系统/设备的可靠性，也来自物理现象的可靠性，系统的失效模式和失效原因相比能动系统都有很大差异，可靠性的量化比较困难；需要考虑非能动系统的目标适当性和应用局限性，在需要快速或者强力动作，以及零功率或者低功率情况下，能动系统比非能动系统更适合完成特定的安全功能，非能动系统和设备不容易受到操纵员干预的影响，事故管理中的灵活性也比较低；如果非能动系统涉及创新的设备或技术，则需要证明其技术可行性，通过核安全监管当局的验证和认可；非能动系统的在役试验和可维护性存在一定困难，例如爆破阀是最明显的无法开展在役试验的设备，一般通过生产期间的质量保证以及生产样品的随机试验来论证。

经过充分论证和评议，研发团队最终意识到：无论能动还是非能动的安全系统，都是基于纵深防御策略，是工程问题的诸多解决方案之一，而不是唯一的或者最好的方案；能动与非能动相结合系统之间并不存在矛盾，相比能动系统，非能动安全系统依赖于运行和动力供应的不同模式，与能动安全系统联合使用时能够提供最大程度的多样性，从而有可能实现最高程度的安全水平；从这个意义上说，非能动系统与能动系统的平衡和配合才是最佳解决方案。

在明确了能动与非能动相结合的大方向之后，研发团队历时 4 年攻克了非能动安全系统的功能定位、设计准则、系统设计、理论和试验验证、容量论证和安全评价、与能动系统的运行配合等多方面的技术难题，形成了"华龙一号"能动与非能动相结合的安全系统，提供能动与非能动相结合的手段通过应急堆芯冷却、二次侧余热排出、堆腔注水，实现堆芯熔融物堆内滞留、安全壳热量排出等功能。事实证明，能动与非能动相结合的安全设计获得了巨大成功，已经成为"华龙一号"最显著的设计特征、最核心的技术创新、最亮眼的品牌焦点。

回顾起来，"华龙一号"能动与非能动相结合安全理念的论证和应用过程，能动与非能动相结合安全系统的研发和设计过程，正是整体平衡的核安全观理论指导实践的过程。这可以通过能动与非能动相结合的安全系统对于四个平衡设计的考虑来说明。

(1)能动与非能动相结合安全系统最大程度实现了纵深防御层次之间的平衡。"华龙一号"在纵深防御的第 3a 层次(即应对设计基准事故时)以两列能动的安全系统为主(如安注系统、应急给水系统、安喷系统等)；在纵深防御的第 3b 层次和第四层次(即应对设计扩展工况时)设置非能动的安全措施(如非能动二次侧余热排出系统、安全壳热量导出系统、堆腔注水冷却系统),在能动手段出现不可用的情况时投运非能动系统。这样的设计大大降低了不同纵深防御层次共因失效的可能性,避免了过度、片面地强化针对设计基准事故的防御能力,强调了纵深防御各层次的设计平衡。同时核电厂由内到外的三道安全屏障(燃料包壳、一回路压力边界和安全壳)上均采用了能动与非能动相结合的多样化安全措施。

(2) 能动与非能动相结合安全系统最大程度实现了冗余性和多样性的平衡。"华龙一号"的专设安全设施采用两个冗余系列配置,但是在成熟设计的基础上采用风险指引的设计方法,通过识别薄弱环节进行了设计改进(例如采用内置换料水箱、高压安注变为中压安注、安注与化容系统功能分离等),使得系列的可靠性得到了显著提高,因此再增加冗余度对可靠性提高的贡献有限。相比之下,提高系统的多样性对于提高整体安全性的贡献更加显著。为此"华龙一号"在坚持两个冗余系列专设安全设施的前提下,在其他纵深防御层次上设置多样化的非能动安全设施应对能动系统失效情况下的设计扩展工况情景,即形成了"2列能动与非能动相结合"的安全系统设计方案。这样不通过设置更多冗余能动安全系列,而是通过增加多样化的非能动措施,有效地避免共因失效导致多列系统故障,以相对较小的代价提升了执行安全功能的可靠性,很好实现了设计安全目标。

(3) 能动与非能动相结合安全系统的设计过程体现了确定论与概率论安全分析的平衡。为了有效地支持安全系统配置方案的决策,开展了方案的安全分析和论证工作,利用 PSA 工具建立相应的风险模型并对不同方案的整体安全性进行评价,最终确定"2 列能动与非能动相结合"的配置方案是最优的选择(表 1.1)。通过支配性事故序列的比较,由 2 个能动系列增加到 3 个能动系列,并没有改变实现各安全功能所投入的系统,事件序列发展基本一致,导致堆芯损坏的支配性事件序列也是类似的。这些支配性序列集中在小破口事故、丧失厂外电事故、一二回路瞬态事故、丧失热阱事故和未能紧急停堆的瞬态事故(ATWS)。安全系列的增加,能动部件的共因失效仍占主要的贡献,所以降低 CDF 的作用有限。PSA 的风险定量评价结果表明,"华龙一号"完全满足堆芯损坏概率 (CDF) $<10^{-6}$/(堆·a)、大量放射性释放概率(LRF) $<10^{-7}$/(堆·a)的概率安全目标,分析过程与结论经过了核安全监管当局的审核评估并得到其认可。设计过程中也开展了确定论事故分析,梳理了具有代表性的运行事件、设计基准事故和设计扩展工况,分析了各个事故情况下的保守假设,充分考虑了专设安全设施的优化改进和新增的非能动系统的作用,事故后果被证明均满足相应的验收准则。

表 1.1 安全系统不同配置方案的 PSA 分析结果

Table 1.1 PSA results of different configuration schemes for safety systems

配置方案	CDF/(堆·a)$^{-1}$	与基准方案的 CDF 变化	与基准方案的 CDF 变化率
2 列能动	6.11×10^{-7}	4.81×10^{-7}	370.00%
3 列能动	3.32×10^{-7}	2.02×10^{-7}	154.38%
2 列能动与非能动相结合(基准方案)	1.30×10^{-7}		
3 列能动与非能动相结合	1.11×10^{-7}	-1.90×10^{-8}	−14.62%

(4) 能动与非能动相结合安全系统实现了投入和产出的平衡。在各种安全系统方案的比选中,"3 列能动与非能动相结合"方案实现了最高的安全性(表 1.1),但是从投入与产出的角度来说却并非最优选择。相比"2 列能动与非能动相结合",新增的一列安全系统至少需要增加以下工艺设备:应急电源增加一台应急柴油发电机、直流电源及相关辅机、电缆;热阱系统增加一台重要厂用水泵、一台设冷水泵、一台板式换热器及相关管道、阀门;其他支持系统增加一列通风、冷冻水以及控制系统等。此外,新增第三列安全系统至少还需要增加以下构筑物:包容第三列安全系统(安注、辅助给水、应急硼注入等)的厂房;第三列应急柴油机厂房及包容其他电气设备的厂房;第三列热阱的用房(重要厂用水和设备冷却水系统);第三列热阱取排水廊道。从运行灵活性的角度来说,在无法实现在线维修的前提之下,新增一列安全系统还增加了停堆换料期间的预防性维修工作量。URD 中明确指出:"安全系列的数量涉及设备可靠性和代价(投资、运行和复杂度)的平衡。"因此从平衡安全性与经济性的角度考虑,"2 列能动与非能动相结合"是更加优化的方案。

总结起来,能动与非能动相结合核电厂的概念应当包含以下四方面的特征:

(1) 全面平衡地贯彻纵深防御策略,利用能动与非能动相结合手段提供有效的多层次防御。

(2) 采用完善的能动与非能动相结合手段保证事故条件下每项基本安全功能的实现,保证每道实体屏障的有效性。

(3) 平衡安全性和经济性,通过提供多样性设计降低系统的冗余程度和复杂程度。

(4) 设计中充分考虑能动系统与非能动系统的配合,避免相互之间的不利影响。

能动与非能动相结合核电厂的概念体现了整体平衡的核安全观。其中,纵深防御层次之间的平衡、安全性和经济性的平衡这两个特征包含在"四个平衡设计"的要求中;而能动与非能动相结合安全系统本身就体现了平衡冗余性和多样性的思想;确定论和概率论的安全分析则是实现能动与非能动相结合核电厂设计、验证整体安全性的必要工具。

1.2 能动与非能动相结合核电厂的实践——"华龙一号"

本节首先对"华龙一号"主要的安全系统进行介绍,然后结合上节提出的能动与非能动相结合核电厂概念的四方面特征说明"华龙一号"是符合能动与非能动相结合核电厂概念的良好实践。

"华龙一号"用于缓解设计基准事故的主要专设安全设施包括安全注入系统、辅助给水系统与安全壳喷淋系统等。专设安全设施包括冗余系列以满足单一故障准则。为了保证独立性,每个系列布置在实体隔离的厂房内并且由独立的应急电源供电。安全注入系统由两个能动子系统(即中压安注子系统和低压安注子系统)与一个非能动子系统(安注箱注入子系统)组成。与现有核电厂相比，系统配置上的改进包括：①安注泵不再与其他系统共用从而提高了设备的可靠性和独立性；②降低安注压头从而降低了 SGTR 事故的风险；③取消硼酸注入箱与硼酸循环回路实现了系统简化；④内置换料水箱被用作安注水源，增强了对外部事件的防护，并且避免了长期注入阶段的水源切换。辅助给水系统用于在丧失正常给水时为蒸汽发生器二次侧提供应急补水并导出堆芯余热。水源取自两个辅助给水池，动力由两个电动泵(可由应急柴油发电机供电)和两个汽动泵(由蒸汽发生器供汽)提供。安全壳喷淋系统通过喷淋及冷凝事故时释放到安全壳内的蒸汽，将安全壳内的压力和温度控制在设计限值以内，从而保持安全壳的完整性。低压安注泵可作为安全壳喷淋泵的备用，确保长期喷淋的可靠性。

"华龙一号"针对设计扩展工况设置了三大非能动系统。堆腔注水冷却(CIS)系统通过向反应堆压力容器(RPV)外表面与保温层之间的流道注水来实现对反应堆压力容器下封头外表面的冷却，从而维持反应堆压力容器的完整性并实现堆芯熔融物的堆内滞留。堆腔注水冷却系统由能动和非能动子系统组成。能动子系统通过两列泵从内置换料水箱或备用的消防水管线取水。非能动子系统依靠安全壳内高位水箱内的水重力下流。二次侧非能动余热排出系统可在全场断电(SBO)工况且汽动辅助给水泵失效时投入运行，蒸汽发生器二次侧和浸没在安全壳上部换热水箱内的热交换器之间的闭合回路将建立自然循环导出蒸汽发生器一次侧的热量。非能动安全壳热量导出系统用于排出安全壳内的热量。安全壳内高温蒸汽和气体的热量被安装在安全壳上部内表面的热交换器换热管内的冷却水(或水蒸气-水)带走，并传递到安全壳外的换热水箱。安全壳内大气与换热水箱内水的温差以及换热水箱与热交换器的高度差是建立自然循环导出热量的驱动力。换热水箱内的水被加热并在达到饱和温度之后蒸发，热量被带至大气环境。

其他用于设计扩展工况的安全设施主要还包括一回路快速卸压系统、压力容器高位排气系统、安全壳消氢系统、安全壳过滤排放系统和应急硼注入系统。一回路快速卸压系统用于在严重事故情况下对反应堆冷却剂(RCS)系统进行快速卸压，从而避免可能导致安全壳直接加热的高压熔堆现象发生。压力容器高位排气系统用来在事故情况下从反应堆压力容器顶部排出不可凝气体，以避免不可凝气体对堆芯传热的影响。安全壳消氢系统由安装在安全壳内部的非能动氢气复合器组成，用于将安全壳大气内的氢气浓度控制在安全限值以内，防止设计基准事故时的氢气燃烧或严重事故时的氢气爆炸。安全壳过滤排放系统提供了一个通过主动的有计划排放避免安全壳压力超过其承载能力的选择，排放管线上的过滤装置用来尽可能减少放射性物质向环境中的排放。为了防止发生未能紧急停堆的预期瞬态(ATWS)，应急硼注入系统可向反应堆冷却剂系统提供快速硼化从而将堆芯保持在次临界状态。如果正常硼化系统不可用，应急硼注入系统能够手动启动向反应堆冷却剂系统注入足够的硼酸溶液。

作为能动与非能动相结合核电厂的范本,"华龙一号"符合能动与非能动相结合核电厂概念所包含的四个特征。表 1.2 说明"华龙一号"利用能动和非能动相结合手段提供有效的多层次防御,实现了纵深防御主要层次防御能力之间的平衡,特别是在应对设计扩展工况的第 3b 和 4 层次,非能动系统提供了丰富的多样化措施。表 1.3 说明"华龙一号"采用了完善的能动和非能动相结合手段保证事故条件下每项基本安全功能的实现。在能动系统的基础上,"华龙一号"对于保护三道实体屏障的有效性均设置了非能动系统:二次侧非能动余热排出系统用来排出堆芯余热,保证燃料包壳的完整性;堆腔注水冷却系统用来保证压力容器下封头的完整性,有利于保持一回路边界的有效性,对熔融物起到滞留作用;非能动安全壳热量导出系统用来控制安全壳内的温度和压力,保证安全壳的完整性。为了实现追求安全性与经济性的合理平衡,在"华龙一号"的设计中,能动与非能动相结合的设计不是简单地考虑增加系统配置或"补丁式"地增加系统设备,而是追求安全性与经济性的合理平衡,设计中尽可能地减小系统设计以及运行和事故处理的复杂性。由于提高多样性设计比单纯提高冗余度,对于核电厂整体安全的贡献更为显著,因此"华龙一号"采用非能动的多样化手段,在进行利益代价分析的基础上,降低了能动系统的冗余度,从而降低核电厂的造价。"华龙一号"对于能动系统与非能动系统的功能定位和运行配合也进行了充分考虑(表 1.4),确保发挥出 1+1＞2 的效果。

表 1.2 "华龙一号"主要纵深防御层次的设计措施

Table 1.2 Main layers and countermeasures of defense in depth for HPR1000

防御层次	目标	主要设计措施(*为非能动系统)
第 3a 层	控制设计基准事故(假想单一始发事件)	● 安注系统(包括安注箱注入子系统*) ● 安喷系统 ● 辅助给水系统 ● 大气排放系统 ● 应急柴油发电机
第 3b 层	控制没有显著燃料降级的设计扩展工况 (预防事故发展为严重事故)	● 二次侧非能动余热排出系统* ● 非能动安全壳热量导出系统* ● 应急硼注入系统 ● 多样化冷却系统 ● 多样化驱动系统 ● 主泵停机密封*及应急轴封注入 ● SBO 柴油机及蓄电池系统
第 4 层	控制堆芯熔化的设计扩展工况 (缓解严重事故后果)	● 一回路快速卸压系统* ● 能动与非能动相结合*堆腔注水系统 ● 非能动安全壳热量导出系统* ● 安全壳消氢系统* ● 安全壳过滤排放系统 ● 反应堆压力容器高位排气系统* ● 严重事故下主控室的可居留性 ● 技术支持中心 ● 非永久设施提供应急供电和应急补水

表 1.3　"华龙一号"保证基本安全功能的能动与非能动相结合措施
Table 1.3　Active and passive safety systems to ensure basic safety functions for HPR1000

基本安全功能	措施	能动系统	非能动系统
控制反应性	保持次临界	应急硼注入系统 化学和容积控制系统	依靠重力下落的控制棒系统
排出堆芯余热	保持冷却剂装量	化学和容积控制系统 中压和低压安全注入系统	安注箱注入系统
	二次侧排热	辅助给水系统 蒸汽旁路系统	二次侧非能动余热排出系统
包容放射性	安全壳排热和压力控制	安全壳喷淋系统	非能动安全壳热量导出系统
	堆芯熔融物滞留	能动堆腔注水系统	非能动堆腔注水系统
	可燃气体控制		安全壳消氢系统

表 1.4　"华龙一号"能动与非能动相结合系统的配合
Table 1.4　Coordination between active and passive systems of HPR1000

系统	应对工况	系统投运	系统容量
辅助给水系统	DBA（正常给水系统故障）和 DEC（SBO）	当没有足够的给水供应时，辅助给水系统部分或全部自动启动（蒸汽发生器传热管破裂（SGTR）时不启动）。根据不同的启动信号，触发电动泵或气动泵	辅助给水系统的总容积为 1300m³，由两个贮水池组成（每个贮水池容积 650m³），根据不同的工况可以进行不同时间的补水，就 SBO 情况而言，可持续 6h
二次侧非能动余热排出系统	DEC（SBO+辅助给水系统汽动泵系列失效，全部给水丧失事故）	开启隔离阀（蓄电池供电），二次侧非能动余热排出系统可根据启动信号自动启动或由操纵员手动投入运行	系统能够在 72h 内将反应堆维持在安全的停堆状态
安全壳喷淋系统	DBA（失水事故、安全壳内蒸汽管道破裂、安全壳高压）	四个安全壳压力测量值中的两个指示出安全压力为"高4"，系统自动触发；操纵员监视安全壳内高温，手动触发	安全壳喷淋可延续数月，操纵员可以决定停止两个冗余的 CSP 系列中的一个
非能动安全壳热量导出系统	DEC（SBO+安全壳高温，安喷丧失+安全壳高温）	安喷丧失+安全壳高温的条件下依靠非能动循环自动投运	换热水箱的水装量满足 72h 安全壳冷却，并提供后续补水手段

1.3　能动与非能动相结合核电厂进一步发展的思考

在整体平衡的核安全观的指引下，"华龙一号"采用了能动与非能动相结合的安全设计，并成为能动与非能动相结合核电厂的样板和标杆。但是现有的"华龙一号"并没有突破现有核安全理念的框架，而是在现有体系之下实现了最大程度的平衡设计和整体安全优化。不得不承认，在考虑"华龙一号"未来技术创新的时候，研发团队发现的一个棘手情况是：现有核安全理念留下的创新空间已经越来越狭促，在现有框架下的改进不可避免地使系统趋向更加复杂，如果要做出既简单又安全的重大技术变革，往往要突破现有的核安全理念框架，甚至颠覆现有体系中的某些传统观念。从这个意义上说，理论创新是进一步技术创新的前提，核电厂未来的技术变革依赖核安全理念的变革；甚至可以说，核电业界如何对待现有的核安全理念，是固步自封、小修小补，还是锐意进取、大刀阔斧，决定了整个行业未来的发展前景。基于此，在对能动与非能动相结合核电厂下一步的技术发展进行考虑之前，有必要对一些基本的理念问题进行再次讨论，有必要深入思考这些问题的未来理解以及对核安全技术的影响。

首先，作为一个基础并不完备的事实上的妥协政策，纵深防御策略的内容能否向着更优化和更简化的方向发展，纵深防御策略在指导核电厂安全设计中的地位和作用能否得到合理的审视和对待。纵深防御策略的核心在于利用多层次防御弥补单一层次防御的不足，而这种不足来源于当前认知水平和技术能力的局限。原则上随着认知的提高和技术的进步，纵深防御层次应当趋向逐渐简化乃至最终取消。而事实上目前已经具备了重新考虑纵深防御策略优化的部分条件。具体来说，当前的纵深防御层次对应于不同的工况，其中设计基准事故是确定论安全分析的历史产物，人们已经意识到设计基准事故并不一定意味着比设计扩展工况有着更高的发生频率和更严重的后果。因此这种事故划分带有一定的人为主观因素和历史偶然因素。但是安全措施的可靠性却是根据所针对事故的纵深防御层次所决定的。这就导致在某些频率更低的设计基准事故的安全设计上浪费了过多的资源，相反某些频率更高、后果更严重的设计扩展工况的应对能力却成为薄弱环节。事实上，事故工况的划分对于概率安全分析(PSA)并没有实际的影响，PSA只关注特定事故序列的频率和后果。根据PSA所揭示的特定事故序列风险的大小，决定事故应对所需的纵深防御层次，进而决定相应纵深防御措施的可靠性，看起来是一种更加合理的思路，能够真正实现资源相对事故风险的平衡分配。或者，仅仅将纵深防御策略作为一种弥补不确定性的哲学，而不是将核电厂安全设施机械、刻板地安置在现有纵深防御策略的某一层次。只有分析表明安全设施对于安全功能的实现和特定事故的缓解作用存在较大的不确定性时，才需要考虑设置备用措施作为纵深防御的手段。AP1000的设计其实更符合这样的纵深防御思路，因为其非能动安全系统的功能不区分设计基准事故或者严重事故，并且设置了非安全级的承担纵深防御功能的能动系统。

其次，系统的可靠性设计能否避免教条，通过多样性和冗余性的合理搭配实现所需的可靠性。前面已经分析了现有可靠性设计准则存在的问题，例如对冗余性的过度强调和对多样性的应用不足。事实上，多样性和冗余性都是手段，实现系统所需的可靠性才是目标，可靠性是否充分需要经过安全分析的验证。在脱离目标的前提下片面强调手段，无疑犯了舍本逐末的错误。在这样的思想指导下，对于系统可靠性实现的方法完全可以有更大胆的创新。例如，多样性措施本身是一种更优的冗余措施。由两个"多样化系列"组成的安全系统，理论上其可靠性应当优于由两个完全相同的冗余系列组成的安全系统，因为它既能应对一个系列失效的单一故障，也能应对同一类型设备失效的共因故障。这种"多样化系列"的设计思路完全可以作为未来核电厂安全系统保证可靠性同时提高经济性的重要方向。

如果对于以上两个问题的理解有所突破，相信能动与非能动相结合核电厂的理论和实践能够得到进一步发展，在确保整体安全性的前提下进一步提高核电的市场竞争力。未来的能动与非能动相结合核电厂或许具备以下特征：

(1) 在利用大量先进技术、开展充分安全分析的基础上，秉承"越简单越安全"的原则，以最简化的设计、最经济的成本实现核安全法规所要求的整体安全性，实现实际消除大量放射性释放的安全目标。

(2) 按照运行事件和事故的风险重新构建更加简化和更加优化的纵深防御体系，在每个纵深防御层次中围绕确保三项基本安全功能设置安全设施，安全设施的可靠性与所处纵深防御层次对应的事故风险相匹配。

(3) 在不同纵深防御层次上实现同一个安全功能的安全设施，考虑能动系统与非能动相结合系统的合理搭配，通过最大程度的多样化设计避免不同纵深防御层次的共因失效。

(4) 对于某些安全重要性高、可靠性要求高的安全系统，在分析并确保整体安全性和系统可靠性的基础上，采用"多样化系列"的设计，即在原本保证冗余性的安全系列之间采用多样化设计，例如一个能动系列和一个非能动系列的组合，以最小的代价同时将单一故障和共因故障对系统可靠性的影响降至最低。

(5) 对发生典型事故同时能动系统共因失效的序列进行筛选，保证在这种情况下完全依靠(同一纵深防御层次和/或不同纵深防御层次的)非能动系统就能保证各项安全功能的实现，将电厂维持在安全状态。

(6) 通过研究物理过程的稳定性、保证设备的可靠性、实施在役试验和维护等措施保证非能动安全系统投入运行的可靠性，并在 PSA 分析中进行定量考虑。

(7) 通过先进的自动监测和控制技术，实现能动系统与非能动相结合系统的完美配合，能在事故后相当长时间内(例如 3 天内)无需操纵人员干预、无需场外支援，根据事故场景和电厂能力状态采取自动响应措施，将反应堆维持在安全状态。

第 2 章
设计基准事故分析

在"华龙一号"中,针对其设计特点,按照 HAF102,HAD102/17 等相关法规导则的要求,对设计基准事故进行了全面的确定论安全分析。

在确定论安全分析中,首先确定一组设计基准事故。对某一特定事故,选择特定的安全系统的最不利后果的单一故障,确认分析所用的模型和电厂参量都是保守的,通过研究系统物理过程和电厂的行为,来确认电厂关键参量是否超过许可值,并最终确定安全系统的设计是充分的。

2.1 初因事件与验收准则

在"华龙一号"电站的设计中,系统地考虑了一整套的初因事件。以工程判断、确定论与概率论评价相结合作为基础,对于可以预见地会带来严重后果的事件或者发生频率很高的事件,在电站的设计中都有所考虑。

不同的初因事件归属于不同的运行工况。参考 NB/T 20035—2011 的核电厂运行工况分类,即按照预计事件发生频率和潜在的放射性后果对公众的影响,将运行工况分成下述四类:

Ⅰ类工况:正常运行和正常运行瞬态。
Ⅱ类工况:中等频率事件。
Ⅲ类工况:稀有事故。
Ⅳ类工况:极限事故。

2.1.1 Ⅰ类工况:正常运行和正常运行瞬态

1. 定义

Ⅰ类工况包括的事件是指核电厂正常运行、换料和维修过程中,估计会经常发生或定期发生的事件。因为Ⅰ类工况的各种事件经常或定期发生,所以必须考虑它们对其他故障或事故工况(即Ⅱ类、Ⅲ类和Ⅳ类工况)后果的影响。因此,故障或事故工况的分析通常基于一组保守的初始工况进行,这些保守的初始工况对应于Ⅰ类工况运行期间可能发生的不利工况。

2. Ⅰ类工况典型事件

典型的Ⅰ类工况事件如下：

(1) 稳态运行和停堆，状态如下：①功率运行；②热备用；③热停堆；④冷停堆；⑤换料停堆。

(2) 带容许偏离运行。对电站技术规格书允许、在连续运行期间可能发生的各种偏离，与其他运行模式一起作了考虑。这些偏离包括：①某些设备或系统不能工作；②有缺陷的燃料元件包壳发生泄漏；③反应堆冷却剂中的放射性活度；④蒸汽发生器泄漏未超过技术规格书允许的最大值情况下的运行；⑤技术规格书允许的试验。

(3) 运行瞬态：①电厂升温和降温；②阶跃负荷变化；③线性负荷变化；④甩负荷。

3. Ⅰ类工况验收准则

Ⅰ类工况可能引起某些物理参数变化，但不会达到触发保护系统动作的整定值。

2.1.2 Ⅱ类工况：中等频率事件

1. 定义

对核电厂而言，Ⅱ类工况的任一事件每年都可能发生。

2. Ⅱ类工况典型事件

Ⅱ类工况包括下列事件：
(1) 给水系统故障引起的给水温度下降。
(2) 给水系统故障引起的给水流量增加。
(3) 二回路蒸汽流量过度增加。
(4) 主蒸汽系统事故卸压。
(5) 二次侧非能动余热排出系统意外投入。
(6) 大气释放阀快速冷却功能误投入。
(7) 外负荷丧失。
(8) 汽轮机事故停机。
(9) 冷凝器真空丧失和其他事故引起的汽轮机停机。
(10) 电厂辅助设施非应急交流电源丧失。
(11) 正常给水流量丧失。
(12) 反应堆冷却剂强迫流量部分丧失。
(13) 次临界或低功率启动状态下控制棒组失控抽出。
(14) 功率运行时一组 RCCA 失控抽出。
(15) 控制棒组件错列、单个控制棒组件或控制棒组下落。

(16) 一条停运的反应堆冷却剂环路启动。
(17) 化学和容积控制系统故障引起反应堆冷却剂的硼浓度下降。
(18) 功率运行期间安全注入系统误动作。
(19) 化学和容积控制系统故障导致反应堆冷却剂装量的增加。
(20) 功率运行期间应急硼注入系统误动作。

3. Ⅱ类工况验收准则

在Ⅱ类工况事件下，当达到规定的整定值时，保护系统可以触发反应堆紧急停堆。但在采取了必要的纠正措施并满足下列要求后，电站可以恢复运行：

(1) 一个孤立的Ⅱ类工况事件不得引起一个后果更为严重的Ⅲ类、Ⅳ类工况事故，不得引起任何一道屏障的破坏。
(2) 必须确保燃料包壳完整性。
(3) 一次侧和二次侧压力不得超过限值。
(4) 放射性产物释放应符合 GB 6249—2011 的限值要求（正常运行释放）。

2.1.3 Ⅲ类工况：稀有事故

1. 定义

Ⅲ类工况事故包括在核电厂整个寿期可能发生的事故。

2. Ⅲ类工况典型事件

Ⅲ类工况事故包括：
(1) 蒸汽管道小破裂。
(2) 主蒸汽隔离阀全部意外关闭。
(3) 反应堆冷却剂强迫流量完全丧失（频率快速衰减瞬态）。
(4) 单个控制棒组件在满功率运行状态下抽出。
(5) 燃料组件错装位。
(6) 一台稳压器安全阀误开启。
(7) 蒸汽发生器传热管破裂。
(8) 小管子断裂或大管道裂缝引起的反应堆冷却剂丧失事故。
(9) 废气处理系统破损。
(10) 放射性废液系统泄漏或破损。
(11) 由液罐破损引起的假想放射性释放。

3. Ⅲ类工况验收准则

Ⅲ类工况事故可能导致少数燃料元件的有限损坏，但堆芯的几何形状不得破坏，以确保堆芯冷却。此外，应满足以下设计要求：

(1) 一个Ⅲ类工况事故不应引发一个Ⅳ类工况事故，并且不得损坏反应堆冷却剂系统和安全壳屏障。

(2) 放射性物质释放：厂址边界上事故 2h 后记录到的剂量当量不超过 GB 6249—2011 中第 7.2 节规定的限值；放射性物质释放不应导致公众终止使用或限制使用厂区边界以外地域。

2.1.4　Ⅳ类工况：极限事故

1. 定义

Ⅳ类工况被认为是极不可能出现的。由于存在着放射性物质大量释放的潜在后果，这一类事故对反应堆安全的影响必须加以研究。这些事故代表了限制性的设计工况。

2. Ⅳ类工况典型事件

Ⅳ类工况事故包括：
(1) 大的蒸汽管道破裂。
(2) 主给水系统管道破裂。
(3) 反应堆冷却剂泵转子卡死。
(4) 反应堆冷却剂泵轴断裂。
(5) 控制棒组件弹出事故。
(6) 反应堆冷却剂压力边界范围，各种假想的不同管道破裂引起的冷却剂丧失事故。
(7) 设计基准燃料操作事故。
(8) 乏燃料罐坠落事故。

3. Ⅳ类工况验收准则

核电厂设计应能防止给公众健康和安全带来过度风险的裂变产物释放。堆芯几何形状不受影响，并可以保证堆芯冷却。

任何一个Ⅳ类工况事故不得导致缓解事故后果所必须的系统丧失相应的功能，包括安全注入系统的功能。反应堆冷却剂系统和安全壳建筑物不得受到其他损坏。

放射性物质的释放：根据停留 2h 和其他一些真实假设，在厂址边界上测得的剂量当量不应超过 GB 6249—2011 第 7.2 节规定的限值。

虽然发生失水事故(LOCA)的可能性相当小，然而，由于其后果极为严重，失水事故分析遵照特定的设计准则和规定进行；需要满足 NB/T 20103—2012 第 4.6.4.4 节提出的下述几个方面的准则：

(1) 燃料包壳峰值温度。
(2) 燃料包壳最大氧化量。
(3) 最大氢气产量。
(4) 堆芯几何结构。

(5) 长期冷却。
(6) 放射性后果。

2.2 主要分析原则与假设

2.2.1 保守假设与包络分析

在"华龙一号"的设计中,以下的一些方法确保计算结果是保守的。
(1) 计算程序是保守的。
(2) 选取的始发事件与边界条件是保守的。
(3) 保守选取反应堆初始条件。
(4) 保守考虑反应堆紧急停堆的整定值和动作时间,并考虑保守的负反应性引入速率和不利的功率分布。
(5) 不考虑非安全级的设备的缓解功能,除非这些设备起作用对结果是保守的。
(6) 被调用的安全系统失去部分设计能力,即考虑最严重的单一故障假设。
(7) 中子学参数总是保守取值。
(8) 反应性价值最大的一组棒卡在全抽出位置。
(9) 保守考虑燃料棒和冷却剂之间的传热。
(10) 保守考虑一回路和二回路之间的传热。
(11) 操纵员响应时间采用保守值。

2.2.2 参数的不确定性

对于事故分析,初始工况的一些参数是在名义值的基础上考虑最大的正的或负的不确定性。主要参数的最大稳态不确定性包括:堆芯功率考虑±2%满功率的测量误差;反应堆冷却剂平均温度考虑±2.2℃的误差,包括控制死区和测量不确定性误差;稳压器压力考虑±0.21MPa的误差,包括稳态波动和测量不确定性误差。

2.2.3 专设安全设施与单一故障假设

在事故分析中涉及的专设安全系统主要包括以下几种。

1. 辅助给水系统

辅助给水系统的主要功能是在下列情况下向蒸汽发生器供应足够的给水,以排出堆芯衰变热:
(1) 正常给水流量丧失,Ⅱ类工况事件。
(2) 失水事故,蒸汽管道或给水管道破裂,Ⅳ类工况事故。
分析必须表明,对辅助给水泵性能采取保守假设,这些事故仍然满足安全准则。

2. 安全注入系统

安全注入系统设备(安注箱、中压安注泵和低压安注泵)的设计必须确保：假定在瞬态期间发生最不利的单一故障，即使同时发生厂外电源丧失，作为设计基准的失水事故仍然满足规定的安全准则要求。注入水的硼浓度必须提供附加的负反应性，保证反应堆在二回路过度冷却后或大的蒸汽管道破裂后仍处于安全状态。

3. 安全壳喷淋系统

安全壳喷淋系统的主要功能是在管道破裂事故之后导出安全壳内热量，降低安全壳内压力、温度，确保第三道屏障的完整性。安全壳喷淋系统的设计工况包括主蒸汽管道破裂和失水事故。在针对堆芯性能的分析中，当假设安全壳喷淋系统起作用时，其性能的假设应使得堆芯后果最严重。

4. 稳压器安全阀和蒸汽发生器安全阀

在全部负荷丧失时，假设蒸汽排放系统、稳压器喷雾、稳压器释放阀及棒束控制组件的自动控制等都不能运行，在此情况下要确保反应堆冷却剂系统和蒸汽发生器不超压，由此确定稳压器安全阀和蒸汽发生器安全阀容量。蒸汽发生器安全阀容量要求通过蒸汽排放，确保不超过蒸汽系统设计压力的110%。稳压器安全阀的容量则是根据核电厂满功率运行时丧失全部热阱事故，同时蒸汽发生器安全阀可以运行的条件确定的。稳压器安全阀通过释放蒸汽，维持反应堆冷却剂系统压力不超过反应堆冷却剂系统设计压力的120%。

在每个特定的事故分析中，根据事故特点，对事故过程中触发的保护通道或安全系统，考虑了最严重的单一故障，使得事故后果更为恶劣。这些单一故障假设可能导致最小的安注流量、最小的辅助给水流量、一列安全壳喷淋失效等等。

2.2.4 考虑的电厂系统与设备

分析中考虑的缓解事故的系统与设备包括：①辅助给水系统；②安全注入系统；③安全壳喷淋系统；④应急电源系统；⑤稳压器安全阀；⑥蒸汽发生器安全阀；⑦给水隔离阀；⑧蒸汽管线隔离阀等。

在事故分析中，有些瞬态的进展会触发控制系统自动动作，但只有该动作导致更严重的后果时才予以考虑。如果控制系统运行能缓解事故后果，分析中则不考虑该控制系统的运行。对于某些事故，对控制系统运行与否都要进行分析，以确定最严重的情况。

2.2.5 功率分布与堆芯余热

反应堆系统的瞬态响应取决于初始功率分布。功率分布由总的焓升因子 $F_{\Delta H}$ 和总

的峰值因子 F_Q 表征。对于偏离泡核沸腾（DNB）限制性瞬态，总的焓升因子有重要影响。功率水平降低时，总的焓升因子 $F_{\Delta H}$ 由于控制棒插入而增大。假定所有受到 DNB 限制的瞬态，初始 $F_{\Delta H}$ 均为技术规格书中规定的与初始功率水平一致的值。对于受超功率限制的瞬态，总的峰值因子 F_Q 有重要影响。假设这些瞬态的初始状态，包括功率分布，均与技术规格书规定的反应堆运行一致。

堆芯余热根据下列三部分贡献计算。A 项：缓发中子引起的剩余裂变。B 项：^{238}U 中子俘获产物的衰变（主要是 ^{239}U 和 ^{239}Np 的 β 和 γ 放射性）。C 项：裂变产物（β 和 γ 放射性）和超铀元素（β、α 和中子放射性）的衰变能。

在失水事故期间，由于空泡的形成、控制棒下插或两者同时作用使反应堆迅速停堆，而释热的大部分是由于裂变产物 γ 衰变产生的，其分布与稳态裂变功率的分布不同。局部峰值效应对于中子相关的释热重要，但不适用于 γ 射线的贡献。对于热棒，稳态因子 97.4%（即燃料芯块和包壳中的释热份额）在失水事故情况下降低到 95%。

2.2.6 操纵员的动作

事故分析中，假定在第一个重要信号出现以后 30min，操纵员的操作才有效。事故发生后的 30min 内，在没有操纵员干预的情况下，电厂仍是安全的。

判明事故之后，操纵员必须遵守相应规程的要求进行操作。

2.3 典型事故分析

在"华龙一号"中，对前述设计基准事故进行了分析评价。分析表明，事故中电厂关键参数没有超过许可值，安全系统的设计是充分的。

下面对以下典型的设计基准事故的分析进行介绍：①主蒸汽系统管道破裂；②电厂辅助设备非应急交流电源丧失；③反应堆冷却剂强迫流量部分丧失和全部丧失；④单个控制棒组件弹出；⑤蒸汽发生器传热管破裂；⑥大破口失水事故。

2.3.1 主蒸汽系统管道破裂

1. 事故描述

蒸汽系统管道损坏最保守的假设是导致最快降温冷却的双端剪切断裂。蒸汽系统管道破裂引起的蒸汽排放，最初将使蒸汽流量增加，而后在事故期间由于蒸汽压力下降，蒸汽流量减小。从一回路导出能量导致冷却剂的温度和压力下降。在存在负的慢化剂温度系数的情况下，降温导致正反应性引入。

如果假定在紧急停堆之后具有最大负反应性的控制棒组件（RCCA）卡在完全抽出的位置，则增加了堆芯临界并返回功率运行的可能性。通过安全注入系统注射硼酸使堆芯最终停堆。

2. 频率与限制准则

大的蒸汽系统管道破裂属于IV类工况，蒸汽系统管道小破裂属于III类工况。

限制准则：偏离泡核沸腾比(DNBR)必须始终高于限值。

3. 主要假设

(1) 主蒸汽系统管道破裂在时间 $t=0$ 时发生。

(2) 分析的是蒸汽系统管道双端剪切破裂的情况。当量破口面积对应于蒸汽发生器流量限制器总的流通截面积。因为所有蒸汽发生器都装有喉部面积为 $0.13m^2$ 的一体化限流器，所以任何破口面积大于 $0.13m^2$ 的管道破裂对核蒸汽供应系统(NSSS)的影响都与所分析的工况相同。

(3) 在蒸汽发生器一次侧同二次侧之间采用最大的传热系数。

(4) 不考虑由两台未受影响蒸汽发生器传给反应堆冷却剂的热量，以使反应堆冷却剂降温最快。

(5) 假定厂外电源可用。

(6) 假定在蒸汽发生器中汽水完全分离。

(7) 假定了最小的安全注入容量。

(8) 对于蒸汽发生器的给水，假定从该事故发生开始到主给水隔离，额定的主给水流量和辅助给水流量到所有三台蒸汽发生器。这段时间包括发出主给水隔离信号的保守时间和阀门完全关闭的时间。

(9) 主给水隔离后，保守地假定辅助给水只供给受影响的一台蒸汽发生器。

(10) 辅助给水流量是两台电动泵和两台汽动泵都运行时的流量。

(11) 没有考虑堆芯余热。只是考虑了在燃料元件中和蒸汽发生器传热管中贮存的热量。

(12) 控制和保护系统采用的整定值考虑了最大仪表测量误差。

4. 结果与结论

主蒸汽系统管道破裂事故的事件序列如表2.1所示。

表2.1 主蒸汽系统管道破裂事故的事件序列
Table 2.1 Time sequence of events for steam system piping failure

事件	时间/s
主蒸汽系统管道破裂	0.0
假定产生安全注入、蒸汽管道隔离及主给水隔离等信号	5.0
主给水隔离与蒸汽管道隔离	10.0

续表

事件	时间/s
稳压器排空	12.5
一台安注泵启动	15.0
重返临界	38.8
硼酸溶液到达堆芯	82.4
达到热流密度峰值(23.04% FP)	146.3

图 2.1 和图 2.2 给出了核功率与堆芯热流密度、反应堆冷却剂温度的变化曲线。主蒸汽系统管道破裂事故分析结论如下：事故过程中的最小 DNBR 大于准则限值，因此不会发生燃料损坏。

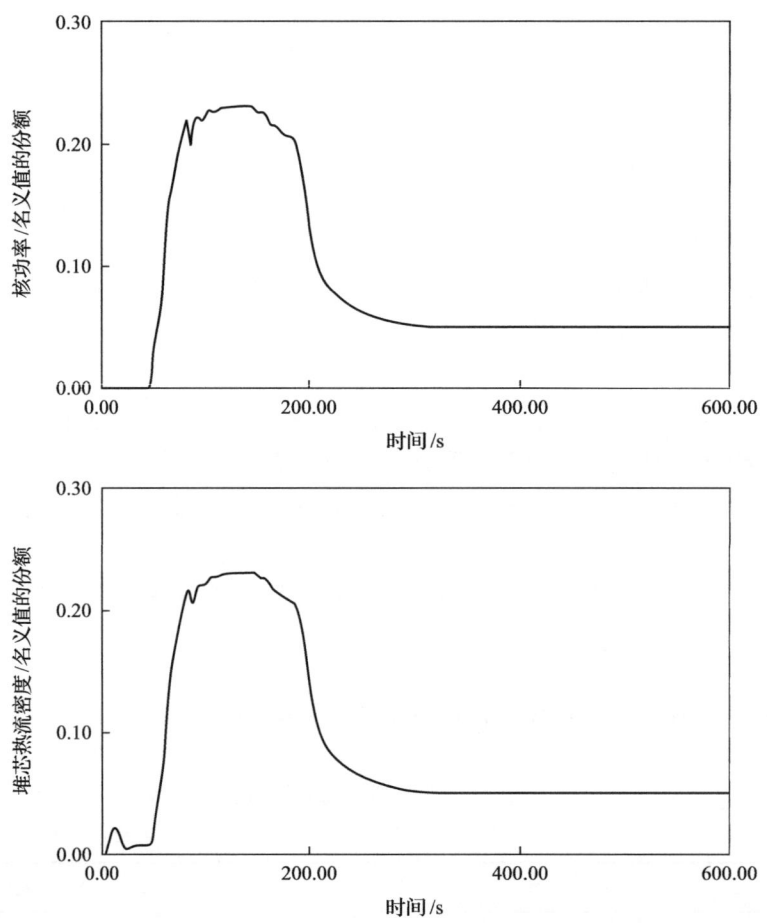

图 2.1　核功率与堆芯热流密度变化曲线(主蒸汽系统管道破裂)
Fig. 2.1　Nuclear and heat flux versus time (steam system piping failure)

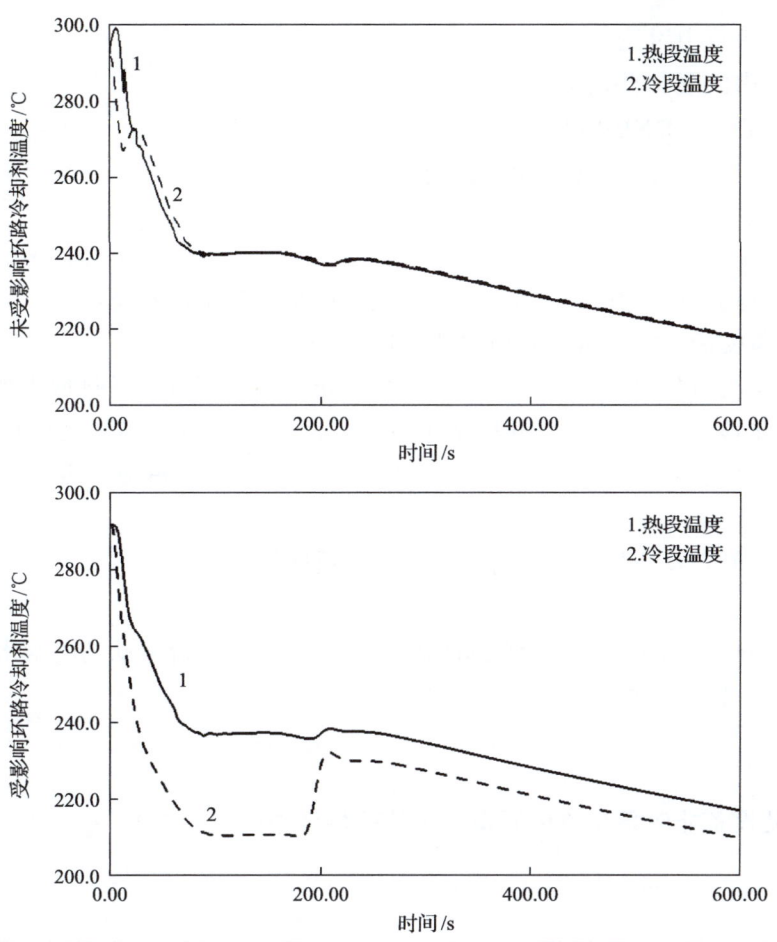

图 2.2　反应堆冷却剂温度变化曲线（主蒸汽系统管道破裂）
Fig. 2.2　Reactor coolant temperature versus time (steam system piping failure)

2.3.2　电厂辅助设备非应急交流电源丧失

1. 事故描述

非应急交流电源完全丧失可以导致反应堆冷却剂泵、凝结水泵等电站辅助设备失去所有电源。

此种电源丧失的原因可能是厂外电网完全失效，也可能是厂内交流配电系统失效。该瞬态比汽轮机事故停机事件更为严重，因为对于这种情况，二回路排热减少与反应堆冷却剂流量衰减同时发生。这进一步降低一回路冷却剂排出堆芯释热的能力。

2. 频率与限制准则

短期厂外电源全部丧失的研究也包括了电网频率衰减速率低于 3Hz/s 的情况。这个情况属于Ⅱ类工况。频率衰减速率更高的情况属于Ⅲ类工况，将在反应堆冷却剂强迫流量全部丧失事故中讨论。

此研究考虑的限制准则是：

对于短期研究：DNBR 必须始终高于限值。

对于长期研究：必须保证排出堆芯余热。

3. 主要假设

(1) 在 0 时刻非应急交流电源丧失，它使反应堆冷却剂流量下降。

(2) 非应急交流电源丧失，蒸汽发生器同时丧失主给水。

(3) 在汽轮机事故停机信号之后蒸汽流量终止。假设蒸汽旁通排放失效。

(4) 反应堆冷却剂流量减小分析基于每条反应堆冷却剂环路和反应堆堆芯的动量平衡。该动量平衡与连续性方程、泵的动量平衡及泵的特性联立，并且高估系统的压力损失。

(5) 在所有假定反应堆功率运行的情况中，反应堆紧急停堆信号都由主泵转速低低产生。

(6) 假定最保守的单一故障是汽动辅助给水泵失效。两台电动辅助给水泵开始向所有三台蒸汽发生器供应给水。

4. 结果与结论

电厂辅助设备非应急交流电源丧失事故的事件序列见表 2.2。

表 2.2　电厂辅助设备非应急交流电源丧失事故的事件序列

Table 2.2　Time sequence of events for loss of non-emergency AC power to the plant auxiliaries

类别	事件	时间/s
短期研究	厂外电源丧失	0
	达到主泵转速低低整定值	1.34
	RCCA 组开始下落	2.04
	汽轮机停机	2.89
	出现最小 DNBR	3.80
长期研究	厂外电源丧失	0
	RCCA 组开始下落	2.04
	蒸汽发生器(SG)安全阀打开	9.6
	辅助给水泵开始供应设计流量	62.04
	SG 中最小水体积	154.5
	稳压器最大水体积	322.5
	SG 水位返回零负荷水位	约 2266

图 2.3～图 2.5 分别给出了反应堆功率(占名义值份额)与反应堆冷却剂流量(占名义值份额)比值、稳压器压力、反应堆冷却剂平均温度的变化曲线。

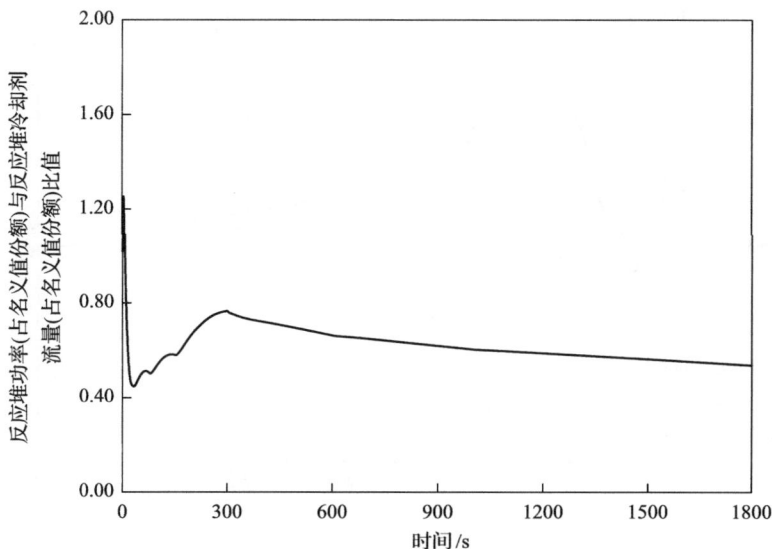

图 2.3 反应堆功率(占名义值份额)与反应堆冷却剂流量(占名义值份额)
比值变化曲线(电厂辅助设备非应急交流电源丧失)

Fig. 2.3 Ratio of power (frac. nominal power) to flow (frac. nominal flow) versus time (loss of non-emergency AC power to the plant auxiliaries)

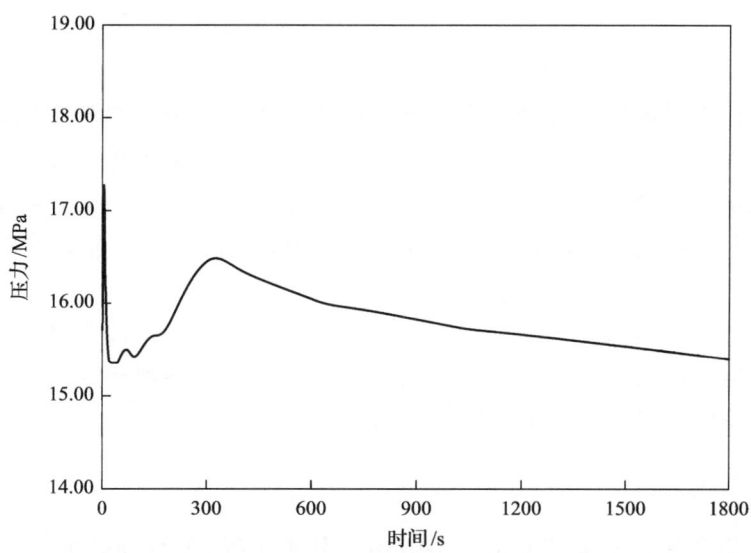

图 2.4 稳压器压力变化曲线(电厂辅助设备非应急交流电源丧失)

Fig. 2.4 Pressurizer pressure versus time (loss of non-emergency AC power to the plant auxiliaries)

电厂辅助设施非应急交流电源丧失事故分析结论如下：

(1) 短期研究：该情况下的最小 DNBR(1.55)保持在限值以上。

(2) 长期研究：稳压器未满溢，堆芯余热的排出由辅助给水系统保证，因此可以防止 RCS 超压或反应堆堆芯失水。

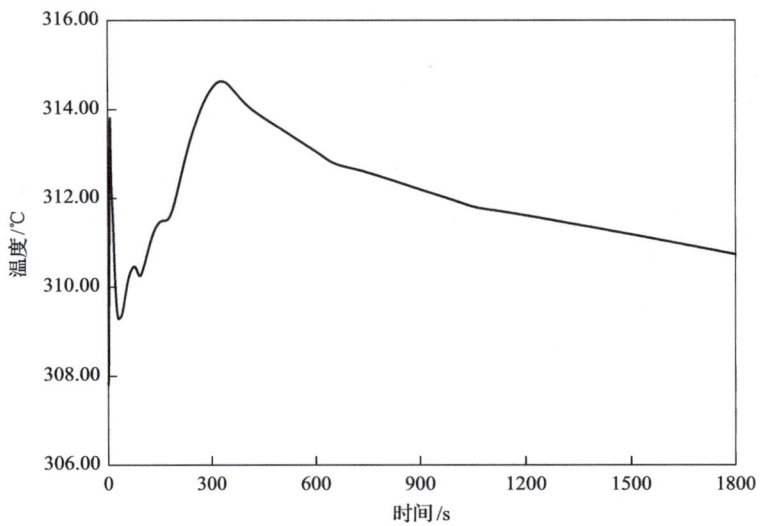

图 2.5 反应堆冷却剂平均温度变化曲线(电厂辅助设备非应急交流电源丧失)

Fig. 2.5 Reactor coolant average temperature versus time(loss of non-emergency AC power to the plant auxiliaries)

2.3.3 反应堆冷却剂强迫流量部分丧失和全部丧失

1. 事故描述

反应堆冷却剂强迫流量部分丧失事故的起因可能是反应堆冷却剂泵机械故障或电气故障,也可能是反应堆冷却剂泵母线供电的一台或几台泵的电源故障。如果该事故发生时,反应堆正在处于功率运行状态,则冷却剂流量丧失导致的直接影响即为冷却剂温度迅速上升;若反应堆没有紧急停堆,则这种温度的上升可能导致 DNB,进而使燃料遭到损伤。

反应堆冷却剂强迫流量全部丧失可能的原因是所有反应堆冷却剂泵的电源同时丧失。如果事故时反应堆在功率运行,则直接影响是冷却剂温度迅速升高。如果反应堆没有立即紧急停堆,温度升高可能导致 DNB,随之燃料损伤。

2. 频率与限制准则

反应堆冷却剂强迫流量部分丧失事故属于Ⅱ类工况(中等频率事件),其限制准则为:DNBR 必须始终大于限值。

反应堆冷却剂强迫流量全部丧失事故属于Ⅲ类工况(稀有事故),其限制准则为:DNBR 必须始终大于限值。

3. 主要假设

反应堆冷却剂强迫流量部分丧失事故,主要假设如下:
(1)考虑的是三环路运行中有两泵失效。

(2) 两泵失效发生在 0 时刻。

(3) 惰转流量分析依据流经每条反应堆冷却剂环路和堆芯的冷却剂的动量平衡。将该动量平衡同连续性方程、单泵的动量平衡及泵的特性联立求解,并对系统压力损失作高估处理。

(4) 假定在反应堆紧急停堆信号触发汽轮机停机之前,蒸汽发生器一直由主给水系统供水。在汽轮机停机之后蒸汽流停止。假定蒸汽排放系统失效。

(5) 为保守起见,考虑了稳压器喷雾和稳压器安全阀的降压效果。

反应堆冷却剂强迫流量全部丧失事故,主要假设如下:

(1) 反应堆冷却剂强迫流量全部丧失发生在零时刻,频率下降速率为 4Hz/s。

(2) 惰转流量分析依据流经每条反应堆冷却剂环路和堆芯的冷却剂的动量平衡。将该动量平衡同连续性方程、泵的动量平衡及泵的特性联立求解,并对系统压力损失作高估处理。

(3) 假定在反应堆紧急停堆触发汽轮机停机之前,蒸汽发生器一直由主给水系统供水。

(4) 在汽轮机停机信号之后蒸汽流停止。假定蒸汽排放系统失效。

(5) 为保守起见,考虑了稳压器喷雾和稳压器安全阀的降压效果。

4. 结果与结论

反应堆冷却剂强迫流量部分丧失和全部丧失事故的事件序列见表 2.3。

表 2.3　反应堆冷却剂强迫流量部分丧失和全部丧失事故的事件序列
Table 2.3　Time sequence of events for partial loss and complete loss of forced flow in reactor coolant system

事故	事件	时间/s
反应堆冷却剂强迫流量部分丧失（两泵惰转）	惰转开始	0
	达到触发停堆的冷却剂流量低信号整定值	2.20
	控制棒开始下插	3.20
	最小 DNBR(1.61) 发生	4.08
反应堆冷却剂强迫流量完全丧失（下降频率 4Hz/s）	频率开始下降	0
	达到触发停堆的冷却剂泵转速低低整定值	1.24
	控制棒开始下插	1.94
	最小 DNBR(1.45) 发生	3.96

图 2.6 和图 2.7 给出了反应堆冷却剂强迫流量部分丧失事故中环路流量和堆芯流量、稳压器压力的变化曲线。

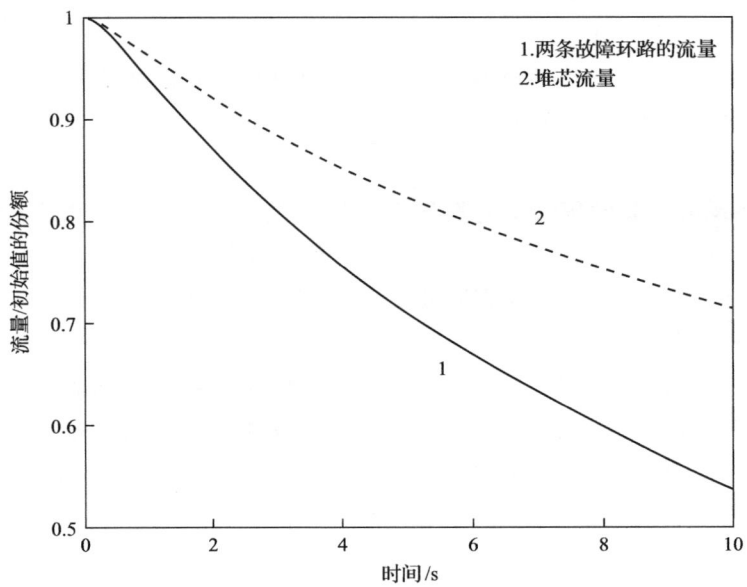

图 2.6　环路流量和堆芯流量变化曲线（反应堆冷却剂强迫流量部分丧失）

Fig. 2.6　Loop and core flows versus time(partial loss of forced reactor coolant flow)

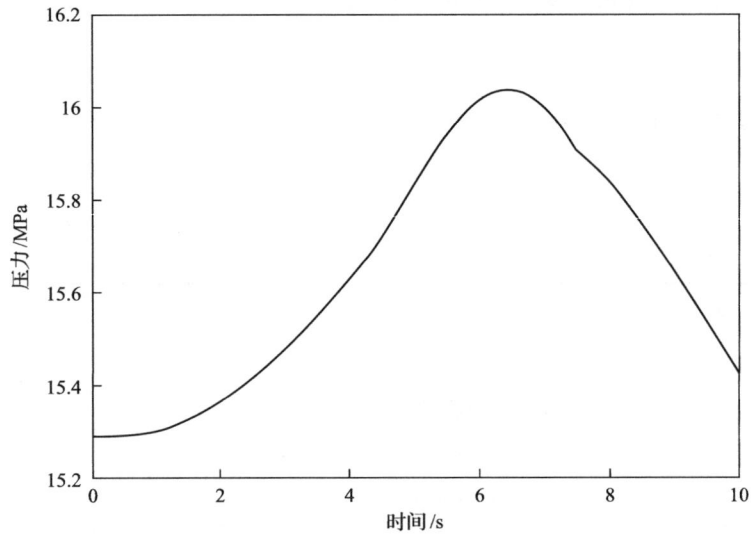

图 2.7　稳压器压力变化曲线（反应堆冷却剂强迫流量部分丧失）

Fig. 2.7　Pressurizer pressure versus time(partial loss of forced reactor coolant flow)

反应堆冷却剂强迫流量部分丧失事故分析结论如下：瞬态下的最小 DNBR 为 1.61，大于限值。由于没有发生 DNB，反应堆冷却剂带走燃料棒释热的能力没有明显减弱，燃料和包壳的平均温度不会比它们各自的初值超过太多，因此，预期没有燃料和包壳损伤，并满足所有适用的验收准则。

图 2.8 和图 2.9 给出了反应堆冷却剂强迫流量全部丧失事故中环路流量和堆芯流量、稳压器压力的变化曲线。

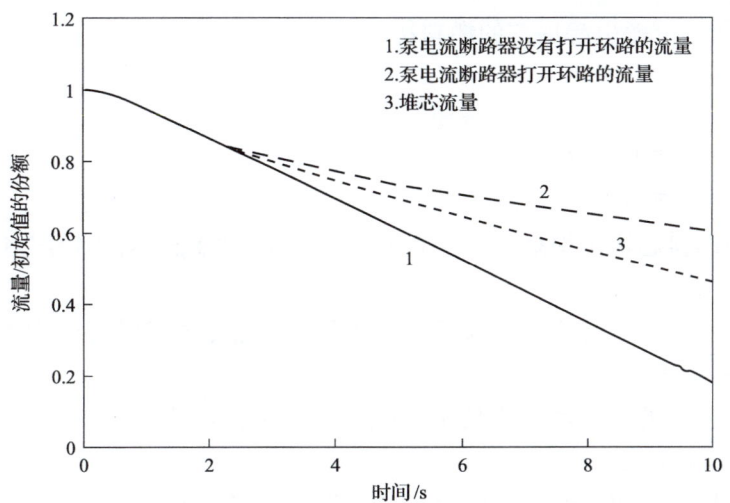

图 2.8　环路流量和堆芯流量变化曲线（反应堆冷却剂强迫流量全部丧失）
Fig. 2.8　Loop and core flows versus time（complete loss of forced reactor coolant flow）

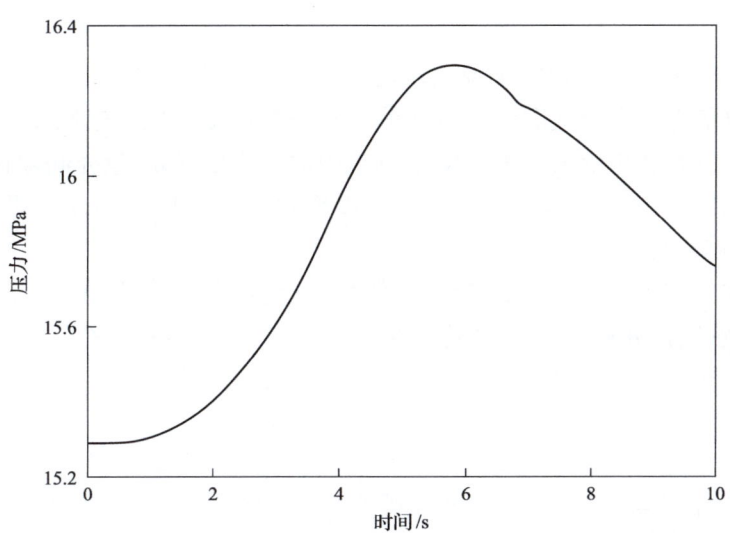

图 2.9　稳压器压力变化曲线（反应堆冷却剂强迫流量全部丧失）
Fig. 2.9　Pressurizer pressure versus time（complete loss of forced reactor coolant flow）

反应堆冷却剂强迫流量全部丧失事故分析结论如下：反应堆冷却剂强迫流量全部丧失，该瞬态下的最小 DNBR 为 1.45。由于没有发生 DNB，反应堆冷却剂从燃料棒排出热量的能力没有明显减弱，因此，没有燃料元件和包壳的损坏。

2.3.4　单个控制棒组件弹出

1. 事故描述

单个控制棒组件弹出事故是由于控制棒驱动机构耐压壳机械损坏，导致控制棒组件和驱动轴弹出堆芯外。这种机械损坏将导致正反应性的快速引入和堆芯不利的功率分布畸变。事故中可能引起局部的燃料棒损坏。

2. 频率与限制准则

该事故属于Ⅳ类工况（极限事故）。

所采用的限制准则为：

(1) 热点处燃料芯块平均焓，对于新燃料应低于942J/g，对于辐照过的燃料应低于837J/g。

(2) 即使热点处燃料芯块平均焓低于上述限值，热点处燃料芯块熔化的份额也应限制在燃料体积的10%以内。

(3) 热点处包壳的平均温度应低于包壳可能发生脆化的温度（对无氧化或极少氧化情况该温度为1482℃）。

(4) 冷却剂压力峰值应低于使应力超过故障工况应力限值的压力值。

另外，还需证实发生DNB的燃料棒份额低于限制值10%。

3. 主要假设

(1) 假定控制棒在0.1s内完全弹出堆芯。

(2) 缓发中子份额保守地取最小包络值。多普勒反馈效应保守地减小20%。

(3) 为使燃料温度和焓值最大，整个瞬态中取最大的芯块-包壳间隙传热系数。

(4) 慢化剂反馈：由于瞬态中慢化剂温度变化很小，慢化剂反馈影响很小，考虑3.6pcm/℃的不确定性。

(5) 反应堆停堆保护由中子注量率高信号（低整定值和高定值）以及中子注量率正变化率高信号触发，并假定一个通道出现单一故障。研究中考虑了仪表误差和整定值误差、停堆信号触发延迟及控制棒释放延迟等因素的最不利组合。

4. 结果与结论

事件序列见表2.4。

表 2.4　单个控制棒组件弹出事故的事件序列
Table 2.4　Time sequence of events for RCCA ejection accident

事件	时间/s
控制棒开始弹出	0.000
达到核功率峰值	0.122
达到热流密度峰值	0.930
达到包壳温度峰值	1.507
达到芯块中心温度峰值	1.279

图2.10和图2.11给出了核功率、热点处芯块中心温度、平均温度和包壳内表面温度的变化曲线。

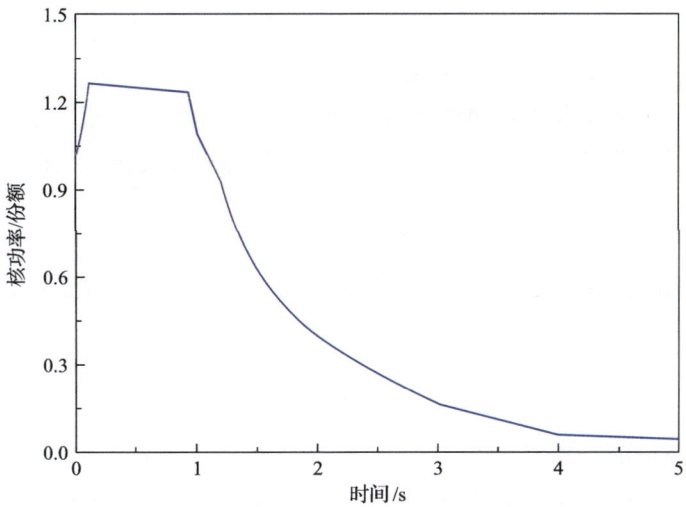

图 2.10 核功率变化曲线（单个控制棒组件弹出事故）
Fig. 2.10 Nuclear power versus time (RCCA ejection accident)

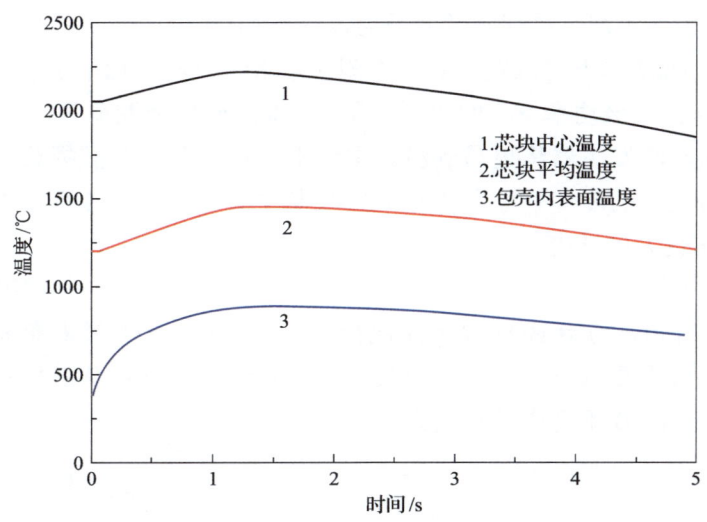

图 2.11 热点处芯块中心温度、平均温度和包壳内表面温度变化曲线（单个控制棒组件弹出事故）
Fig. 2.11 Hot spot fuel and clad temperature versus time (RCCA ejection accident)

单个控制棒组件弹出事故分析结论如下：即使在最保守的情况下，有关燃料和包壳的安全准则都能得到满足。因此可以得出结论，该事故中没有燃料突然扩散到冷却剂中的危险。系统的压力峰值没有超过故障工况的应力极限，因此反应堆冷却剂系统也没有受到进一步损坏的危险。

2.3.5 蒸汽发生器传热管破裂

1. 事故描述

下面分析蒸汽发生器一根传热管完全双端剪切断裂的事故。假定事故出现在功率运行时，反应堆冷却剂被裂变产物污染的程度相当于具有有限数量破损燃料棒连续运行的情况。由于该事故使放射性冷却剂从反应堆冷却剂系统向二回路系统泄漏，导致二回路系统放射性增加。如果在发生该事故的同时又失去厂外电源或蒸汽向冷凝器的排放系统失效，则放射性活度将通过蒸汽发生器的安全阀和(或)大气释放阀向大气排放。

2. 频率与限制准则

本事件属于Ⅲ类工况，本分析考虑的限制准则是：向大气的放射性释放必须在限值范围内。

3. 主要假设

SGTR事故分析的分析目的如下：
(1) 验证无蒸汽发生器满溢发生，不会有向环境的放射性液体释放(工况A)。
(2) 计算向环境的最大放射性蒸汽释放(工况B)。

因此，针对这两种工况不同的分析目的，分别采用不同的保守假设进行分析。

工况A：防满溢工况，最保守的假设为反应堆初始功率5%，反应堆停堆时叠加丧失厂外电。初始5%功率下蒸汽发生器二次侧初始水装量较满功率下蒸汽发生器二次侧初始水装量大，同时5%功率下一回路平均温度较低，破口泄漏质量流量较大，因此5%功率工况下破损蒸汽发生器将更易满溢。主泵不运行可降低从破损蒸汽发生器排出的热量，从而使得更多的冷却剂停留在破损蒸汽发生器中，破损蒸汽发生器更易满溢，因此工况A考虑丧失厂外电。

工况B：最大放射性蒸汽释放工况，最保守的假设为：反应堆初始功率102%，不考虑叠加丧失厂外电。初始102%功率工况会导致需要从反应堆冷却剂系统排出的热量最大，从而使得破损蒸汽发生器的释放最大。主泵运行可增加从破损蒸汽发生器排出的热量，因此，工况B不考虑叠加丧失厂外电。

4. 结果与结论

SGTR事故的事件序列见表2.5和表2.6。

表 2.5 蒸汽发生器传热管破裂，丧失厂外电(工况A)事件序列

Table 2.5 Time sequence of events for SGTR with loss of offsite power (case A)

事件	时间/s
蒸汽发生器传热管破裂	0
稳压器水位低低	354.3
破损SG水位高2	433.8
辅助给水泵启动	435.9
破损SG水位高3	484.8

续表

事件	时间/s
反应堆紧急停堆	486.9
隔离破损蒸汽发生器辅助给水	511.9
安注信号	1400.2
快速冷却开始	1410.2
操纵员开始干预	2286.9
第一台中压安注(MHSI)泵停止	4972.3
第二台 MHSI 泵停止	5082.3
泄漏终止	5145.2

表 2.6 蒸汽发生器传热管破裂，不丧失厂外电（工况 B）事件序列
Table 2.6 Time sequence of events for SGTR without loss of offsite power (case B)

事件	时间/s
蒸汽发生器传热管破裂	0
稳压器水位低低	1008.0
稳压器压力低信号	1396.4
反应堆紧急停堆	1397.4
安注信号	1434.1
快速冷却开始	1444.1
辅助给水泵启动	1494.1
快速冷却终止	2548.8
破损 SG 水位高 3	2795.7
隔离破损蒸汽发生器辅助给水	2822.8
操纵员开始干预	3197.4
第一列 MHSI 泵停止	4282.9
第二列 MHSI 泵停止	4648.1
泄漏终止	4875.1

图 2.12～图 2.17 分别给出了 SGTR 破口流量，一、二回路压力，反应堆冷却剂平均温度的变化曲线。

蒸汽发生器传热管破裂事故分析结论如下：工况 A 和工况 B 的事故进程中，蒸汽发生器实际水位都在顶部以下，说明蒸汽发生器不会满溢。放射性后果分析表明，向大气的放射性释放满足限值准则的要求。

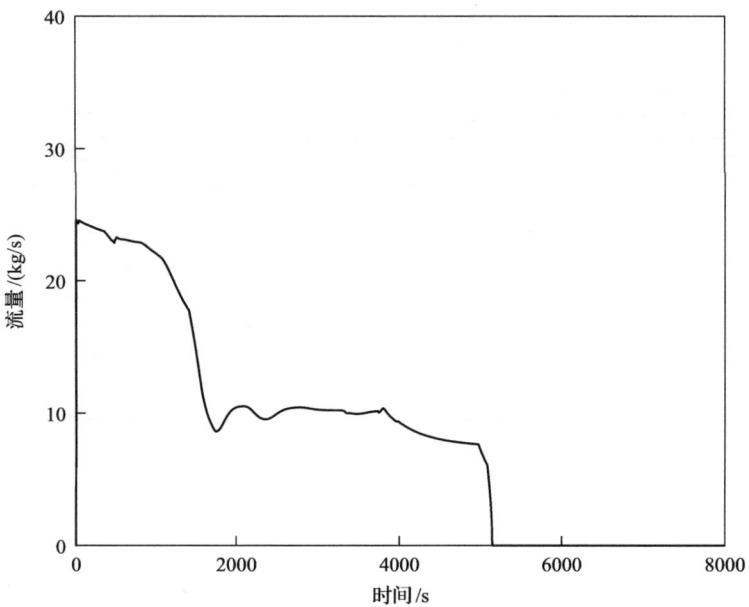

图 2.12 SGTR 破口流量变化曲线[蒸汽发生器传热管破裂，丧失厂外电（工况 A）]
Fig. 2.12 Break flowrate versus time[SGTR with loss of offsite power(case A)]

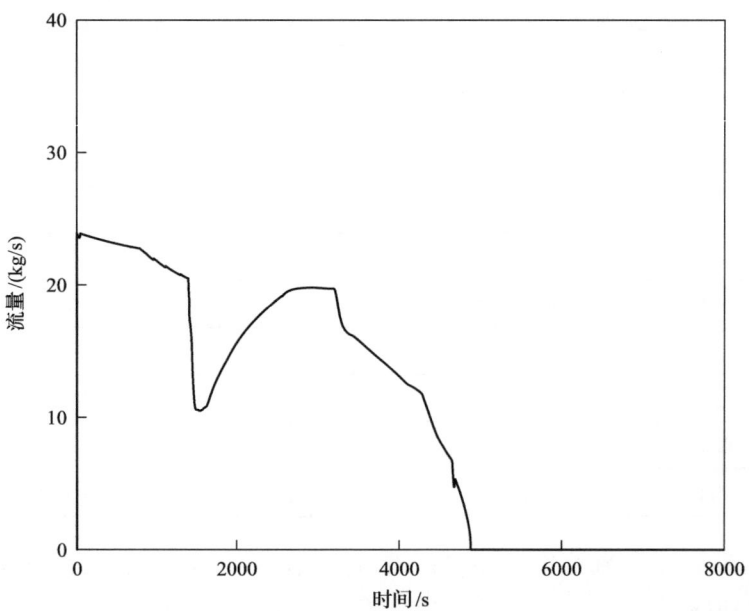

图 2.13 SGTR 破口流量变化曲线[蒸汽发生器传热管破裂，不丧失厂外电（工况 B）]
Fig. 2.13 Break flowrate versus time[SGTR without loss of offsite power(case B)]

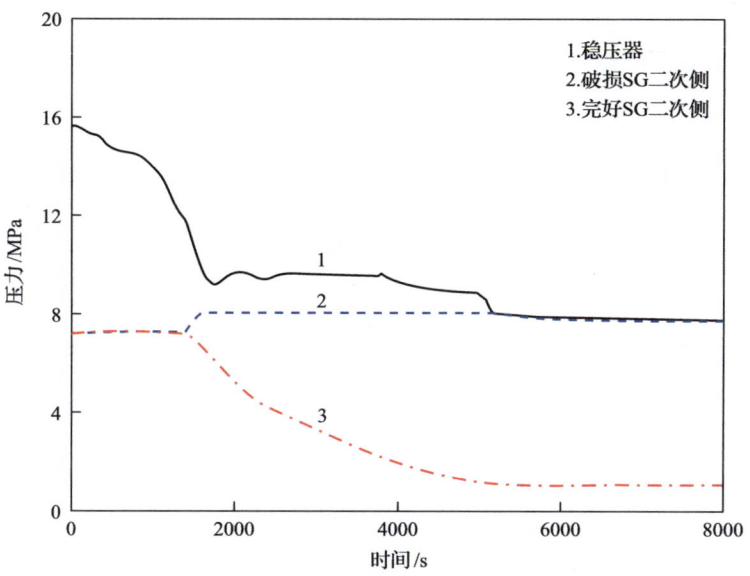

图 2.14　稳压器和蒸汽发生器压力变化曲线[蒸汽发生器传热管破裂，丧失厂外电(工况 A)]
Fig. 2.14　Pressurizer pressure and SG pressure versus time[SGTR with loss of offsite power(case A)]

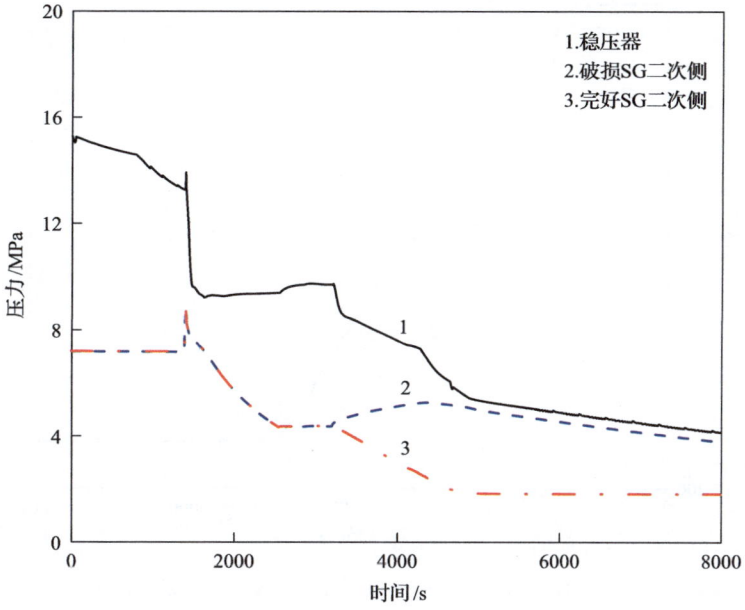

图 2.15　稳压器和蒸汽发生器压力变化曲线[蒸汽发生器传热管破裂，不丧失厂外电(工况 B)]
Fig. 2.15　Pressurizer pressure and SG pressure versus time[SGTR without loss of offsite power(case B)]

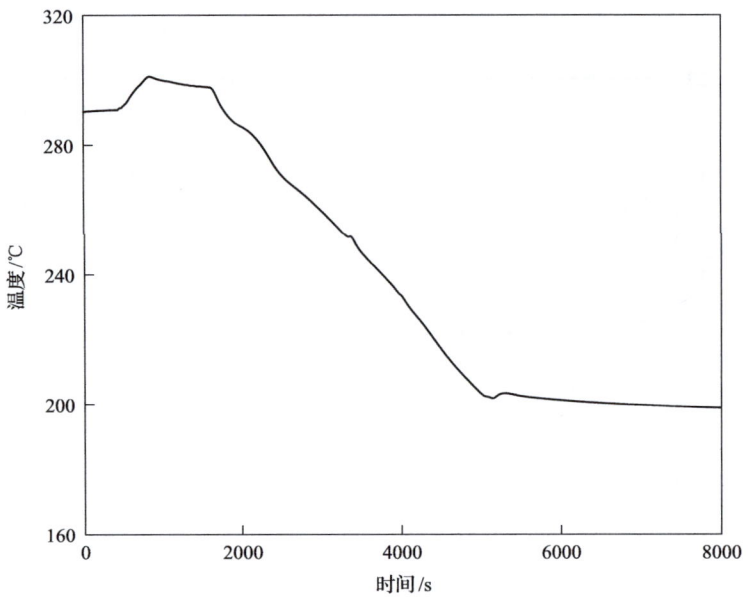

图 2.16 反应堆冷却剂平均温度变化曲线［蒸汽发生器传热管破裂，丧失厂外电（工况 A）］
Fig. 2.16 Reactor coolant average temperature versus time［SGTR with loss of offsite power（case A）］

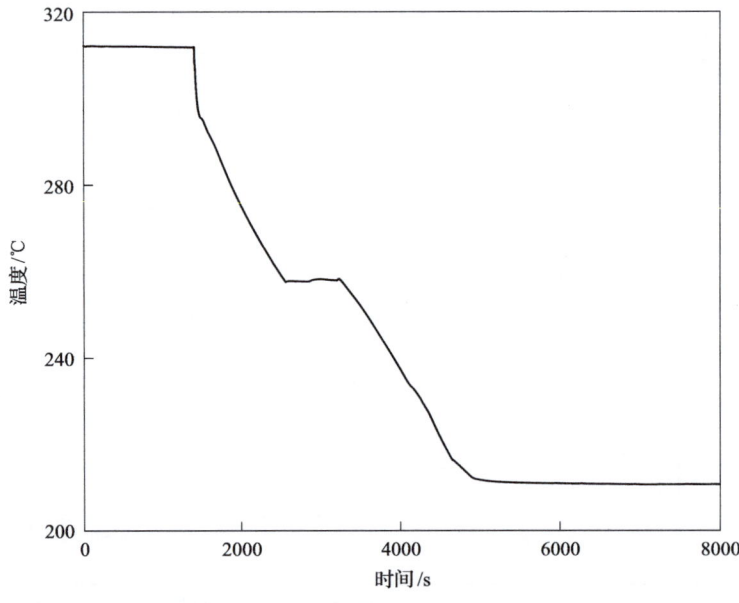

图 2.17 反应堆冷却剂平均温度变化曲线［蒸汽发生器传热管破裂，不丧失厂外电（工况 B）］
Fig. 2.17 Reactor coolant average temperature versus time［SGTR without loss of offsite power（case B）］

2.3.6 大破口失水事故

1. 事故描述

一回路系统中等效直径超过 34.5cm 的破裂事故定义为大破口失水事故。

大破口失水事故通常可分为四个阶段：
(1) 喷放阶段，破裂开始到安注箱注射开始的阶段。
(2) 喷放结束/再灌水阶段，安注箱开始注射并持续直到堆芯底部开始淹没的过程。
(3) 早期再淹没阶段，直到安注箱注射结束。
(4) 晚后期再淹没阶段，直到堆芯完全骤冷和长期冷却建立。

2. 频率与限制准则

该事件为Ⅳ类工况，是一个极限事故，预计在电站寿期内不会发生。
NB/T 20103—2012 的第 4.6.4.4 节中叙述的失水事故验收准则如下：
(1) 包壳峰值温度不能超过限值以防止包壳脆化。
(2) 包壳总氧化率不超过氧化前包壳总厚度的 17%。
(3) 如果除了腔室周围衬里以外，所有包围燃料的包壳中的金属都与水或汽发生化学反应，由此得到一个假想的产氢量。算出的包壳与水或汽发生化学反应后的产氢量不能超过该假想产氢量的 0.01 倍。
(4) 计算所得的堆芯几何形状变化仍能保持其可冷却性。

3. 主要假设

(1) 采用确定现实方法来分析大破口事故。
(2) 假设破口位于主泵和反应堆压力容器进口之间的冷段。
(3) 稳压器压力低低信号触发安注信号。此后主给水系统隔离，辅助给水系统投入运行。安注系统在保守的时间延迟后注入反应堆冷却剂系统，并假设失去破裂环路的安注流量。
(4) 安全壳高高压力触发安全壳喷淋启动，安全壳喷淋流量为其最大值。
(5) 不考虑保护信号触发反应堆冷却剂泵停运，保守假设在 0s 时所有主泵失电。
(6) 根据单一故障准则假设一台低压安注（LHSI）泵丧失。
(7) 根据最小安全注入泵性能、安全注入管线的最大阻力和一个安全注入管线直接泄漏入安全壳计算得到的注入一回路系统的安注流量随注入点压力的变化曲线。

4. 结果与结论

大破口失水事故的事件序列见表 2.7。包壳峰值温度随时间的变化如图 2.18 所示。

表 2.7 大破口失水事故的事件序列
Table 2.7 Time sequence of events for large break LOCA

事件	时间/s
达到安注信号整定值	5.6
主给水停止	10.6
安注箱开始排水	16.2

续表

事件	时间/s
安全注入水注入	33.6
堆芯再淹没开始	44.1
安注箱排水结束	52.4
辅助给水动作	65.6

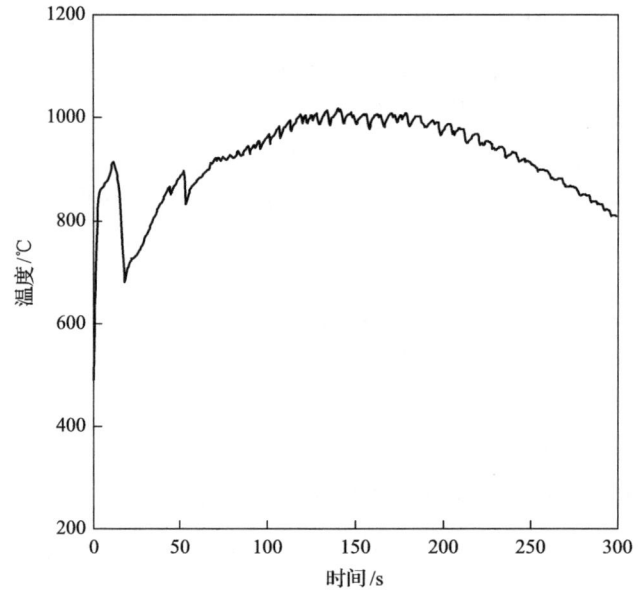

图 2.18　包壳峰值温度变化曲线（大破口失水事故）

Fig. 2.18　Peak cladding temperature versus time (large break LOCA)

大破口失水事故分析结论如下：最极限包壳温度为 1019℃，该值满足安全准则 1204℃的要求；最极限包壳氧化率为 2.91%，该值满足安全准则 17%的要求，确保了堆芯几何形状的完整性；热组件平均棒的总氧化率小于总包壳的 0.22%，热棒组件满足了 1%的准则，整个堆芯也能满足该准则。

第 3 章
概率安全分析

概率安全分析(PSA)是 20 世纪 70 年代发展起来的一种系统工程方法,采用系统可靠性和概率风险分析方法对复杂系统的各种可能事故的发生和发展过程进行全面分析,从它们的发生概率及造成的后果进行综合评价。经过多年的发展和完善,PSA 已经成为人们认识风险、评价风险,并且帮助管理风险、降低风险的重要工具。

通过开展核电厂 PSA 工作,构建核电厂的整体风险模型,可以对可能发生的事故情景和后果及其频率进行统一的综合性定量评价,对核电厂风险水平及造成这些风险的因素进行深入了解。它注重分析事件(始发事件、系统故障、堆芯损坏等)的来源、原因,从而揭示出核电厂设计、运行中的薄弱环节(包括硬件和软件如规程等),给出一系列有价值的风险见解,并指明降低风险、提高安全性的有效途径。

《核动力厂设计安全规定》(HAF 102—2016)中规定:"必须在核动力厂的整个设计过程中进行全面的确定论安全评价和概率论安全评价,以保证在核动力厂寿期内的各个阶段满足全部设计安全要求,并确认在竣工、运行和修改时交付的设计满足制造和建造的要求。"《核安全与放射性污染防治"十二五"规划及 2020 年远景目标》提出了具体目标:"新建核电机组具备较完善的严重事故预防和缓解措施,每堆年发生严重堆芯损坏事件的概率低于十万分之一,每堆年发生大量放射性物质释放事件的概率低于百万分之一。"

在我国以往的核电厂设计中,根据核安全监管当局的要求逐步开展了 PSA 工作,但主要用于评价核电厂设计的安全性,论证核电厂是否达到概率安全目标等,对于如何应用 PSA 方法指引设计以提高核电厂安全性的工作开展的较少。"华龙一号"作为我国自主研发的第三代先进核电机组,在设计之初就对安全性设定了更高的目标:每堆年发生严重堆芯损坏事件的概率(CDF)和每堆年发生大量放射性物质释放事件的概率(LRF)比《核安全与放射性污染防治"十二五"规划及 2020 年远景目标》的目标再降低一个量级,分别达到低于百万分之一和低于千万分之一的安全水平。为了有效提高"华龙一号"的安全性,确保安全指标的最终实现,在"华龙一号"的设计中,首次开展了全范围的 PSA 工作,并与设计进行互相迭代,贯穿了整个设计过程。

3.1 概 述

核电厂风险主要来自内部设备故障和各类内外部灾害(火灾、水淹、地震等),因此 PSA 的分析范围也相应地包括以上各类风险源。为定量评价 CDF 目标而开展的工作通常称为一级 PSA，定量评价 LRF 和 LERF 目标而开展的则称为二级 PSA。"华龙一号"概率安全分析的范围包括如下内容：

(1) 内部事件一级 PSA。
(2) 内部事件二级 PSA。
(3) 外部事件筛选。
(4) 地震 PSA。
(5) 内部火灾 PSA。
(6) 内部水淹 PSA。
(7) 乏燃料贮存设施 PSA。

"华龙一号"概率安全分析涵盖了如下方面的分析工作：

(1) 电厂运行状态(POS)划分：依据技术规范中确定的电厂运行模式及标准运行工况，结合 PSA 的考虑，进行 POS 划分。

(2) 始发事件分析：开展评估以确定一套尽可能完整的始发事件。该评估包括对压水反应堆运行经验、以往的 PSA 经验和本电厂特性的考虑。

(3) 事件序列分析：对每个始发事件类别，均构建事件树以模化可能引起的事故序列。

(4) 成功准则：分析确定始发事件发生后缓解系统的成功准则。

(5) 系统分析：对预防或缓解严重事故有贡献的安全相关和非安全相关的前沿系统和支持系统进行分析，并构建系统故障树。

(6) 人员可靠性分析：根据人员可靠性分析方法的要求，对始发事件前和始发事件后的人员可靠性进行详细分析，给出人员失误的可能性。

(7) 相关性分析：包括对功能相关性、实体相关性、人因事件相关性和部件失效相关性的分析。

(8) 数据分析：提供系统故障树定量分析以及事件序列定量分析所需要的数据，这些数据包括设备可靠性参数、共因失效参数和试验维修不可用数据。

(9) 模型整合与定量化：将各事件序列分析和系统分析模型进行整合汇总，通过定量化得到风险结果。

(10) 外部事件筛选：根据厂址特征对外部事件进行筛选。

(11) 地震 PSA：根据现阶段电厂的设计深度，基于内部事件一级和二级 PSA 模型，进行地震 PSA 分析，获得地震风险见解。

(12) 内部火灾 PSA：根据厂房布置，通过分析各厂房的起火频率、受火灾影响的设备、电厂对火灾的响应及相关缓解功能的可用性，建立火灾风险模型，评估电厂的内部火灾风险。

(13) 内部水淹 PSA：对电厂安全有重要影响的分区及分区内的水淹情景进行分析，评价内部水淹后果以及导致的电厂风险。

(14)二级PSA：通过一、二级PSA的接口分析和安全壳事件树的构建与定量化分析得到大量放射性释放的频率，包括电厂损伤状态分析、严重事故现象分析、严重事故进程分析、安全壳性能分析、安全壳事件树分析等内容。

(15)乏燃料贮存设施PSA：参考内部事件一级PSA分析方法，评价乏燃料贮存设施内的风险水平及重要风险贡献源。

通过开展上述工作，"华龙一号"PSA的具体目标主要包括：

(1)识别核电厂的薄弱环节，不同设计方案的比选，为设计优化与改进提供指导和依据。

(2)提供发生堆芯严重损坏状态的PSA以及放射性物质向厂外大量释放的风险评价。

(3)提供外部灾害事件（特别是核电厂厂址特有的那些灾害）发生频率和后果的评价。

(4)证明整个设计是平衡的，没有任何一个设施或假设始发事件对于总的风险会有过大的或明显不确定的贡献。

(5)确认核电厂参数的小偏离不会引起核电厂性能严重异常（陡边效应）。

(6)论证核电厂的整体安全水平，确信符合总的安全目标。

3.2　内部事件一级PSA

内部事件一级PSA主要用于分析由于内部事件可能造成堆芯损坏的事件序列，并对事件序列定量化，计算反应堆堆芯损坏频率。

"华龙一号"内部事件一级PSA分析的电厂放射性释放源主要为反应堆堆芯，涵盖功率运行工况、低功率运行工况和停堆工况。通过内部事件一级概率安全分析给出由于电厂内部事件导致的堆芯损坏的发生频率。

"华龙一号"内部事件一级PSA包括如下内容：

(1)电厂运行状态分析。

(2)始发事件分析。

(3)事件序列分析。

(4)成功准则分析。

(5)系统分析。

(6)人员可靠性分析。

(7)数据分析。

(8)模型定量化计算，以及不确定性分析、重要度分析和敏感性分析。

上面各工作内容及相互关系如图3.1所示。

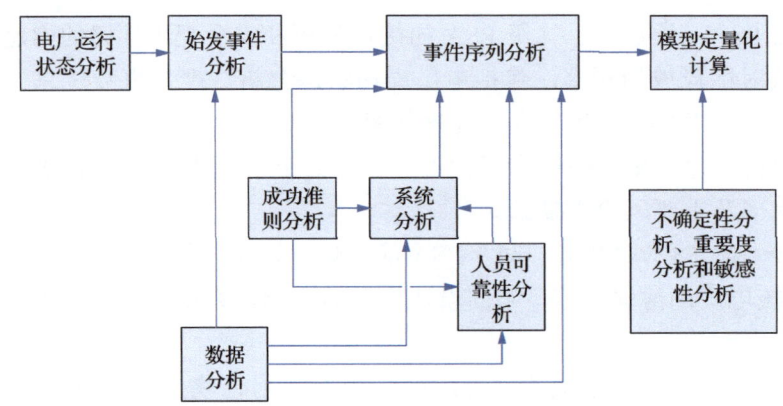

图 3.1 内部事件一级 PSA 工作内容

Fig. 3.1 The content of internal events level 1 PSA

下面分别对"华龙一号"的电厂运行状态分析、始发事件分析、事件序列分析、系统分析、数据分析和定量化计算等内容进行重点介绍。

3.2.1 电厂运行状态分析

核电厂在一个燃料循环内将经历不同的运行工况，在每一种运行工况下，电厂具有不同的特征参量，要求不同的硬件系统配置、控制管理手段或技术规格。对于这样一个随时间变化的复杂的动态系统，需要根据一些关键参数（如堆芯功率水平、衰变热水平、一回路水位、温度、压力、一回路开口状态、安全壳状态和衰变热移出机制等）的不同，划分为不同的 POS。在每一个 POS 下，其运行参数相对恒定（在建模分析时也认为是恒定的），但同其他 POS 相比，在影响风险的方式上却有所不同。后续在已划分的 POS 基础上进行始发事件分析。

"华龙一号"所确定的电厂运行状态如表 3.1 所示。

表 3.1 "华龙一号" PSA 中所考虑的电厂运行状态

Table 3.1 The plant operating states considered in the PSA of HPR1000

POS 组	名称	机组状态			排热模式
		压力/MPa	温度/℃	一回路冷却剂装载量	
POSA	功率	15.5	291.4≤T≤310	一回路满水，稳压器双相状态	蒸汽发生器带热
POSB	低功率	15.5	291.4≤T≤310	一回路满水，稳压器双相状态	蒸汽发生器带热
POSC	热停堆	2.4≤P≤15.5	160≤T≤291.4	一回路满水，稳压器双相状态	蒸汽发生器带热
POSD	正常冷停堆	0.5≤P≤3.0	10≤T≤180	一回路满水（稳压器双相或水实体）	余热排出系统
POSE	一回路微开口的维修冷停堆	0.1≤P≤0.5	10≤T≤60	≥法兰面	余热排出系统
POSF	一回路充分打开的维修冷停堆	大气压力	10≤T≤60	≥法兰面	余热排出系统

3.2.2 始发事件分析

始发事件是指干扰电厂稳定运行从而引发异常事件(如瞬态或LOCA)的电厂事件，这些事件要求电厂缓解系统及人员作出响应，一旦响应失败可能导致不希望的后果。

始发事件分为内部事件和外部事件。内部事件是源于核电厂内部的事件，当它与安全系统的失效和(或)操纵员失误相结合时，会影响电厂系统的可运行性，而且可能导致堆芯损坏。外部事件是源于核电厂外部的事件，如地震、龙卷风、洪水，直接或间接引发始发事件，并可能引起安全系统故障或操纵员失误，进而可能导致堆芯损坏或大量放射性释放。内部水淹、内部火灾等虽然属于内部事件，但其分析方法与外部事件类似，一般列入到外部事件分析范围。丧失厂外电源属于外部事件，但其分析方法与内部事件类似，根据惯例，一般列入内部事件分析范围。

始发事件分析的任务首先是识别始发事件，形成一个尽可能完整的始发事件清单；然后对始发事件进行分组，将具有相同成功准则且具有相同事件进程的全部始发事件归并为一组，以便减轻事故序列模型化和定量化的工作量；最后是确定各组始发事件的频率。

1. 始发事件识别

国内外核电厂PSA中确定始发事件清单的方法通常有：工程评价、参考以往的始发事件清单、演绎分析及运行经验反馈等几种，但每一种都有其局限性。在"华龙一号"内部始发事件识别过程中，为确保"华龙一号"始发事件清单的完整性，综合采用了如下四种方法。

(1)工程评价：系统地审查"华龙一号"核电厂各系统和主要部件，查明这些系统和部件是否有失效模式会直接地或与其他的故障合并触发自动/手动停堆等。

(2)参考以往的始发事件清单：参考其他核电厂，特别是国际上权威机构公布的类似核电厂PSA始发事件表及安全分析报告中的始发事件。

(3)演绎分析，也称为主逻辑图法：以堆芯损坏作为一个顶事件，从该顶事件出发以类似于故障树的方法，逐步分解成不同类别的可能导致堆芯损坏发生的事件，从而寻求确定可能导致堆芯损坏的事件，目的是保证始发事件的完整性。

(4)运行经验：查阅所要进行PSA评价的核电厂或其他压水堆核电厂的运行历史，以便查出需追加到始发事件清单中的事件。这一方法起到补充和完善始发事件的作用。

"华龙一号"始发事件清单在参考NUREG/CR-3862、NUREG/CR-5750和NUREG/CR-6144的始发事件清单的基础上，考虑了通用始发事件清单对本机组的适用性，同时通过开展系统级的失效模式与影响分析(FMEA)，识别并补充确定适用于该机组的始发事件；还参考了国内核电厂的运行经验，并使用主逻辑图方法对始发事件清单的完整性进行了校验，最终得到"华龙一号"的始发事件清单。主要分析工作包括：

(1)调研了NUREG/CR-3862、NUREG/CR-5750和NUREG/CR-6144报告中的始发事件，以此作为参考基础，结合"华龙一号"特有的系统配置和成功准则，分析得到适用于"华龙一号"的始发事件。

(2) 对"华龙一号"进行工程评价,逐个考察"华龙一号"所有可能导致始发事件的系统,分析各系统的失效模式及其后果,判断是否会导致始发事件,并说明对电厂的影响。

(3) 参考国内压水堆核电厂运行经验,分析这些运行经验对于"华龙一号"的适用性。

(4) 应用主逻辑图进行演绎分析,核实始发事件清单的完备性,并给出始发事件分类的逻辑分析。

另外,针对"华龙一号"设计特点,在工程评价的基础上,分析了以下特有系统可能导致的本电厂特有的始发事件,具体包括:

(1) 一回路快速卸压系统。系统误启动或阀门破裂可能导致始发事件的发生。对于误启动,根据系统设计特点系统误启动的概率极小,不作为始发事件考虑。系统阀门的破裂将导致一回路冷却剂丧失,属于一回路破口事故。

(2) 二次侧非能动余热排出系统。系统误启动:电厂正常运行时如果系统误启动,可能导致紧急停堆,作为始发事件考虑;系统破口,该系统与蒸汽发生器给水管道或蒸汽管道相连的管道发生破口,类似给水管道或蒸汽管道破口事故。

(3) 反应堆压力容器高位排气系统。高位排气系统破裂,将导致一回路冷却剂丧失,属于一回路破口事故。

(4) 应急硼注入系统。正常运行时应急硼注入系统误启动将导致紧急停堆,作为始发事件考虑。

(5) 余热排出系统布置在安全壳外。分析中考虑余热排出系统上发生界面 LOCA。

通过上述分析得到"华龙一号"内部始发事件清单,如表 3.2 和表 3.3 所示。

表 3.2 "华龙一号"内部始发事件(功率运行工况)
Table 3.2 Internal initiating events of HPR1000 (at power)

始发事件组	子始发事件
大 LOCA	一回路热段大破口
	一回路冷段大破口
中 LOCA	一回路冷段中破口
	一回路热段中破口
小 LOCA	一回路小破口
极小 LOCA	控制棒泄漏
	稳压器泄漏
	一回路系统其他部分泄漏
压力容器破裂	压力容器破裂
界面 LOCA	安全壳外与一回路相连界面系统的泄漏
蒸汽发生器传热管破裂	蒸汽发生器传热管破裂

续表

始发事件组	子始发事件
一回路瞬态	一回路失流(一条环路)
	失控提棒
	控制棒驱动机构(CRDM)失效或落棒
	稳压器低压
	稳压器高压
	安全壳压力问题
	化容系统故障—硼稀释
	压力/温度/功率不平衡—棒位错误
	完全丧失一回路流量
	稳压器喷淋失效
	误停堆
	自动停堆
	手动停堆
	主泵轴封注入丧失
	稳压器电加热器误启动
	应急硼注入系统误启动
丧失给水	完全丧失给水流量(所有环路)
	所有主蒸汽隔离阀(MSIV)关闭
	给水流量增加(单环路)
	给水流量增加(所有环路)
	给水流量不稳定—操纵员失误
	给水流量不稳定—各种机械原因
	丧失冷凝泵(所有环路)
	丧失冷凝器真空
	冷凝器泄漏
	丧失循环水
丧失外电源	丧失所有厂外电源
给水管道破口	给水管道大破口
	给水管道小破口
	非能动余热排出系统水侧破口
蒸汽管道破口	安全壳内大破口
	安全壳外主蒸汽隔离阀上游处大破口
	安全壳外主蒸汽隔离阀下游处大破口
	安全壳内小破口
	安全壳外主蒸汽隔离阀上游处小破口
	安全壳外主蒸汽隔离阀下游处小破口
	非能动余热排出系统汽侧破口

续表

始发事件组	子始发事件
丧失热阱	丧失全部热阱
	丧失部分热阱
二回路瞬态	主蒸汽隔离阀全部或部分关闭（MSIV—单环路）
	二回路各种泄漏
	蒸汽卸压阀突然打开
	汽机跳闸
	停发电机或发电机引发的故障
	非能动余热排出系统误启动
丧失直流电源	丧失直流电源
丧失压缩空气	丧失仪用压缩空气
未能紧急停堆的预期瞬态	未能紧急停堆的预期瞬态

表 3.3　"华龙一号"内部始发事件（低功率和停堆工况）
Table 3.3　Internal initiating events of HPR1000（low power and shutdown state）

始发事件类	子始发事件
大 LOCA	一回路热段大破口
	一回路冷段大破口
	余热排出系统上的大破口
中 LOCA	一回路冷段中破口
	一回路热段中破口
	在余热排出系统上的中破口
小 LOCA	一回路小破口
	余热排出系统上的小破口
丧失余热排出	丧失余热排出系统
界面 LOCA	与一回路相连系统的 LOCA
维修造成的 LOCA	通过反应堆冷却剂系统
	通过余热排出系统
	通过化学和容积系统
丧失热阱	丧失全部热阱
	丧失部分热阱
丧失给水	丧失启动给水系统
丧失外电源	丧失外电源
丧失直流电源	丧失直流电源
丧失压缩空气	丧失压缩空气
丧失应急交流电源	丧失应急交流电源
给水管道破口	给水管道破口

续表

始发事件类	子始发事件
蒸气管道破口	安全壳内大破口
	安全壳外主蒸汽隔离阀上游处大破口
	安全壳外主蒸汽隔离阀下游处大破口
	安全壳内小破口
	安全壳外主蒸汽隔离阀上游处小破口
	安全壳外主蒸汽隔离阀下游处小破口
	二次侧非能动余热排出管道破口
低温超压	低温超压
硼误稀释	维修停堆导致失控均匀硼稀释
	一回路泵启动导致的失控非均匀硼稀释
蒸汽发生器传热管破裂	蒸汽发生器传热管破裂

2. 始发事件分组和频率

在完成始发事件识别后，需要归并有同样缓解要求的始发事件，以便于高效且现实地计算 CDF。"华龙一号"采用的始发事件归并分组原则包括：

(1) 电厂(包括操纵员)响应、成功准则、允许响应时间(如更高要求，则还包括对电厂可运行性影响，以及操纵员和相关缓解系统的性能)均相类似时，可考虑将这些始发事件合并成一个始发事件组；

(2) 一些始发事件可归并到某一组，但在"新"的始发事件组中以最不利工况的要求作为该组的包络条件。在这种情况下，必须对所节省的工作量和所引进的保守性加以权衡。当始发事件对结果的影响与该组中其他始发事件的影响相当或更小，或者证明分组不会影响重要事故序列时，这些始发事件可归并入该始发事件组。

在分组过程中若发现某些类别的始发事件因为电厂响应明显不同或者会有更严重的放射性释放可能(如大剂量早期释放频率)，则需要进一步细分。例如，LOCA 事件，它需按破口尺寸大小(有时还要按不同的破口位置)或者其他特殊效应进行细分。

为了进行事件序列定量化及得到最终的定量化结果，在始发事件分组的基础上，需准确地确定各组始发事件的频率。"华龙一号"确定始发事件(组)发生频率的原则和方法为：

(1) 在有电厂特定数据的条件下，采用电厂特定数据来估算始发事件发生频率，如果特定数据不足，采用通用数据结合贝叶斯处理来确定。

(2) 没有电厂特定数据，采用适用的通用数据，并进行适应性分析。

(3) 对于丧失支持系统引起的始发事件和电厂设计特定的始发事件，需进行始发事件故障树分析或特定分析，对重要始发事件还需要进行敏感性分析。

"华龙一号"始发事件频率主要参考美国 NUREG/CR-5750 和 URD 的数据，同时针对丧失热阱等丧失支持系统的始发事件，根据电厂相关系统的具体设计进行了故障树分析，计算其始发事件频率。

"华龙一号"内部始发事件频率如表 3.4 和 3.5 所示。

表 3.4 "华龙一号"内部始发事件频率(功率运行工况)
Table 3.4　Internal initiating events' frequencies of HPR1000 (at power)

始发事件类	编码	始发事件(组)描述	频率/(堆·a)$^{-1}$
1. LOCA			
1.1 大 LOCA	BL	一回路大破口	5.00×10^{-6}
1.2 中 LOCA	BI	一回路中破口	4.00×10^{-5}
1.3 小 LOCA	BS	一回路小破口	5.90×10^{-4}
1.4 极小 LOCA	BM	一回路极小破口	6.20×10^{-3}
1.5 蒸汽发生器传热管破裂	GR	蒸汽发生器传热管破裂	7.00×10^{-3}
1.6 界面 LOCA	BV	界面 LOCA	3.70×10^{-9}
1.7 压力容器破裂	VR	压力容器破裂	1.00×10^{-8}
2. 丧失给水			
2.1 丧失全部主给水	SW		3.88×10^{-1}
3. 蒸汽管道/给水管道破口			
3.1 蒸汽管道/给水管道大破口	VL	蒸汽/给水管道大破口	3.64×10^{-4}
3.2 蒸汽管道/给水管道小破口	VS	蒸汽/给水管道小破口	3.71×10^{-3}
4. 丧失支持系统			
4.1 丧失重要电源	OD	丧失重要电源	1.07×10^{-2}
4.2 丧失热阱	OQ1	丧失全部热阱	9.94×10^{-5}
	OQ2	部分丧失热阱	1.26×10^{-2}
4.3 丧失厂外电源	TS	丧失外电源	2.28×10^{-2}
4.4 丧失压缩空气	OS	丧失仪用压缩空气	1.43×10^{-2}
5. 瞬态类			
5.1 瞬态	TR	瞬态	1.40
6. 未能紧急停堆的预期瞬态	ATWS	未能紧急停堆的预期瞬态	序列给出

表 3.5 "华龙一号"内部始发事件频率(低功率和停堆工况)
Table 3.5　Internal initiating events' frequencies of HPR1000 (low power and shutdown state)

始发事件组	编码	始发事件描述	频率/(堆·a)$^{-1}$
1. LOCA 类始发事件			
1.1 大 LOCA	BL	大破口	7.57×10^{-7}
1.2 中 LOCA	BI	中破口	2.44×10^{-6}
1.3 小 LOCA	BS	小破口	1.37×10^{-5}
1.4 SGTR	GR	蒸汽发生器传热管破裂	4.79×10^{-5}
1.5 维修 LOCA	BW	维修 LOCA	9.59×10^{-4}
2. 丧失余热排水			
丧失余热排水	RR	丧失余热排水系统	5.09×10^{-4}

续表

始发事件组	编码	始发事件描述	频率/(堆·a)$^{-1}$
3. 丧失支持系统			
3.1 丧失应急交流电源	OA	丧失应急交流电源	1.46×10^{-4}
3.2 丧失直流电源	OD	丧失直流电源	8.22×10^{-5}
3.3 丧失热阱	OQ1	丧失全部热阱	4.08×10^{-5}
	OQ2	部分丧失热阱	9.56×10^{-5}
3.4 丧失厂外电源	TS	丧全部失厂外电源	1.17×10^{-3}
3.5 丧失压缩空气	OS	丧失压缩空气	7.54×10^{-4}
4. 与二回路有关的始发事件			
4.1 丧失启动给水	SW	丧失启动给水	5.22×10^{-4}
4.2 蒸汽管道和给水管道破口	VL	蒸汽/给水管道大破口	2.74×10^{-6}
	VS	蒸汽/给水管道小破口	2.87×10^{-5}
5. 通用瞬态类始发事件			
5.1 反应性事件	PD	硼误稀释	1.79×10^{-3}
6. 其他始发事件			
6.1 低温超压	CD	低温超压	1.80×10^{-2}

3.2.3 事件序列分析

事件序列分析作为整个一级 PSA 分析的核心，是确定可能导致堆芯损坏的始发事件、安全功能及系统失效和成功的组合的过程。

"华龙一号"事件序列分析的主要目标是确保电厂系统和操纵员对始发事件的响应以下列方式反映在"华龙一号"CDF 的评价中：

(1) 事件树中模化的事件序列，其结构和序列的定义适当地包括了可能改变事件序列的操纵员动作、缓解系统和各种现象。

(2) 在事件序列结构中反映电厂特定的相关性。

(3) 成功准则可用于支持在事件序列中模化的每个关键安全功能的成功、任务时间和操纵员动作的时间窗口。

(4) 终态明确地定义为堆芯损坏或成功缓解。

"华龙一号"PSA 中采用事件树方法开展事件序列分析。典型的事件树如图 3.2 所示。从始发事件开始，依据后续每个功能事件成功与否进行发展，根据序列发展最终的电厂状态确定序列的最终状态。

"华龙一号"针对始发事件分析确定的全部始发事件(组)，使用 RiskSpectrum 分析软件建立事件树模型，开展了相应的事件序列分析，以确定这些始发事件是如何得到缓解或者影响核电厂安全的。

1. 安全功能和系统

针对要分析的始发事件，事件序列分析首先要确定为了预防或缓解堆芯损坏所必

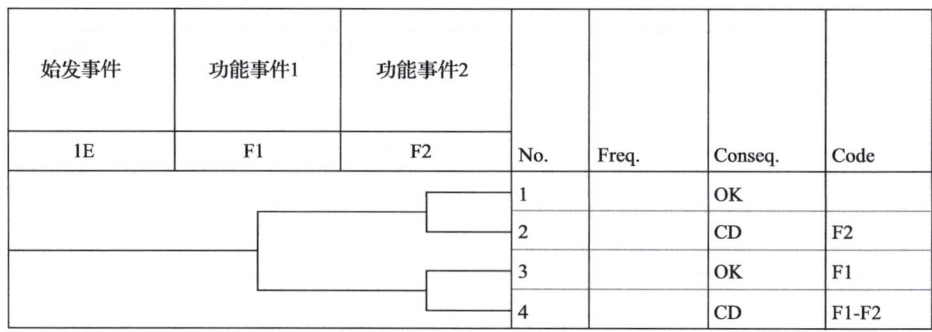

图 3.2 事件树示意图

Fig. 3.2 Example figure of event tree

需的安全功能。在内部事件一级 PSA 中需要满足的安全功能如下：

(1) 控制反应性：目的是防止反应堆重返临界或重返功率，从而减少热量的产生。由于所设计的安全系统的能力都是针对停堆后的堆芯功率，如果发生事故后反应堆堆芯功率过高，那么启动安全系统也不能缓解事故，事故后果会继续扩大。

(2) 带走堆芯余热：目的是控制冷却剂的温度、压力等。事故发生后，堆芯仍有储热和衰变热，因此需要继续冷却堆芯，一般通过二次侧带走堆芯余热。

(3) 保持一回路冷却剂边界完整性：目的主要是维持一回路的压力边界，从而使一回路冷却剂维持在液体状态，利于带出堆芯余热。

(4) 保证一回路冷却剂水装量：目的是保证堆芯不裸露，保证堆芯内所有组件产生的热量都能传给一回路冷却剂。为了保证一回路冷却剂水装量，可以通过启动中压安注、安注箱或低压安注等系统向一回路注水。

(5) 保持安全壳的完整性：堆芯大量热量排入安全壳内，使安全壳内压力和温度升高，直接影响安全壳的完整性。通过安全壳喷淋系统或者非能动安全壳热量导出系统的投运来排出安全壳内的热量，维持安全壳完整性。

"华龙一号"设置了冗余多样的用于缓解事故的系统，表 3.6 给出了"华龙一号"上述安全功能和前沿系统对应关系。

2. 确定成功准则

当前沿系统响应(和规程要求执行的操纵员动作)确定后，就要明确地确定其成功准则，包括为支持事件序列展开所必需的安全功能、支持系统、构筑物、部件和操纵员动作等的成功准则。

成功准则主要有以下几个来源：确定论事故分析、系统设计准则、热工水力分析。

在不影响结果的情况下，通过参考确定论事故分析和系统设计得到了可接受的成功准则。例如在大破口事故中，低压安注系统的成功准则为仅需一列成功即可满足要求，即来自确定论事故分析和系统设计准则。

表 3.6　安全功能和前沿系统对应关系
Table 3.6　Corresponding relations of safety functions and front-line system

安全功能	前沿系统
反应性控制	反应堆保护系统
	安全注入系统
	应急硼注入系统
	化学和容积控制系统
堆芯热量的移出	主给水系统、启动给水、辅助给水系统和汽机旁路系统
	二次侧非能动余热排出系统
	中压安注系统和稳压器安全阀
	低压安注系统
	余热排出系统
	安全壳喷淋系统
	非能动安全壳热量导出系统
一回路冷却剂压力边界完整性	稳压器安全阀
	主泵轴封应急注入
	主泵停机密封
一回路冷却剂储装量的维持	中压安注系统
	安注箱
	低压安注系统
	化学和容积控制系统
安全壳完整性	安全壳喷淋系统
	非能动安全壳热量导出系统

与一般确定论事故分析采用保守的分析方法不同，内部事件一级 PSA 热工水力计算分析及结果要求尽可能符合电厂的实际情况，一般采用最佳估算类计算程序进行热工水力分析。与之对应，核电厂运行参数、系统设备结构与性能参数，以及信号延迟和系统设备的响应时间等均采用实际测量名义值，如缺少测量值则采用设计名义值。同时，对于那些对计算结论有重要影响的假设条件，一般也适当地保守考虑。

"华龙一号"开展了多项特定的热工水力计算，以确定相应事件序列中功能事件的成功准则，下面给出了"华龙一号"内部事件一级 PSA 中热工水力计算的一些示例：LOCA 破口尺寸热工水力分析、小 LOCA 充排冷却热工水力分析、完全丧失给水充排冷却热工水力分析、ATWS 下成功准则热工水力分析、SGTR 成功准则热工水力分析、稳压器安全阀超压保护成功准则热工水力分析、停堆工况下堆芯沸腾和裸露时间热工水力分析。

例如，完全丧失给水充排冷却热工水力分析计算目的是，分析在功率运行工况下蒸汽发生器完全丧失给水后，二次侧非能动余热排出系统无法投入情况下，操纵员根据规程执行"充-排"冷却的时间窗口及稳压器安全阀开启列数的成功准则。计算方案如下：

方案1：蒸汽发生器完全丧失给水后，二次侧非能动余热排出系统未能运行，在事故进程中操纵员未执行"充-排"操作。

方案2：蒸汽发生器完全丧失给水后，二次侧非能动余热排出系统未能运行，操纵员执行"充-排"时开启1列稳压器安全阀，计算最晚的操作时间。

方案3：蒸汽发生器完全丧失给水后，二次侧非能动余热排出系统未能运行，操纵员执行"充-排"时开启2列稳压器安全阀，计算最晚的操作时间。

方案4：蒸汽发生器完全丧失给水后，二次侧非能动余热排出系统未能运行，操纵员执行"充-排"时开启3列稳压器安全阀，计算最晚的操作时间。

图3.3给出了不同方案的燃料包壳最高温度的计算情况。

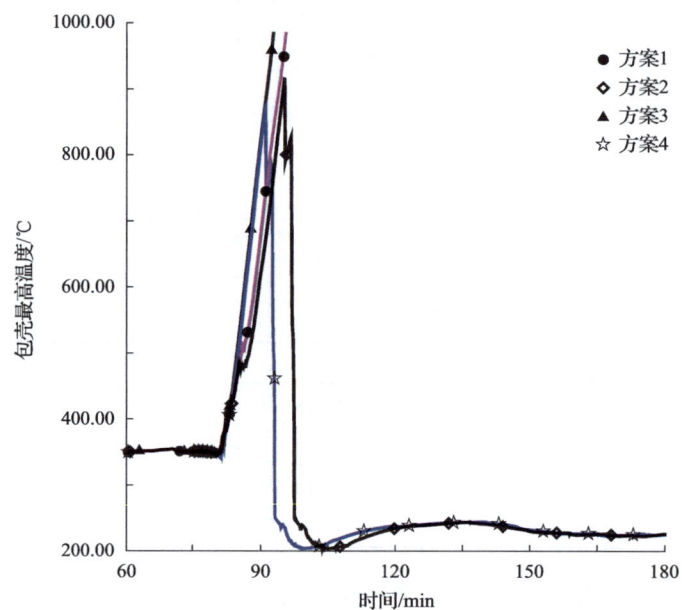

图 3.3　不同方案的燃料包壳最高温度计算

Fig. 3.3　Max temperature of fuel rod cladding for different cases

3. 序列终态

事件序列分析需要定义事件进程的最终状态，比如达到受控稳定状态（OK）或堆芯损坏状态（CD）。此外，为了减少独立事件树的规模和复杂性，可应用事件树之间的转移，即一棵事件树某个序列的最终状态即为另一棵事件树的始发事件输入。

"华龙一号"的事件序列的终止状态包括了以下几类。

(1) 堆芯完好（OK）：反应堆在任务时间内达到受控稳定状态。

(2) 堆芯损坏（CD）：堆芯长期裸露或燃料棒（平均功率）包壳最高温度达到982℃，或者反应堆冷却剂系统压力达到22MPa。

(3) 转移到其他事件树（如ATWS、诱发SGTR等）：表示始发事件诱发的事件，转移到其他事件树继续发展。

4. 分析示例：大 LOCA 事件序列分析

"华龙一号" PSA 中，大破口事故定义为一回路管道上发生的当量直径在 152mm 以上的破口事故。由于破口尺寸较大，堆芯压力下降较快，为了保证堆芯安全，需要安注箱及低压安注系统的及时投入。破口会导致堆芯较高的空泡率，即使没有控制棒的插入，反应堆也可以在短时间内达到次临界。由于安注管线连接在冷段，破口位置的不同会导致安全注入的效果不同。此外，为避免堆芯硼结晶或者堆芯重返临界，对于冷段破口工况，操纵员必须从冷段注入切换到冷、热段同时注入。因此，有必要分别针对冷、热段破口单独建事件树进行分析。

反应堆冷却剂系统发生大破口失水事故后，一回路冷却剂向安全壳喷放，系统压力迅速下降。一回路压力的下降引起反应堆紧急停堆，但即使紧急停堆失败，反应堆也会在空泡的作用下达到次临界状态。当反应堆冷却剂系统压力下降到安注箱启动压力定值时，安注箱内冷却水自动向冷段注入。随着一回路压力继续降低，低压安注系统投运。低压安注从安全壳内换料水箱取水注入一回路，从一回路流出的水或蒸汽又流回到安全壳内换料水箱，可以实现长期循环。

由于一回路冷却剂流入安全壳，安全壳内压力、温度将上升，为了维持安全壳的完整性，此外也为了带走安全壳内热量、建立长期冷却，需要安全壳喷淋系统或非能动安全壳冷却系统投入。

此外，在冷段大破口情况下，如果安注系统从冷管段注入，堆芯出口可能只是蒸汽，流入反应堆压力容器的流体含硼量较高，而由堆芯流出的蒸汽夹带的硼量较少，可能会出现硼结晶现象。为避免堆芯出现硼结晶和因内置换料水箱硼稀释导致反应堆重返临界的风险，操纵员需在安注启动一段时间后（堆芯硼结晶或内置换料水箱硼稀释限值到达之前）通过有限的阀门操作将低压安注冷段注入切换到冷、热段同时注入模式，确保堆芯的长期冷却。

大破口事故发生后，需要保证以下安全功能：保持一回路系统冷却剂装量、排出堆芯余热和安全壳热量导出。

大破口事故中需要保证的关键安全功能及相应的前沿系统详见表 3.7。

表 3.7 大破口失水事故后需要保证的安全功能及相应的前沿系统
Table 3.7 Safety functions and relating front line system needed in large LOCA

安全功能	前沿系统
保持一回路系统冷却剂总量	低压安注系统
	安注箱
排出堆芯余热	低压安注系统
	安全壳喷淋系统
	非能动安全壳热量导出系统
安全壳热量导出	安全壳喷淋系统
	非能动安全壳热量导出系统

"华龙一号"内部事件一级 PSA 的一回路冷段大破口事件树图如图 3.4 所示。

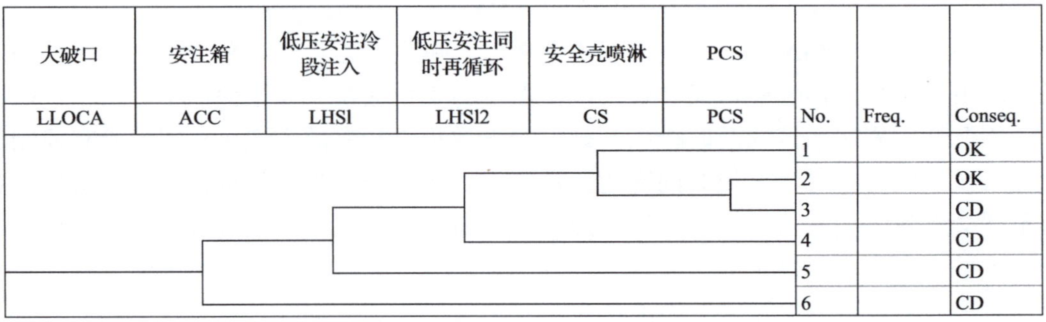

大破口	安注箱	低压安注冷段注入	低压安注同时再循环	安全壳喷淋	PCS	No.	Freq.	Conseq.
LLOCA	ACC	LHSI	LHSI2	CS	PCS			
						1		OK
						2		OK
						3		CD
						4		CD
						5		CD
						6		CD

图 3.4 一回路冷段大 LOCA 事件树图

Fig. 3.4 Event tree of large LOCA in cold leg of primary loop

3.2.4 系统分析

始发事件发生后，核电厂会自动或手动投运相应的系统来缓解事故后果，但是这些系统可能由于某些原因，导致所要求的安全功能丧失。

"华龙一号"系统分析的目标是以下列方式确定并量化在始发事件分析和事件序列分析中涉及的每个电厂系统的失效原因：

(1) 确定系统级的成功准则、任务时间、操纵员动作的时间窗口和假设，为系统逻辑模型提供基础，并反映在模型中。对每个系统给出一套适度完整的系统故障模式和不可用模式。

(2) 作为人员可靠性分析(HRA)要素的一部分，识别可能影响系统不可用度或影响系统对事件序列贡献的人员差错和操纵员动作。

(3) 评价系统的各种初始接入状态，使其达到确定 CDF 所需要的程度。

(4) 识别并考虑系统之间的相关性和系统内部的相关性，包括功能上的、人员的、现象上的和共因故障，这些相关性可能影响系统的不可用度或系统对事件序列频率的贡献。

故障树分析是 PSA 中关于系统故障逻辑的最常用的分析方法，是一种理论成熟的演绎性故障分析方法，广泛地用于大型复杂系统的可靠性分析和安全性分析领域。故障树分析是将不希望发生的系统状态作为系统失效的分析目标，以故障树为工具，对系统进行评价，以找出导致系统发生某种失效状态的各种可能因素。

在"华龙一号"PSA 中，采用了故障树分析方法来开展系统分析工作，所分析的主要系统如表 3.8 所示。

在系统故障树分析中，根据系统设计及事件树分析中各个系统响应的成功准则，从失效角度定义顶事件，来建立各个系统的故障树模型并对其进行定量化计算。故障树分析不仅分析该系统本身的失效，还考虑了支持系统的失效。

表 3.8　系统故障树分析列表

Table 3.8　List of system analysis for fault trees

序号	系统分析名称
1	安全注入系统故障树分析
2	化学与容积控制系统故障树分析
3	安全壳喷淋系统故障树分析
4	余热排出系统故障树分析
5	应急硼注入系统故障树分析
6	非能动安全壳热量导出系统故障树分析
7	电气厂房冷冻水系统故障树分析
8	辅助给水和汽机旁路大气系统故障树分析
9	主蒸汽系统故障树分析
10	交流配电系统故障树分析
11	直流配电系统故障树分析
12	重要厂用水系统故障树分析
13	设备冷却水系统故障树分析
14	压缩空气生产系统/仪表用压缩空气分配系统故障树分析
15	辅助厂房通风系统/上充泵房应急通风系统故障树分析
16	反应堆冷却剂系统故障树分析
17	反应堆保护系统故障树分析
18	多样化驱动系统故障树分析
19	二次侧非能动余热排出系统故障树分析

1. 系统故障树顶事件

在"华龙一号"系统故障树分析中，为合理并完整处理始发事件分析和序列定义中出现的系统故障模式和不可用模式的原因，进行了如下的分析工作。

通过收集并熟悉系统说明书、设计图(如原理图、流程图、接线图等)等资料，以充分掌握系统的设计，必要时进行现场走访，与电厂的人员进行讨论，保证系统分析尽可能反映电厂实际情况。

在熟悉系统的基础上，确定系统的功能、结构、边界，运行模式和环境条件等。其中系统的边界包括系统的外边界和系统的内边界，外边界即系统的范围，分析人员必须根据功能要求确定系统的某种外边界；内边界即系统的分解极限，也就是构成系统的最小的单元。系统的外边界的选择决定了分析的广度，而系统的内边界的选择决定了分析深度。

根据事件序列所确定的事件树功能事件成功准则，将其转化成对系统失效的定义，从而确定系统故障树的顶事件。同一系统由于成功准则的不同，一般也会有多个顶事件。在从成功准则转化为系统失效准则时，失效准则要有确切的定义，具体、完整、清晰的说明。另外，支持系统顶事件的确定由前沿系统给出。

在确定系统故障树顶事件过程中，考虑如下因素对系统的失效定义的影响：

(1) 不同的事故情景：对某些系统来说，为了缓解不同的事故情景需要不同的成功准则，例如对辅助给水系统，要求运行的泵的数量取决于不同的始发事件。

(2) 取决于其他部件：某些系统的成功准则还取决于该系统中另一个部件的成功与否，例如设备冷却水系统中，如果非重要负荷没有隔离，将要求更多台泵运行。

(3) 与时间相关：某些系统的成功准则与时间有关，例如某些事故在事故发生后的早期需要两台泵提供必要的流量，而在后期，只需要一台泵运行就可缓解事故。

2. 系统简化及失效模式和影响分析

为了简化故障树，减小故障树的规模，需要作些必要的合理的假设。下面举例说明"华龙一号"内部事件 PSA 的系统故障树分析中采用的主要假设：

(1) 仅当流体系统的流动分支路径可能对系统有严重影响或使系统失效时，该分支才加以考虑（一般规则是：若分支管道直径小于主流道直径的 1/3，该分支路径对主流道的影响可忽略）。

(2) 如果某个部件的各个故障模式的总故障概率与对系统有同样影响的同一列中的其他部件的最高故障概率至少低两个数量级，则在模型中可以不考虑该部件的故障。

(3) 如果某个部件的一个或多个故障模式对总的故障率或故障概率的贡献小于这个部件的总故障率或总故障概率的 1%，且对系统运行影响是相同的，则在模型中可不考虑这些故障模式。

在简化的基础上，接下来对系统进行失效模式和影响分析(FMEA)。FMEA 是一种对系统设计或制造过程自下向上进行归纳推理的分析方法，目的在于评估系统部件失效的各种可能。在此分析中要识别出所有可能的失效模式，确定每种可能失效模式造成的效应。

部件的失效模式一般从可靠性数据库获取，以便保证与数据分析的一致性。失效模式的确定重点在评估失效是否会直接或间接影响顶事件以及影响程度，从而确定故障树分析中是否考虑这种失效模式。

"华龙一号"考虑的典型的部件失效模式有：

(1) 能动部件启动故障。

(2) 能动部件不能持续运行。

(3) 关闭的部件开启故障。

(4) 关闭的部件不能保持在关闭状态。

(5) 开启的部件关闭故障。

(6) 开启的部件不能保持在开启状态。

(7) 能动部件的误动作。

(8) 能动或非能动部件堵塞。

(9) 能动或非能动部件泄漏。

(10)部件内漏等。

另外"华龙一号"系统故障树分析还考虑部件由于试验或维修而处于不可用状态的情况,以及系统中存在的人误。

系统中有些部件可能由于试验或维修而处于不可用状态,这种因试验维修而不可用的事件需在系统故障树中进行模化。在"华龙一号"故障树分析中,根据系统设计、维修手册、运行经验反馈等确定试验维修不可用事件。

在系统分析中,考虑了导致系统或部件不可用的人员失误事件,这些事件一般称作始发事件前的人员失误事件。同时考虑了系统或部件运行期间预计会发生的或事件序列发展过程中的人员失误事件。识别出这些人误事件后,选取了相应的人员可靠性分析方法,对人误事件进行定量化分析。

3. 处理相关性

系统故障树分析还要充分考虑系统相关性,在"华龙一号"系统故障树分析中处理的相关性包括:共因故障、系统之间的及系统内部和环境条件的相关性。

在系统故障树分析中,需考虑冗余列间的共因失效,这部分失效往往是系统失效的主要贡献项。"华龙一号"系统故障树分析中,考虑以下方面的相似性,用逻辑的、系统的方法来确定共因故障组:工作条件、环境、设计或制造商、维修。

"华龙一号"系统故障树分析中,考虑共因故障的部件举例如下:电动阀、泵、安全阀、气动阀、电磁阀、逆止阀、柴油发电机、蓄电池、逆变器和蓄电池充电器、断路器等。

在缓解事故的前沿系统中,有些部件的正常运行需要某些支持系统的支持。同时,这些支持系统的运行有些还需下一层次的支持系统的支持。"华龙一号"系统故障树分析中处理这些系统间的相关性,并且考虑所有这些层次的支持系统。

为完整处理系统间相关性,前沿和支持系统要有明确的边界划分,"华龙一号"概率安全分析中系统边界划分时遵循以下原则:

(1)电气系统:系统边界划分一般到各个母线,与前沿系统设备相连接的开关等设备划分到前沿系统中分析。

(2)冷源系统:系统边界划分到用户,用户设备失效影响到支持系统其他用户的失效模式在支持系统故障树分析中考虑,其他只影响用户系统功能的用户设备失效在前沿系统故障树分析中考虑。

(3)仪控系统:涉及触发专设系统启动和紧急停堆的信号在反应堆保护系统等系统故障树分析中考虑,其他仪控信号由各个系统故障树分析考虑。

另外,"华龙一号"系统故障树分析中还考虑了环境条件对系统和部件运行的影响,不利的环境条件可能导致系统和部件故障。

3.2.5 数据分析

数据分析的主要目的是提供系统故障树定量分析以及事件序列定量分析所需要的基

本事件数据,这些数据包括设备可靠性参数、共因失效参数、设备试验维修不可用度等。

1. 设备可靠性参数

一般将具有相似的工艺性能、相似的功能和相似的运行条件的一组设备归为一类,称作设备类。多数情况下,一个设备类相当于一个明确的设备组合(如中压安注泵类);另一种情况是,一个设备类就是可用来计算可靠性参数的最全面的设备组合(如电动隔离阀表示许多由不同的制造商制造、安装在各种系统上,但却具有相似的工艺性能、功能和运行条件的阀门)。

"华龙一号"PSA 的数据分析中,设备可靠性数据以先进轻水堆用户要求(URD)数据为首选通用数据源,以 NUREG/CR6928 数据作为补充数据源。设备类的分级深度为二级,划分深度与数据源保持一致。定义的设备类如表 3.9 所示,共 30 个大类,86 个子类。

表 3.9 设备类
Table 3.9 Equipment category

序号	设备大类	设备类序号	详细设备类	设备类编码
1	电动泵	1	辅助给水电动泵	TFAPOM
		2	反应堆冷却剂泵	RCSPOM
		3	海水循环水泵	WESPOM
		4	设备冷却水泵	WCCPOM
		5	余排泵	RHRPOM
		6	燃料水池冷却泵	RFTPOM
		7	安喷泵	CSPPOM
		8	上充泵	RCVPOM
		9	低压安注泵	RSIPOM
		10	中压安注泵	RSIPOM
		11	其他电动泵(6.6kV)	SYSPOM
		12	其他电动泵(0.4kV)	SYSPOM
2	汽动泵	13	汽动泵	TFAPOP
3	热交换器	14	板式生水/除盐水热交换器	SYSRFP
		15	管式生水/除盐水热交换器	SYSRFT
		16	管式除盐水/除盐水热交换器	SYSEXT
		17	安全喷淋系统换热器	CSPRFE
4	汽轮发电机组	18	汽轮发电机组	SYSAPL
5	柴油发电机组	19	应急柴油发电机组	SYSAPD
6	电动机	20	6.6kV 电动机	SYSMOF
		21	0.4kV 电动机(小于 200kW)	SYSMOE
7	风机	22	风机(含电动机)	SYSFAN

续表

序号	设备大类	设备类序号	详细设备类	设备类编码
8	压缩机	23	压缩机(含电动机)	SYSCOM
9	蓄电池	24	蓄电池	SYSBXC
10	充电器	25	充电器/整流器	SYSRDN
		26	自动切换开关	SYSABT
11	逆变器	27	逆变器	SYSDLD
12	止回阀	28	止回阀(气体)	SYSVAC
		29	止回阀(液体)	SYSVXC
13	手动阀	30	手动阀	SYSVXM
14	容器	31	安注用蓄压箱	SYSBAA
		32	高压水箱	SYSBAX
		33	低压水箱	SYSBAX
		34	储气罐	SYSBAC
15	控制棒驱动机构	35	控制棒驱动机构	SYSBRC
16	干燥器	36	干燥器	SYSDSN
17	空调机组	37	空调机组(换热)	SYSAHU
		38	空调机组(冰机)	SYSCHL
18	孔板	39	孔板	SYSDIA
19	过滤器/滤网	40	压缩空气和通风过滤器	SYSFIA
		41	水过滤器	SYSFIX
		42	旋转滤网	SYSFLT
20	配电柜/母线/配线箱	43	直流配电柜(母线)	SYSTBX
		44	0.4kV 交流配电柜(母线)	SYSTBE
		45	6.6kV 交流配电柜(母线)	SYSTBD
		46	0.4kV 交流配电盘	SYSCRD
		47	自动切换开关	SYSABT
		48	手动开关	SYSMSW
21	变压器	49	主变压器(400～500kV/6.6kV)	SYSTPN
		50	辅助变压器(220kV/6.6kV)	SYSTAX
		51	厂用变压器(24kV/6.6kV)	SYSTAX
		52	6.6kV/0.4kV 变压器	SYSTRM
22	开关/接触器/断路器	53	500kV 断路器	SYSJAH
		54	220kV 断路器	SYSJAG
		55	24kV 断路器	SYSJAF
		56	6.6kV 断路器	SYSJAL
		57	接触器(阀门、0.4kV)	SYSJAV

续表

序号	设备大类	设备类序号	详细设备类	设备类编码
22	开关/接触器/断路器	58	接触器(泵、0.4kV)	SYSJAP
		59	接触器(泵、6.6kV)	SYSJAM
		60	低压交流断路器	SYSJAD
		61	直流开关	SYSJAC
23	停堆断路器	62	停堆断路器	SYSJAR
24	外电源及线缆	63	主、辅外网架空线	AOPBUS
		64	主、辅外网主接线	AOPCON
25	传感器/变送器/逻辑判断模块	65	流量传感器/变送器	SYSXDN
		66	液位传感器/变送器	SYSXNN
		67	压力传感器/变送器	SYSXPN
		68	温度传感器/变送器	SYSXTN
		69	转速传感器/变送器	SYSXCN
		70	核功率通道探测器	SYSXAN
		71	逻辑处理模块(温差)	SYSPLD
		72	逻辑处理模块(流量)	SYSPLF
		73	逻辑处理模块(液位)	SYSPLL
		74	逻辑处理模块(压力)	SYSPLP
26	电动阀	75	电动通风阀	SYSVAE
		76	电动调节阀	SYSVBE
		77	电动隔离阀	SYSVNE
		78	电动阀	SYSVXE
27	电磁阀	79	电磁阀	SYSVAG
28	安全阀	80	安全阀	SYSVXS
		81	稳压器安全阀	PZRSOV
29	截止阀	82	截止阀	SYSXBV
30	气动阀	83	气动调节阀	SYSVXA
		84	气动阀	SYSVXA
		85	主蒸汽隔离阀	TSMVXA
		86	大气释放阀	TSAVXR

在设备类定义的基础上,结合选取的通用数据源中定义的失效模式,给出设备类各失效模式对应的参数。一般包括需求失效和运行失效,需求失效以概率的方式给出,运行失效以运行失效率的方式给出。

2. 共因失效参数

共因失效的定义为在同一时间或是在一个很短的时间间隔内,由于同一种不能显式表达的共同原因引起的两个或两个以上相同或类似的部件的相依失效。共因失效是导致安全系统不可用的重要因素。由于部件之间因制造、安装、调试和工作环境等共同原因而具有的内在相关性，会造成作为冗余备用的若干系列部件同时失效。

"华龙一号"PSA模型中共因失效分析采用α因子模型，共因参数来源于NUREG/CR-5497（2012）。

3. 试验维修不可用度

试验和维修不可用度是指由于试验或预防性维修或纠正性维修行动导致设备、系统列处于离线不可用状态。设备或系统列的试验维修不可用度等于设备或系统列的实际离线试验或维修时间除以要求其在线的总时间。

由于"华龙一号"还未投入运行，没有相关运行数据，分析中结合国内其他运行电厂的试验或维修计划及不可用时间经验数据，计算得到试验维修不可用度。

3.2.6 定量化计算

在完成所有事件序列分析和故障树分析后，经过整合处理，将其汇总到同一个概率安全分析模型中，进行总的定量化分析计算工作。针对每个始发事件组建立的事件树和故障树的逻辑模型进行分析，将始发事件发生频率、设备失效参数、设备试验和维修不可用度、共因失效概率、人误失效概率等数据输入PSA模型，计算得到事件序列发生频率，以及各组始发事件导致的CDF及总的CDF。

在"华龙一号"定量化过程中，对特殊事项进行了处理。

（1）互斥事件的处理：在PSA模型中有些事件属于互斥事件，如两列冗余系统的试验维修不可用事件（一般冗余系统不会同时进行试验或维修），建模时应当把包含互斥事件的最小割集去除掉。

（2）逻辑环路的处理：建模时可能会遇到这样的情况：系统A在启动时或运行的初始阶段，要求系统B的支持，而系统B的长期运行又要求系统A的支持，这样如果系统A与系统B同时出现在事件序列故障树中时，就会出现逻辑环路。分析中必须断开逻辑环路，使故障树中不出现互为因果关系的情况。

（3）人因事件相关性的处理：在事件序列分析过程中，筛选出具有相关性的人因事件，随后在相应的事件树模型中进行修改，一般可以通过对出现在同一事件序列且存在相关性的人因事件进行处理，增加其中一个人因题头事件的输入，对应考虑相关性后的新人因基本事件，在该事件序列中选择新的输入分支。

"华龙一号"内部事件一级PSA按照通常的做法将功率运行工况、低功率和停堆工况两部分模型，分别进行了定量化。

"华龙一号"功率运行工况内部事件一级PSA分析选取了16组始发事件，共包括37棵事件树，其中有300个导致堆芯损坏的事件序列。电厂总的堆芯损坏频率为1.30×10^{-7}/（堆·a）（点估计值，本章以下所给出的CDF和LRF非特别说明均为使用RiskSpectrum计算得到的点估计值）。各始发事件组导致的CDF如表3.10所示。

表 3.10　各始发事件组导致的堆芯损坏频率(功率运行工况)

Table 3.10　Core damage frequencies of each initiating event groups(at power)

序号	始发事件组	CDF/(堆·a)$^{-1}$
1	小 LOCA	3.43×10^{-8}
2	ATWS	1.70×10^{-8}
3	丧失热阱	1.46×10^{-8}
4	SLB 及诱发 SGTR	1.24×10^{-8}
5	压力容器破裂	1.00×10^{-8}
6	中 LOCA	9.67×10^{-9}
7	极小 LOCA	9.14×10^{-9}
8	丧失外电及全厂断电	8.83×10^{-9}
9	大 LOCA	5.98×10^{-9}
10	SGTR	4.02×10^{-9}
11	界面 LOCA	3.70×10^{-9}
12	丧失直流	9.53×10^{-11}
13	二回路瞬态	4.38×10^{-12}
14	一回路瞬态	3.22×10^{-12}
15	丧失给水	2.09×10^{-12}
16	丧失压缩空气	5.86×10^{-14}
合计		1.30×10^{-7}

CDF 贡献较大的前 5 位始发事件类依次为：小 LOCA、ATWS、丧失热阱、二次侧管道破口、压力容器破裂，而丧失直流、一回路瞬态、二回路瞬态、丧失给水和丧失压空等事件类对 CDF 贡献不大；从序列和最小割集的分布来看，"华龙一号"的设计是平衡的。

低功率和停堆工况内部事件一级 PSA 共有 584 个事件序列，其中 281 个事件序列的后果为堆芯损坏。低功率和停堆工况 CDF 为 4.01×10^{-8}/(堆·a)。各始发事件组导致的堆芯损坏频率如表 3.11 所示。

表 3.11　各始发事件组导致的堆芯损坏频率(低功率和停堆工况)

Table 3.11　Core damage frequencies of each initiating event groups(low power and shutdown state)

序号	始发事件组	CDF/(堆·a)$^{-1}$
1	维修 LOCA	2.07×10^{-8}
2	丧失余热排出系统	8.12×10^{-9}
3	丧失外电源及全厂断电	5.95×10^{-9}
4	丧失热阱	2.62×10^{-9}
5	大 LOCA	5.43×10^{-10}
6	小 LOCA	4.79×10^{-10}
7	丧失直流电源	3.97×10^{-10}

续表

序号	始发事件组	CDF/(堆·a)$^{-1}$
8	丧失应急交流电源	3.89×10^{-10}
9	硼误稀释	2.27×10^{-10}
10	中 LOCA	2.21×10^{-10}
11	SGTR	1.09×10^{-10}
12	低温超压事故	9.35×10^{-11}
13	ATWS	6.87×10^{-11}
14	二次侧破口	5.83×10^{-11}
15	丧失给水	8.46×10^{-15}
16	丧失压缩空气	3.77×10^{-16}
	合计	4.01×10^{-8}

由计算结果可以看出始发事件组"维修 LOCA"、"丧失余热排出系统"和"丧失外电源及全厂断电"对 CDF 贡献较大。

3.3 内部事件二级 PSA

"华龙一号"设计有一系列能动与非能动相结合的完善的严重事故预防与缓解措施。通过二级 PSA 的研究,可以从总体上分析"华龙一号"的严重事故预防与缓解措施应对严重事故的效果,论证其有效性。通过二级 PSA 的研究,可以分析核电厂中不同的严重事故发展进程及其可能性,分析严重事故缓解措施设计的有效性,分析不同的安全壳失效模式及其发生频率,并论证大量放射性释放频率满足设计安全目标。

"华龙一号"内部事件二级 PSA 研究的电厂放射性释放源为反应堆堆芯,研究的电厂工况包括功率运行工况、低功率运行工况和停堆工况。通过内部事件二级 PSA 可以给出由于电厂内部事件导致的大量放射性释放的发生频率。

"华龙一号"内部事件二级 PSA 分析工作参考 IAEA SSG-4 的总体框架,内部事件二级 PSA 分析流程如图 3.5 所示。

主要技术要素如下:

(1)一级和二级 PSA 接口分析:一级 PSA 得到大量的堆芯损坏事故序列,对每个堆芯损坏事故序列都进行详细的严重事故分析既不可行也没有必要。一般做法是按照后续严重事故进程的相似性将这些堆芯损坏事件序列归入数量较少的电厂损坏状态(plant damage states,PDS),针对这些电厂损坏状态分别构建安全壳事件树进行分析。

(2)安全壳性能分析:安全壳性能分析的目的是通过结构力学计算,确定安全壳结构在严重事故环境条件下的承载能力。

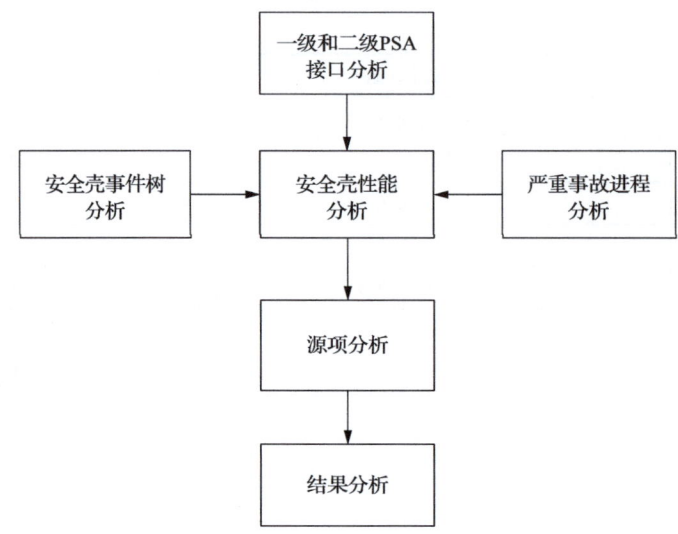

图 3.5　内部事件二级 PSA 分析流程
Fig. 3.5　Analysis flowchart of level 2 PSA for internal events

(3) 严重事故进程分析：为支持二级 PSA 的建模分析，需要选取一系列典型的严重事故序列进行计算。"华龙一号"二级 PSA 分析中，针对一级和二级 PSA 接口分析得到的各个电厂损伤状态均选取了一系列严重事故序列进行分析计算。

(4) 安全壳事件树分析：作为二级 PSA 的核心要素，二级 PSA 中通过构建安全壳事件树(CET)分析堆芯损坏发生的情况下各种可能的严重事故发展进程及放射性释放的情形，为定量化分析不同严重事故序列下导致放射性物质向环境释放的频率提供逻辑框架。为定量化安全壳事件树中各个题头事件的分支概率，还开展了相应的严重事故现象概率分析、系统可靠性分析和人员可靠性分析。

(5) 源项分析：严重事故下的放射性物质向环境的释放源项是二级 PSA 的重要结果之一。源项分析为每个放射性释放类(release category，RC)计算向环境释放的源项，评价从核电厂释放到环境中的放射性物质的量级和属性。

3.3.1　一级和二级 PSA 接口分析

二级 PSA 以一级 PSA 得到的堆芯损坏(CD)序列为输入。一级 PSA 分析通常会得到数量巨大的 CD 序列，对每个 CD 序列都进行详细的严重事故进程分析和 CET 分析既不可行也没必要。通常是按照后续严重事故发展进程、安全壳响应及放射性释放的相似性将这些 CD 序列归入数量较少的 PDS，针对这些 PDS 分别构建 CET 进行二级 PSA 分析。这一归组过程称为一级和二级 PSA 接口分析。

通过确定 PDS 建立一级和二级 PSA 接口。PDS 特征量及其属性用来为二级 PSA 严重事故进程分析提供适当的初始条件和边界条件。为确保一级 PSA 中所得 CD 序列的关键信息能够有效地传递到二级 PSA 严重事故进程分析的模型中去，需要对能够影响严重事故发展进程的各种因素进行分析。

根据国际上二级 PSA 相关导则与标准，对 CD 后的严重事故进程、安全壳响应及放射性源项释放有重要影响的因素主要包括：始发事件类型（LOCA、瞬态、旁路等）、CD 时主系统的压力（高压、低压）、重要缓解系统的状态（安全壳喷淋系统、安全壳隔离系统及其他重要的支持系统等）、蒸汽发生器二次侧完整性（有无破口及破口位置等）及安全壳的完整性（完好、旁路等）等。

"华龙一号"内部事件一级和二级 PSA 接口分析特征量参考 IAEA、美国等二级 PSA 导则标准来确定，同时还考虑了"华龙一号"的设计特点和所采用的建模方法。选取的特征量及其属性如表 3.12 所示。

表 3.12　一级和二级 PSA 接口分析特征量

Table 3.12　Characteristics of level 1 and level 2 PSA interface

特征量	属性	编码
一回路完整性	完好	T
	大 LOCA	L
	中 LOCA	M
	小 LOCA	S
	压力容器破裂	R
	SGTR	G
	界面 LOCA	V
	开启（含稳压器人孔打开）	O
二回路完整性	完好	I
	破口	O
安全壳完整性	完好	I
	旁路	B
CD 时间	慢速	S
	快速	F
电源状态	非 SBO	S
	SBO	F
一回路压力	高压	H
	低压	L
停堆状态	余热排系统接入前停堆成功	T
	POSA 停堆失败或各 POS 下重返临界	X
	POSD 计划停堆且未重返临界	D
	POSE 计划停堆且未重返临界	E
	POSF 计划停堆且未重返临界	F

"一回路完整性"能够影响一回路压力和严重事故进程特点（如安全壳内压力、事故发展快慢）等；"二回路完整性"与二次侧压力相关，并能够影响诱发 SGTR 的可能

性;"安全壳完整性"决定是否会导致放射性的直接释放;"电源状态"能够影响某些重要支持系统的可用性;"停堆状态"则会影响一回路压力和堆芯衰变热水平等。这五个特征量均可以根据一级 PSA 事件树中各事故序列的始发事件及事故的发展情况来判断确定。

"CD 时间"影响 CD 时的堆芯衰变热水平,并能够影响后续堆腔注水的成功准则;"一回路压力"主要与高压熔堆风险[如安全壳大气直接加热(DCH)和诱发 SGTR]有关。这两个特征量则需要根据事故进程的实际特点通过热工水力分析来确定。

根据上述接口分析特征量,在一级和二级 PSA 接口分析中将"华龙一号"内部事件一级 PSA 得到的数百个堆芯熔化事故序列归并为数量大大减小的若干个电厂损伤状态。同时为了便于建模的进一步简化,基于 PSA 建模软件 RiskSpectrum 的特点,可以将具有相同安全壳事件树结构的 PDS 进一步归并为数量更少的电厂损伤状态组(PDSG)。

3.3.2 安全壳性能分析

安全壳性能分析的目的是通过结构力学计算,确定安全壳结构在严重事故环境条件下的承载能力,在此基础上结合概率论分析方法得到安全壳承压失效概率曲线,以便确定安全壳在不同严重事故载荷作用下的失效概率。

"华龙一号"安全壳为典型的带有防泄漏钢衬里的大型干式预应力混凝土安全壳,其可能的失效位置主要包括:安全壳筒体结构、设备闸门和人员闸门。在确定安全壳承载能力时,需要对这些失效位置进行结构力学计算。

安全壳承压失效概率曲线的分析步骤主要包括:

(1)确定影响安全壳极限承载能力的关键参数。

(2)对参数的试验样本进行收集,拟合得到参数的不确定性分布。

(3)对参数进行抽样分析,得到多个抽样数据组,每个抽样数据组都包含所有的不确定性参数。

(4)对抽样数据组进行安全壳极限承载能力计算,得到多个安全壳极限承载能力的确定论分析结果。

(5)对多个安全壳极限承载能力的值进行拟合,得到不同位置的安全壳承压失效概率曲线。

(6)对不同位置的安全壳承压失效概率曲线进行综合,得到最终的安全壳承压失效概率曲线。

按照上述分析步骤,得到"华龙一号"安全壳的承压失效概率曲线如图 3.6 所示。

3.3.3 严重事故进程分析

严重事故进程可以分为压力容器失效前(压力容器内过程)和压力容器失效后(压力容器外过程)两个阶段。压力容器内过程主要是堆芯损伤、熔化和重置的过程。压力容器外过程主要是威胁安全壳的过程。

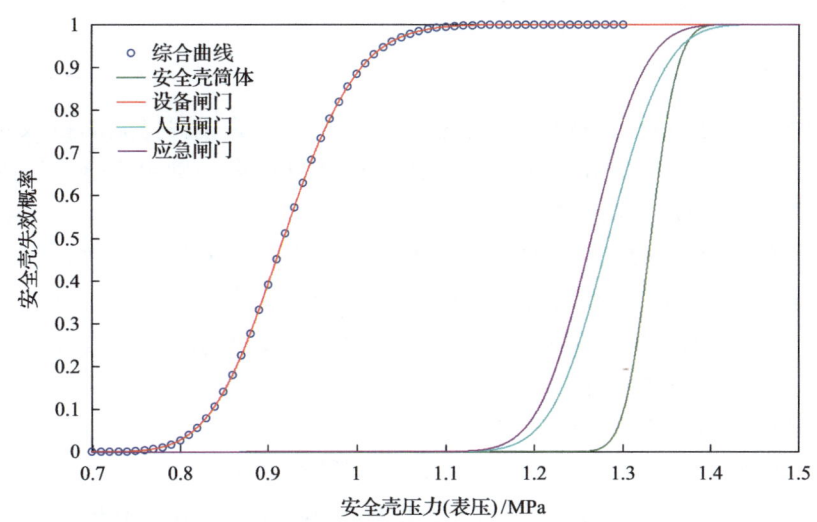

图 3.6 "华龙一号"安全壳承压失效概率曲线
Fig. 3.6 Fragility curves HPR1000 containment

在严重事故的初始阶段，由于主冷却剂管道发生破口或冷却不足导致的稳压器安全阀开启，造成堆芯冷却剂流失。如果堆芯得不到充足的冷却，将发生裸露，燃料温度不断上升，并且发生锆合金包壳与水蒸气的氧化反应产生氢气。随后控制棒、燃料棒和支撑结构发生熔化并向下坍塌，堆熔混合物随着下栅板及下支撑板的失效掉入下腔室。

如果熔融物掉落入下腔室时，下腔室内有残存水，会因冷却剂与熔融物反应而产生大量蒸汽和氢气。如果熔融物得不到进一步的有效冷却，压力容器下封头将会发生熔穿，并导致熔融物掉入或喷射到反应堆堆腔，与堆腔内可能存在的水发生相互作用，产生的大量水蒸气、氢气、不凝结气体和放射性气溶胶将进入安全壳内。随后堆芯熔融物将与堆腔混凝土底板发生作用，堆腔底板发生熔蚀并释放出大量蒸汽和不可凝气体。由于可燃气体持续产生并在安全壳大气空间不断积聚，浓度不断上升，可能发生氢燃或者氢爆，威胁安全壳的完整性。同时蒸汽和不可凝气体的不断积聚，最终可能导致安全壳超压失效。在严重事故进程中，可能危及安全壳完整性的现象主要包括安全壳直接加热、蒸汽爆炸、氢气燃烧及爆炸、堆芯熔融物与混凝土相互作用、衰变热引起的安全壳升温升压。

二级 PSA 中严重事故进程分析的目的主要是为二级 PSA 定量化分析提供以下支持：
(1) 确定严重事故过程中各关键事件(如现象、操纵员动作等)的时序。
(2) 确定安全壳事件树某些题头事件的成功准则。
(3) 确定对放射性释放屏障产生的热力学载荷。

在"华龙一号"内部事件二级 PSA 分析中，针对一级和二级 PSA 接口分析所得的各电厂损伤状态，采用一体化严重事故分析程序 MAAP，开展了一系列严重事故进程分析，为"华龙一号"内部事件二级 PSA 模型的构建及定量化提供了输入条件。

3.3.4 安全壳事件树分析

在安全壳事件树的题头事件中，考虑一系列严重事故缓解措施的投入对严重事故的缓解作用，并基于严重事故进程的确定论分析计算结果，确定安全壳事件树中的严重事故发展进程及事故序列终态。

为得到安全壳事件树中的各种不同严重事故进程序列的发生频率，需要对安全壳事件树各题头事件的分支概率进行定量化。针对安全壳事件树题头事件的分支概率定量化，"华龙一号"内部事件二级 PSA 开展了以下分析：严重事故现象概率分析、系统可靠性分析、人员可靠性分析。

为了确定安全壳事件树中相应题头事件的定量化输入，"华龙一号"二级 PSA 根据不同严重事故现象的特点及目前对于相应现象的认知水平，针对性地采用专家判断、参考同类型电厂或基于风险导向的事故分析方法(ROAAM)方法分析计算各类严重事故现象(蠕变/压力诱发 SGTR、DCH、氢气燃烧/爆炸、压力容器内/外蒸汽爆炸、压力容器内熔融物滞留)的分支概率。

在安全壳事件树模型中，考虑了安全壳隔离、防止高压熔堆、熔融物压力容器内滞留和防止安全壳超压等事故缓解功能相关的题头事件，"华龙一号"针对严重事故缓解功能设计了相应的前沿系统，包括：安全壳隔离系统、一回路快速卸压系统、堆腔注水系统、非能动安全壳热量导出系统和安全壳过滤排放系统等，用于缓解严重事故，减少放射性物质向环境的释放。在二级 PSA 模型中通过建立系统故障树的方法分析了各前沿系统的可靠性。

二级 PSA 是针对堆芯损伤的严重事故进行分析，不涉及引起始发事件的人员动作，因此，人员可靠性分析主要针对始发事件前和始发事件后两类人员动作。在"华龙一号"内部事件二级 PSA 模型中，始发事件前人误事件主要是人误导致的阀门置于错误位置，分析采用 ASEP 方法，该方法给出了一个基本人误概率值，通过识别有效的恢复因子，可获得人误概率值。始发事件后的人误动作主要考虑严重事故述缓解措施相应的严重事故缓解人员操作。对于始发事件后的人员操作的失误概率，首先使用模块化事故分析程序(MAAP)进行典型严重事故序列的热工水力计算，以确定人员操作时间窗口，再采用 SPAR-H 方法分析得到相应的人员操作失误概率。

以"华龙一号"二级 PSA 中的 PDSG03(功率运行工况高压熔堆慢速 CD 序列)为例，安全壳事件树的题头事件如表 3.13 所示，事件树形式如图 3.7 所示。

表 3.13 PDSG03 安全壳事件树的题头事件
Table 3.13 Top events of containment event tree for PDSG03

序号	题头	说明
1	L2-CIL	安全壳成功隔离
2	L2-RDP	快速卸压阀成功开启卸压
3	L2-TIR	未发生蠕变诱发 SGTR

续表

序号	题头	说明
4	L2-ISE	未发生压力容器内蒸汽爆炸导致安全壳失效
5	L2-ACI	能动堆腔注水成功投入
6	L2-PCI	非能动堆腔注水成功投入
7	L2-IVR	熔融物在压力容器内成功滞留
8	L2-DCH	未发生直接安全壳加热导致安全壳失效
9	L2-ESE	未发生压力容器外蒸汽爆炸导致安全壳失效
10	L2-CHR	安全壳热量导出成功
11	L2-CHC	安全壳消氢系统成功运行
12	L2-HYD	未发生氢气燃烧或爆炸导致安全壳失效
13	L2-CFE	安全壳过滤排放系统成功启动

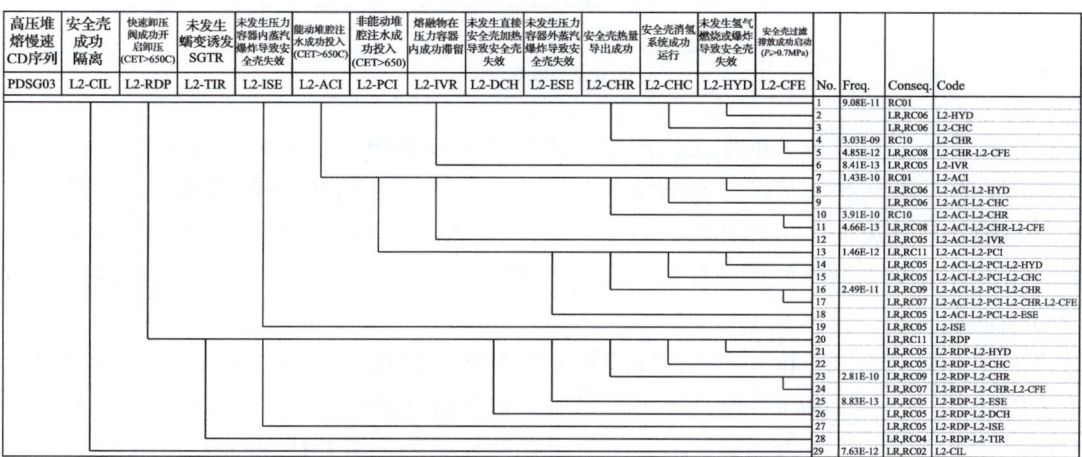

图 3.7　PDSG03 安全壳事件树

Fig. 3.7　Containment event tree for PDSG03

3.3.5　源项分析

在"华龙一号"内部事件二级 PSA 中，根据安全壳事件树定量化分析结果，选取了用于源项计算的代表性事故序列，并使用一体化严重事故分析程序 MAAP 对严重事故后的热工水力行为以及裂变产物的释放进行了计算分析，给出了不同放射性释放类下各种放射性裂变产物向环境的释放。

3.3.6　结果分析及大量放射性释放频率

通过安全壳事件树的分析可以得到大量的严重事故序列。"华龙一号"内部事件二级 PSA 分析按照导致放射性释放的情景将安全壳事件树得到的不同的严重事故序列归入 11

个不同的放射性释放类(release category, RC)。这些放射性释放类的定义如表 3.14 所示。

表 3.14 内部事件二级 PSA 放射性释放类
Table 3.14 Release categories of level 2 PSA for internal events

放射性释放类	描述
RC01	安全壳完好
RC02	安全壳隔离失效
RC03	安全壳旁路失效：界面 LOCA
RC04	安全壳旁路失效：SGTR
RC05	安全壳早期高能反应失效、压力容器下封头熔穿
RC06	安全壳早期高能反应失效、压力容器下封头完好
RC07	安全壳晚期超压失效、压力容器下封头熔穿
RC08	安全壳晚期超压失效、压力容器下封头完好
RC09	安全壳过滤排放、压力容器下封头熔穿
RC10	安全壳过滤排放、压力容器下封头完好
RC11	安全壳底板熔穿

根据各放射性释放类的定义，在上述放射性释放类中，除了 RC01（安全壳完好）和 RC10（压力容器下封头完好、安全壳过滤排放）外，其他放射性释放类别均会导致大量放射性物质向环境的不可控释放。对于放射性释放类 RC01，安全壳处于完好状态，放射性将通过安全壳的少量泄漏释放，而对于放射性释放类 RC10，安全壳内积聚的大量放射性物质将在过滤排放系统的两级过滤器的有效过滤作用下以受控的方式向环境释放。因此，将除 RC01 和 RC10 之外的其他所有放射性释放类均归入大量放射性释放。

根据"华龙一号"内部事件二级 PSA 模型定量化最终得到的各放射性释放类的频率，可以得到"华龙一号"内部事件导致大量放射性释放的频率 LRF 为 1.91×10^{-8}/(堆·a)。

3.4 外部事件 PSA

由于外部事件种类较多，且与厂址密切相关，为保证分析的完整性，"华龙一号"针对现阶段的目标厂址进行了外部事件的识别、筛选与包络分析工作。

根据外部事件识别和筛选结果，"华龙一号"针对风险贡献较为显著的地震，以及与外部事件分析方法类似的内部火灾和内部水淹开展了详细的概率安全分析工作。外部事件概率安全分析结果表明，"华龙一号"具有足够应对地震、内部火灾和内部水淹的能力。

3.4.1 地震 PSA

地震 PSA 研究地震导致的核电厂的风险情况。地震 PSA 的一般分析流程如图 3.8

所示，包括地震危险性分析、地震易损度评估以及地震电厂响应分析等工作内容。

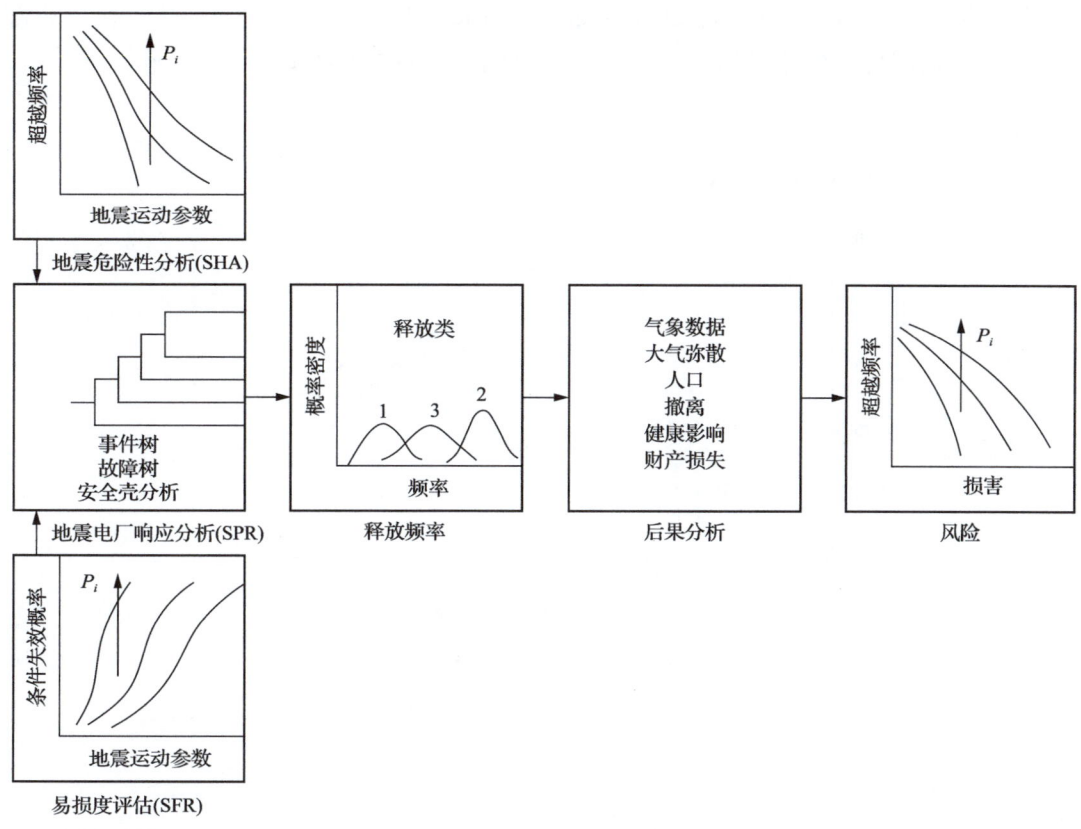

图 3.8　地震 PSA 的一般分析流程

Fig. 3.8　General process of seismic PSA

下面对"华龙一号"地震 PSA 工作的地震危险性分析、地震设备清单、地震 PSA 建模、地震 PSA 评价结果等方面给予重点介绍。

1. 地震危险性分析

地震危险性分析包含如下几个步骤：

(1)确定地震源，如断层和具有地震构造的区域。

(2)评价区域内的地震历史，以评估不同强度或震中烈度下地震的发生频率。

(3)构建衰减关系以评估地震在厂址导致的地震动强度。

(4)评估某选定的地震动参数的超越频率。

"华龙一号"地震 PSA 中采用多方案的概率地震危险性分析方法开展现阶段目标厂址地区的地震危险性分析。

在区域及近区域范围地质资料与评价复核、区域及近区域范围地震资料与评价复核、区域地震构造模型的基础上，对概率地震危险性分析存在的认识不确定性进行了充分发掘。结合概率地震危险性分析方法的特点，重点考虑潜在震源区划分基础方案、地震活动性参数、关键性潜在震源区划分、地震动参数关系四个关键性影响因子，综合分析这四个关键因子存在的认识不确定性，并最终组合形成一系列计算方案，获得了厂址概率地震危险性分析结果。计算得到的地震危险性曲线如图 3.9 所示。

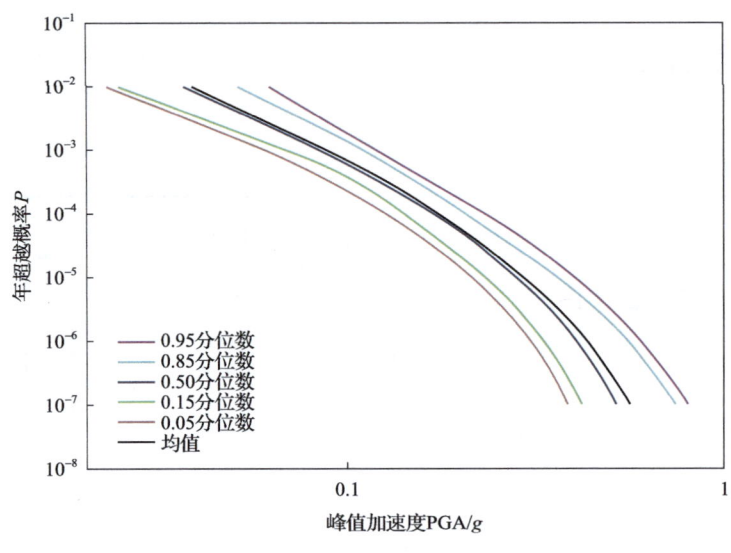

图 3.9　地震危险性曲线

Fig. 3.9　Seismic hazard curves

2. 地震设备清单

地震设备清单(SEL)的建立和筛选是地震 PSA 的关键工作内容。地震设备清单包括了地震 PSA 中需要考虑的受地震影响可能会发生失效的所有构筑物、系统和设备(SSC)，这些 SSC 涉及地震失效可能导致始发事件和用于缓解地震后可能发生的各类事故的系统和设备。

最终的地震设备清单的建立需要经过初始地震设备清单的提出和地震设备清单的筛选两部分工作内容。初始地震设备清单是地震易损度分析和地震 PSA 建模工作的基础，其完整性决定着地震 PSA 对地震失效的影响是否能够完全模化，并最终影响着电厂地震风险评价结果；地震设备清单筛选的目的是将抗震能力足够高、对总体地震风险贡献足够低的 SSC 筛除，从而减少后续分析的工作量，提高工作效率。

根据"华龙一号"内部事件一级和二级 PSA 的分析范围，提出了初始的地震设备清单。并根据系统设计资料，对地震设备清单中各个设备的布置情况、抗震等级等信息进行了补充，形成了完整的地震设备清单。

3. 地震 PSA 模型

"华龙一号"地震 PSA 采用地震前端树结合地震事件树的方法来建立模型，模化电厂在地震条件下的响应。

通过建立地震前端树识别地震发生后电厂可能的电厂状态，然后针对各电厂状态基于内部事件一级 PSA 的模型建立事件树，并发展事故序列，分析各地震导致的电厂状态发生后电厂的缓解过程。在前沿系统和支持系统的故障树中，增加构筑物和设备的地震失效基本事件来模化其地震失效的影响。

根据地震设备清单及对电厂的影响，识别出地震后可能引发的电厂状态，包括地震导致大 LOCA、地震导致小 LOCA、地震导致二次侧管道破口、地震导致丧失热阱、地震导致丧失厂外电源、地震导致其他类瞬态、地震导致丧失余热导出功能和地震直接导致堆芯损坏等。地震导致的电厂状态类别如表 3.15 所示。

表 3.15 地震导致的电厂状态类别
Table 3.15 Seismic induced plant damage states

编码	地震导致的电厂状态类别
LECA/ECB	地震导致丧失 ECA/ECB 事故
TWCC	地震导致丧失热阱事故
LEMA/EMB	地震导致丧失 EMA/EMB 事故
LEDA/EDB	地震导致丧失 EDA/EDB 事故
LOCA	地震导致一回路上 LOCA 类事故
LOOP	地震导致 LOOP 事故
DRCD	地震前端树中导致直接堆芯损坏
SLB/FLB	地震导致二次侧管道破口事故
DRAIN	地震导致一回路误排水事故
RLOCA	地震导致 RHR 系统上 LOCA 类事故
LRHR	地震导致丧失 RHR 事故

基于内部事件一级 PSA 的事件序列分析结果，建立事件树，模化电厂响应。对于地震事件树得到的堆芯损坏序列。根据题头事件的成功准则建立地震故障树。在前沿系统和支持系统的故障树模型中，每个构筑物和设备的地震失效基本事件以"或门"的形式与其相应的随机失效基本事件连接，从而将其地震失效并入 PSA 模型中。

4. 地震导致的 CDF 和 LRF

地震 PSA 定量化分析是综合地震危险性分析和地震易损度分析的结果，对建立的地震 PSA 模型进行定量化计算，得到核电厂的地震风险。

"华龙一号"地震 PSA 定量化分析中，根据加速度区间的划分结果，在模型中分为多个加速度区间输入均值地震危险性曲线和设备的均值地震易损度曲线，并针对每个加速度区间对地震 PSA 模型中的堆芯损坏序列完成定量化分析，计算不同峰值地面加速度下的地震 CDF。采用同样的方法，对二级 PSA 的各序列进行定量化计算，得到地震 LRF 结果。

地震导致的总 CDF 为 6.84×10^{-8}/(堆·a)。其中功率运行工况的地震 CDF 为 6.17×10^{-8}/(堆·a)，低功率和停堆工况的地震 CDF 为 6.78×10^{-9}/(堆·a)。

地震导致的总 LRF 为 5.32×10^{-8}/(堆·a)，其中功率运行工况的地震 LRF 为 5.22×10^{-8}/(堆·a)，低功率和停堆工况的地震 LRF 为 1.00×10^{-9}/(堆·a)。

3.4.2 内部火灾 PSA

内部火灾 PSA 研究核电厂内部火灾导致的风险情况。"华龙一号"内部火灾 PSA 分析了核电厂功率运行、低功率和停堆工况下电厂内发生火灾导致的堆芯损坏频率和大量放射性释放频率。内部火灾 PSA 的一般分析流程如图 3.10 所示。

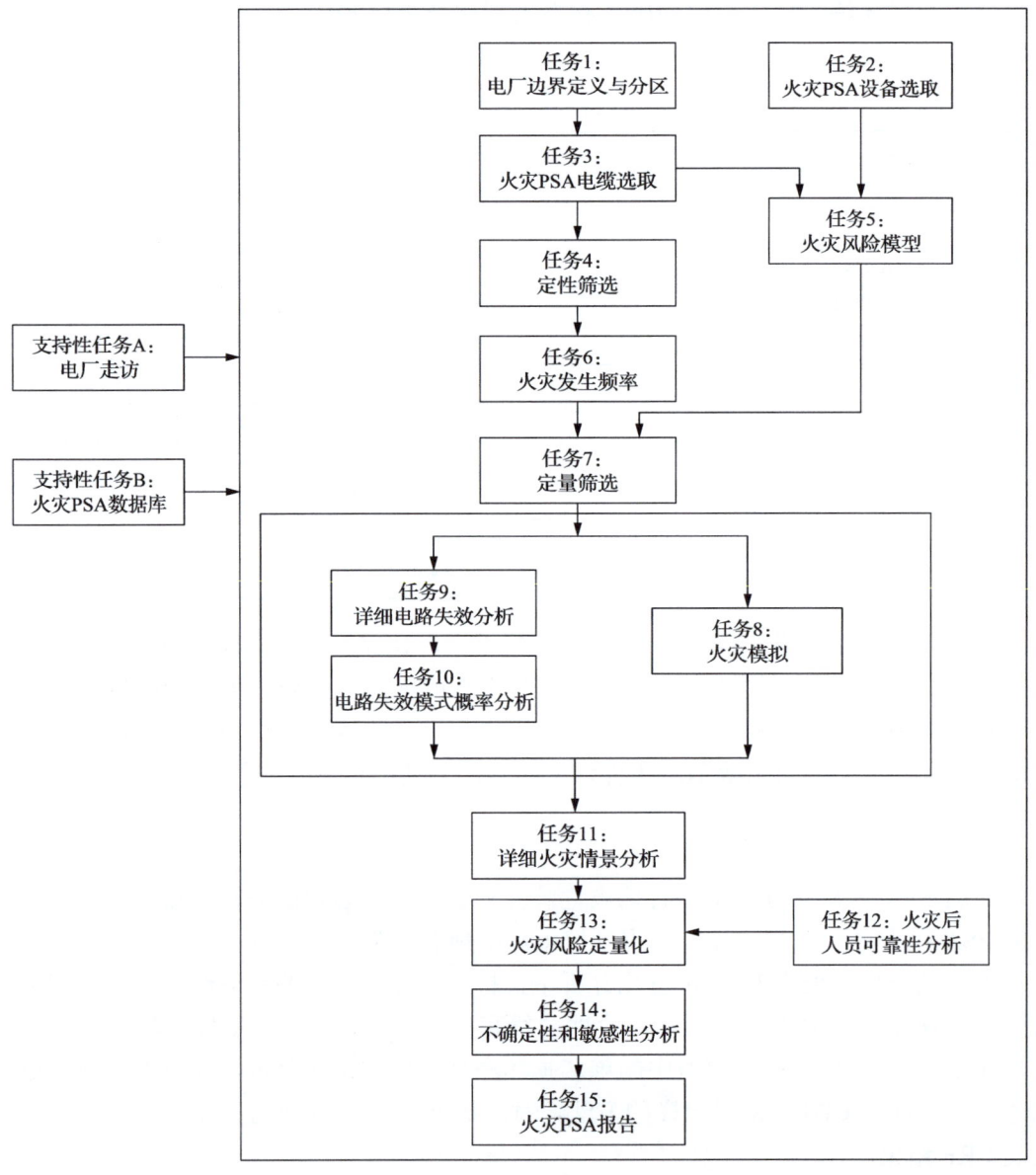

图 3.10 内部火灾 PSA 的一般分析流程

Fig. 3.10 General process of internal fire PSA

下面对"华龙一号"内部火灾 PSA 工作的电厂边界定义及火灾隔间划分、设备和电缆选择、定性筛选、点火频率计算、内部火灾 PSA 模型、定量筛选、电路失效分析、火灾后人员可靠性分析、详细火灾情景分析及内部火灾 PSA 评价结果等方面给予重点介绍。

1. 电厂边界定义及火灾隔间划分

电厂分析边界定义的目的是所定义的分析边界能够包容所有对火灾风险具有明显的潜在贡献的区域。因此，电厂分析边界通过宽泛的包络方法来确定。电厂分析边界从电厂的保护区开始，包括与反应堆正常和应急运行、支持系统及电力生产(如汽轮机厂房)相关的全部电厂区域。

对电厂分析边界中的区域，需要划分成若干火灾隔间，以开展内部火灾 PSA。火灾隔间划分的目的是将核电厂划分为一系列的实体分析单元，将电厂的设备与电缆对应到这些区域以研究火灾的影响。火灾隔间是一个封闭空间，并不一定具有防火屏障。一般情况下，火灾隔间和消防设计中的防火区相当，其边界为非可燃屏障，封闭区域内产生的热量会被限制在该区域内。

2. 火灾 PSA 设备和电缆选取

为了评估火灾的后果，需要查找各火灾隔间中会受到火灾影响并且会威胁核电厂运行或安全停堆的设备和电缆，并开展火灾情景下的设备失效模式及影响分析(FMEA)，形成火灾 PSA 设备清单和电缆清单，便于火灾 PSA 建模及后续分析。

对于易受火灾影响的设备，若属于以下几种类型，则需要在火灾 PSA 中进行模化：

(1)火灾所导致的失效会引起始发事件的设备。

(2)火灾 PSA 中用于支持缓解功能成功实施的设备，包括在内部事件 PSA 模型中的前沿系统和支持系统中的设备。

(3)用于支持操纵员动作成功执行的设备。

(4)火灾导致的误动作或其他失效模式会对缓解系统功能的成功产生不利影响的设备。

(5)火灾导致的误动作或者其他失效模式可能会诱发操纵员执行不适当或者非安全动作的设备。

火灾具有高温等特性，一些设备的失效模式与内部事件 PSA 分析中的失效模式有所不同，因此，"华龙一号"内部火灾 PSA 对这些设备进行了火灾下的失效模式分析。表 3.16 为常见的几种类型的设备在火灾情景下可能出现的失效模式。

火灾 PSA 电缆的选取以火灾 PSA 设备清单为基础，选取火灾 PSA 设备相关的电缆，包括供电、控制、显示及仪表电缆等。将所有可能影响设备运行的电缆列入火灾 PSA 电缆清单中，建立起电缆与火灾 PSA 设备的关联。

表 3.16 常见设备在火灾情景下的失效模式
Table 3.16 Failure modes of equipment in fire scenario

设备类型		火灾可能导致的失效模式
阀门	电动	失电/误动作
	气动	失电/误动作
	电磁	失电/误动作
泵(电动或气动)		停止运行/误启动
压缩机		停止运行/误启动
风机		停止运行/误启动
电缆		接地短路/热短路
光纤		断路,无输出
传感器,仪表		无输出/误信号

3. 定性筛选

火灾隔间定性筛选的目的并不是给出火灾隔间的风险值,而是根据预先规定的筛选准则,筛除那些相对于其他隔间火灾风险足够低或者可以忽略不计的隔间,以便对有火灾风险、安全重要的火灾隔间进行重点、详细的定量化评估。

如果某火灾隔间满足以下筛选条件,则筛除该火灾隔间:

(1)火灾隔间内不包含任何火灾 PSA 设备及电缆。

(2)火灾隔间内的火灾不会导致自动停堆,或者应急操作规程或其他电厂策略、规程以及惯例所要求的手动停堆,或者由于违反电厂运行技术规范所要求的受控停堆。

4. 点火频率计算

点火频率是火灾风险定量化的基础。需要计算出各火灾隔间的点火频率,并将其作为火灾 PSA 模型的输入。"华龙一号"火灾 PSA 点火源点火频率数据采用了 NUREG-2169 所总结出的通用火灾频率。

"华龙一号"内部火灾 PSA 采用 NUREG/CR-6850 给出的点火频率计算方法,火灾隔间的点火频率为隔间内所有点火源的点火频率 $\lambda_{IS,J}$ 之和。点火源的点火频率由以下公式计算:

$$\lambda_{IS,J} = \lambda_{IS} W_L W_{IS,J,L}$$

式中,λ_{IS} 为点火源 IS 的通用点火频率;W_L 为点火源的位置权重因子;$W_{IS,J,L}$ 为点火源权重因子,表示火灾隔间 J 中对应电厂区域 L 的 IS 类点火源的数量权重。

根据上述公式,考虑权重因子后,计算得到了"华龙一号"各火灾隔间的点火频率。

5. 内部火灾 PSA 模型

火灾 PSA 模型以内部事件 PSA 模型为基础,但是由于火灾事件的特殊性,在内部事件 PSA 各技术要素的分析中，需要根据火灾的特点进行特定分析或对内部事件模型进行修改，开发火灾 PSA 模型。建模需要考虑的因素如下：

(1) 始发事件分析："华龙一号"火灾 PSA 的始发事件分析以火灾隔间为单位，基于每个火灾隔间中受火灾影响的设备和电缆开展了始发事件分析；

(2) 事件序列分析：根据具体火灾情景，采用内部事件 PSA 中的相应事件序列或新建事件序列。火灾下设备的失效模式和失效概率都会与内部事件模型有所不同，需要在内部事件 PSA 模型的故障树中模化火灾下的设备失效模式或修改原设备失效模式的失效概率。

6. 定量筛选

定量筛选的目的是选择合适的定量筛选准则对初步定量化结果进行筛选，只对初步定量化结果中风险较高的火灾隔间进行详细分析，在保证火灾风险重点区域得到详细分析的同时，确保所有被筛除的火灾隔间对 CDF 的累积影响比较小。

对于定量筛选准则，NUREG/CR-6850 的第七章及《应用于核电厂的一级概率安全评价 第 4 部分：功率运行内部火灾》(NB/T 20037.4—2013) 标准第 5.9 节中，均建议"所有筛选掉的火灾隔间对 CDF 贡献的总和小于对内部事件总 CDF 的 10%"。

需要强调的是，在定量筛选中被筛除的火灾隔间的 CDF 仍需要保留在最终的火灾风险定量化结果中，不可以删除，定量筛除仅代表这些隔间不需要进行进一步的详细分析。

7. 电路失效分析

电路失效分析的主要目的是分析导致目标设备失效的电缆/电路的失效模式，并确定失效模式发生的概率值。

电路失效模式分析是通过对与目标设备相关的电缆、电路开展详细的短路分析，确定设备对电缆/电路失效模式的响应，筛除不会影响设备执行需求功能的电缆。火灾导致的电缆失效模式主要包括连续性丧失、接地短路、导体间短路(包括热短路，对地短路)和绝缘损害(主要考虑测量电缆)。这些失效模式可能导致电路或部件误动作、丧失电源、误信号或拒动等。

8. 火灾后人员可靠性分析

人员可靠性分析(HRA)是核电厂 PSA 的重要环节。"华龙一号"火灾 HRA 分析中，始发事件前人员可靠性分析与内部事件 PSA 相同，始发事件后(C 类)HRA 主要参考 NUREG-1921 导则推荐的方法，按筛选值、Scoping 和详细分析三个阶段进行。

9. 详细火灾情景分析

对于在初步定量化中风险较高的隔间(定量筛选中保留的火灾隔间)需要开展火灾情景级别的详细分析。将火灾隔间级别的分析细化为火灾情景级别的分析并在火灾

PSA 模型中模化，评估各火灾情景的火灾风险。

火灾情景是描述火灾事件的一组要素。火灾情景根据一个或多个点火源的火灾的特征和结果进行定义，将火灾后果相同的点火源定义为同一火灾情景。

10. 火灾风险定量化

以内部事件 PSA 模型为基础，建立火灾 PSA 模型。首先通过相对保守的假设对各火灾隔间的火灾风险进行了初步定量化，根据初步定量化结果，对火灾隔间进行定量筛选，对定量筛选中保留下来的火灾风险较高的火灾隔间进行详细分析，计算出这些隔间的火灾情景级别的火灾风险。将详细分析后的火灾情景及定量筛选中被筛除的火灾隔间的定量化结果进行汇总，最终得到电厂总的火灾风险。

"华龙一号"内部火灾导致的总的 CDF 为 6.80×10^{-8}/(堆·a)，总的 LRF 为 1.14×10^{-8}/(堆·a)。内部火灾 PSA 结果表明，基于"华龙一号"设计，由内部火灾导致的 CDF 和 LRF 很低。

3.4.3 内部水淹 PSA

内部水淹的 PSA 为评价内部水淹导致的整体风险，识别能够造成不利条件和影响电厂事故缓解的电厂内水淹源，最终确定并量化对电厂风险有贡献的水淹情景。内部水淹的一般分析流程如图 3.11 所示。

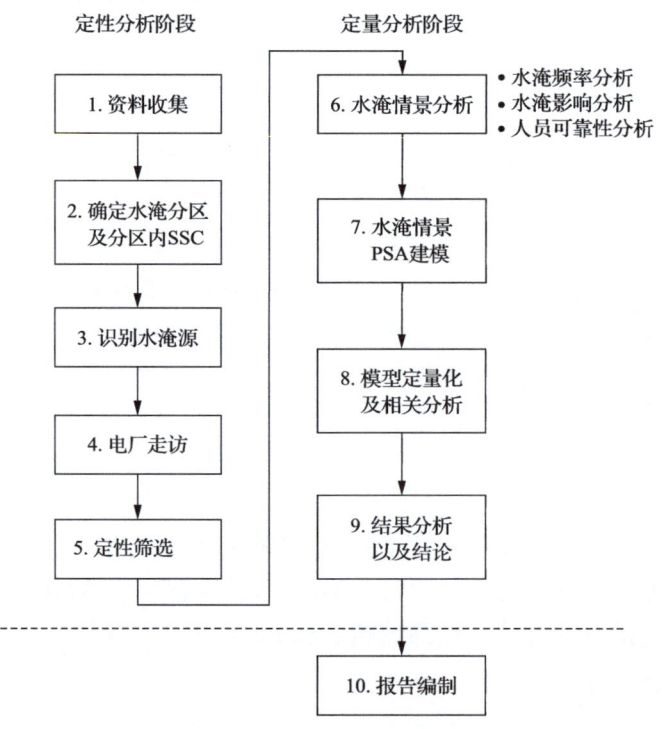

图 3.11　内部水淹 PSA 的一般分析流程

Fig. 3.11　General process of internal flooding PSA

内部水淹 PSA 可大致分为定性分析和定量分析阶段,其中各项工作任务并非严格按照图 3.11 所示顺序开展,在分析过程中往往需要对各任务进行一定的迭代。在定性分析阶段,主要收集内部水淹 PSA 需要的信息,并基于与水淹源、水淹漫延路径、水淹对 SSC 的潜在影响有关的准则对电厂水淹分区进行的筛选,确定需要进一步定量分析的水淹分区。内部水淹 PSA 定量分析阶段的内容主要包括:定义水淹情景、水淹频率计算、水淹影响分析、人员可靠性分析、内部水淹 PSA 模化、事故序列定量化分析等步骤。这些工作内容从水淹初始事件、水淹对 SSC 的影响、用来减缓水淹事故进程的人员动作,以及水淹情景的模化等方面来量化电厂内部水淹风险。

1. 水淹分区

内部水淹 PSA 中的水淹分区是指,在发生水淹时可以相对独立的累积积水的房间或区域。水淹分区的边界通常是墙体、门、围堰等厂房内的构筑物,这些边界可以一定程度地阻止水淹分区间的水淹漫延。划分水淹分区是把电厂划分为可以独立评估水淹影响的物理隔离区域。水淹分区的确定是一个循环迭代的过程。

分析中参考水淹分区定性筛选的原则,结合电厂布置信息对核电厂厂房级别构筑物进行选取,初步确定水淹分区划分和后续分析工作的区域范围包括:①燃料厂房;②电气厂房;③核辅助厂房;④安全厂房;⑤应急柴油发电机厂房;⑥SBO 柴油发电机厂房;⑦联合泵房;⑧汽机厂房。在上述范围内开展水淹分区划分。分区划分中以房间为基本单位,并在后续水淹情景分析等环节中对部分分区进行合并。

确定分区内的 SSC 是分区划分中十分重要的一部分内容。在后续水淹源识别、分区筛选、情景定义和影响分析中,均需要参考或使用这些 SSC 的信息。除水淹源类的设备(如管道、储水箱罐)外,需要识别和收集信息的分区内 SSC 还包括:门、地坑、地漏、翻边溢流、格栅、楼板洞/墙洞、水淹报警及探测装置、可能受水淹影响的系统设备。其中,"可能受水淹影响的系统设备"不包括手动阀、截止阀、换热器等机械设备。

2. 水淹源识别

1) 水淹源范围

水淹源的识别需要考虑分区范围内所有贮存和输送液体的系统。针对任一选定的分区,需要确定其水淹源所在系统、类型(管道和液体类别等),水淹源的上下游边界,水淹源编码等。水淹源信息是水淹分区筛选的输入之一,也是定义水淹情景和分析水淹影响所必需的元素。

水淹源一般可分为以下四类:

(1) 分区内的液体系统(指管道系统)。液体系统无论是处于运行模式,还是处于备用模式,都要考虑。根据自身的流量,备用系统的大破口可能会导致电厂的瞬态,亦或即使不直接导致瞬态,它也可能需要人工停堆。综合上述原因,分析中将备用系统考虑为潜在的水淹源。

(2) 分区内的电厂内部水源(如贮存大量液体的水箱或水池)。这些内部水源与管道系统相连。

(3) 通过某个系统或结构与分区相连的电厂外部水源(如最终热阱)。

(4) 来自其他水淹分区的渗漏(如通过地漏的回流,通过门底缝隙的渗漏等)。其中通过地漏的回流一般仅需要在厂房底层的水淹分区考虑。

需要特别说明的是,潜在的水淹源一般为水,除水以外的其他液体也是应该考虑的。但是,这些其他液体的水淹源贮存量或流量一般较小,可以通过定性判断而筛除。

2) 水淹机理和水淹类型

水淹机理即导致液体释放的原因。液体系统压力边界的破口可能由不同类型的失效模式引发。

内部水淹分析中所涉及的机理包括:

(1) 导致破漏的设备失效,如管道、水箱、换热器、法兰、膨胀节、密封件等因老化、腐蚀或机械原因而发生的失效等。

(2) 人员引发的机理,如水箱满溢、水流通过维修开口流出、无意的触动消防系统等。

(3) 其他能导致重大液体释放至分区内的事件。

不同程度的失效所导致的水淹,其发生的可能性和影响大小也不相同。通常按照液体系统压力边界破口和水淹影响将水淹分为以下三种类型:

(1) 喷淋。厂房地面没有积水的事件则定义为喷淋事件。分析中认为此类事件从压力边界裂缝泄漏的流速小于疏排水系统的排泄能力。分析中可通过确认在每一个水淹区域的设备和确认潜在喷淋的范围及喷淋保护装置的效果,来考虑局部喷淋的影响。如果一个水淹事件的序列仅有喷淋影响,就无需考虑水淹漫延导致的设备淹没。

(2) 水淹。水淹是压力边界失效引发的较大流速的泄漏并且厂房地面有积水的事件。水淹同样会引发喷淋影响,但是对于设备的影响被水淹影响所包络。

(3) 高能管线破裂。高能管线破裂是指由高能管线主结构失效导致的大流速泄漏。除前述水淹影响外,高能管线破裂还可能导致管道甩击。

3. 水淹分区定性筛选

水淹分区定性筛选的目的是通过定性筛选分析,在保证后续水淹情景的完备性的同时,避免对水淹风险较低或安全不重要区域的过分关注,以集中对风险重要的区域和情景进行进一步的详细分析。对水淹分区的筛选需要从各方面比照筛选准则,以确定其是否可以从进一步的分析中删除。通常进行筛选时需要考虑的方面包括水淹源(如果有)、水淹漫延路径的潜在影响,和水淹影响分析的结果。

水淹分区定性筛选准则内容如下:

(1) 分区内无水淹源。

(2) 分区内水淹不会导致始发事件或停堆,且满足以下三条中的任一条:①分区内

(包括水淹能漫延到的相邻区域)不含易受水淹损坏的 PSA 缓解事故设备；②分区内没有足以导致事故缓解设备失效的水淹源；③分区内有水淹缓解设施，该设施有能力防止不可接受的水淹，且水淹不会导致其设备本身失效(例如，通过喷淋、淹没或其他适用的失效机理)。

(3)人员的缓解动作也可用于筛选，但需满足以下全部条件：①主控室有水淹指示；②分区内的水淹源可被隔离；③在最恶劣的水淹情形下，缓解动作具有高可靠性或损坏设备所需的时间远远大于执行人员缓解动作预期所需的时间。

符合以上准则中任意一条的水淹分区，即可被定性筛除。需要特别说明的是，对于准则(1)，若某一分区内没有水淹源，但有导致事故始发或缓解的设备，也可以使用准则(1)先将该分区筛除，而在邻近位置的分区水淹漫延至该分区时，再对该分区进行评价。

水淹分区划分范围内的分区数量极多，为了合理减少后续分析工作的工作量，集中对风险重要的区域和情景进行进一步的详细分析，可使用上述筛选准则对水淹分区划分范围内的分区进行定性筛选，确定需要重点关注和分析的水淹分区。

筛选后保留的分区是需要重点关注和分析的水淹分区，被筛除的其他分区，也可能出现在水淹漫延路径上，这些出现在漫延路径上的其他分区，在分析和计算时也被列入了考虑范围之内，分区的重要设备和其他 SSC 均作为计算输入的一部分。

4. 水淹情景

通过以下元素定义水淹情景：

(1)水淹起始分区和水淹源。

(2)水淹事件类型。

(3)水淹影响。包括水淹始发事件，以及水淹漫延路径、水淹影响的 SSC。水淹始发事件可以是直接由水淹引起的后果，也可以是一个能触发不利事件序列的停堆。

(4)缓解水淹和控制电厂的人员动作。指终止水淹和限制水淹对电厂 SSC 破坏，以及使电厂从始发事件中恢复的措施。参考以往同类项目经验，本项目在初始的情景定义和定量筛选中，保守假设水淹隔离和缓解动作无法成功。

在这部分工作中，对之前分析中未筛除的水淹分区，生成一个水淹情景的初步清单，以作为后续水淹频率计算、PSA 模化等分析任务的范围。水淹情景在这些后续分析任务中会进一步优化，并最终确定需要详细建模分析的情景。

水淹分区定性筛选后的分区数量和与之相应的初步水淹情景清单仍然较多，为了合理减少后续分析工作的工作量，集中对风险重要的区域和情景进行进一步的详细分析，分析中对水淹分区进行了进一步的定量筛选。

定量筛选中保守性估算区域内水淹情景的频率与堆芯损坏条件概率(CCDP)的乘积，若乘积足够小，则筛除该水淹分区。分析中所用的水淹频率和 CCDP 是根据潜在水淹源、漫延路径信息确定的。通过定量筛选，进一步找出重要的分区和情景，作为最终详细分析和 PSA 模化的对象。

5. 水淹始发事件和水淹频率

对水淹导致的始发事件，一般根据水淹是否会导致汽机跳闸或反应堆紧急停堆、是否会导致安全重要设备不可用，以及是否会直接导致内部事件等方面进行判断。对于同一水淹事件可归入多个始发事件组的情况，分析中主要依据其最直接的影响选取相应的始发事件，或选取其中最保守的一类始发事件。

确定水淹始发事件及 PSA 建模过程中使用的假设和简化如下：

(1) 不考虑两个及两个以上水淹事件同时发生。
(2) 不考虑水淹事件与其他内部、外部事件同时发生。
(3) 发生破漏导致水淹的管道设备失效，将首先影响其自身所在系统。
(4) 水淹类事件，会导致破口所在管线/列不可用；喷淋类水淹事件，由于流量较小不会导致所在系统不可用。
(5) 导致按照运行技术规范需要后撤的事件，均归入"瞬态"类事件。
(6) 由于汽机厂房布置特点，该厂房整体视为一个水淹分区，该分区内的水淹事件仅影响给水，分析认为内部事件中已涵盖此类情景。

按照事件定义，喷淋事件发生时厂房地面没有积水。如果一个水淹事件仅有喷淋影响，就无需考虑该区域设备的淹没。在分析中，保守假设喷淋会造成喷淋水源所在分区内的设备失效。对于水淹类事件，分析中假设当分区内水淹淹没设备底部时即造成设备水淹失效。分析中，对水淹始发事件的确定主要依据水淹源所在系统和破口发生的位置，而对于设备受喷淋和淹浸影响发生的失效，则一般作为建立内部水淹 PSA 模型时的输入和边界条件。

根据以上分析和假设，结合水淹源信息、运行技术规范确定各水淹情景相应的水淹始发事件。这里使用 NUREG/CR-6928 报告中的通用数据，结合核电厂各水淹分区内的管道、设备数据计算得到各水淹情景相应的水淹事件频率。

6. 水淹缓解和人员可靠性

水淹事件发生时，电厂运行人员可以采取隔离水淹源、疏排积水等方法，终止水淹或防止水淹影响进一步扩大。但此类动作要求及时发现和处理水淹事件，在隔离可用时间短、缺少探测报警和相应规程的条件下，难以保证隔离的及时性和有效性。本次分析中参考以往同类项目经验，保守认为水淹隔离和缓解动作无法成功。对于建模时需要考虑的 A 类人员动作，由于其与水淹事故的发生不存在直接关系，其分析方法及分析结果可沿用内部事件一级 PSA 中的方法及结果；对于水淹导致的始发事件后的人员缓解动作，根据执行动作的位置不同，大致可分为主控制室(MCR)内的人员动作和 MCR 外的人员动作。其中，MCR 外的人员动作根据具体的水淹情景对于就地操作的影响进行具体分析，MCR 内的人员动作受水淹情景影响较小，仍沿用内部事件一级

PSA 中的分析方法及结果。

7. 水淹情景建模和定量化

内部水淹分析中考虑了大量的水淹情景，每一个情景均有其独特的发生频率和对电厂的影响方式。为了最终反映和量化分析电厂不同区域发生水淹的可能性、影响以及可能导致的风险，分析中以现有内部事件 PSA 模型为基础，对这些水淹情景进行了模化。

建模过程中需要模化的水淹情景元素主要包括始发事件、设备失效、人员动作。其中始发事件中主要考虑水淹的直接影响，如水淹源所在系统因管道设备破裂而不可用；设备失效和人员动作则体现水淹的间接影响，如设备的淹没、人员隔离水淹的条件是否具备等。这些水淹导致的影响，与内部事件中已经考虑的、可能在水淹后独立发生的设备随机失效，在内部水淹 PSA 模型中共同存在，并以割集的形式在定量化结果中反映其组合失效的风险。

对每一个水淹情景，分析中一般建立相应的前端树，在前端树中输入相应的频率和边界条件，后续转入相应始发事件的事件树中发展；模型中通过添加设备的水淹失效事件、设置边界条件的方式，模化水淹对设备的影响；最终通过内部水淹 PSA 模型计算内部水淹导致的堆芯损坏频率。

事件序列和系统建模的任务时间仍取 24h，其他假设与内部事件建模过程中采用的假设总体保持一致。最终确定需要 PSA 建模分析的水淹起始分区 44 个，合并水淹和大水淹情景后，共确定功率工况水淹始发事件 141 个，停堆工况水淹始发事件 99 个。分析中以内部事件 PSA 模型为基础，对水淹始发事件建立事件树，在各系统故障树模型中添加设备的水淹失效事件，并设置水淹始发事件后的相应边界条件，通过联解事件树和故障树完成定量化。

8. 内部水淹导致的 CDF 和 LRF

定量化计算得到内部水淹导致堆芯损坏的频率点估计值为 5.96×10^{-8}/(堆·a)，内部水淹导致的 LRF 点估计值为 5.29×10^{-9}/(堆·a)，其中功率工况内部水淹 CDF 为 1.42×10^{-8}/(堆·a)，功率运行工况内部水淹导致的 LRF 为 4.93×10^{-9}/(堆·a)，低功率及停堆工况内部水淹 CDF 为 4.54×10^{-8}/(堆·a)，低功率和停堆工况内部水淹导致的 LRF 为 3.57×10^{-10}/(堆·a)。内部水淹概率安全分析结果表明，基于"华龙一号"电厂的设计，电厂由水淹导致的堆芯损坏频率和大量放射性释放频率很低。

3.5 乏燃料水池 PSA

2011 年 3 月，日本福岛核电厂发生了严重的核事故。这一事故表明，乏燃料水池的水在事故后长时间不能得到冷却或补充的情况下，水的蒸发将导致燃料元件裸露、过热和损坏,可能会引起放射性物质释放。福岛事故后,乏燃料水池的安全性引起了国内外核电业界的广泛关注,有必要开展乏燃料水池的概率安全分析,从而更全面地评价核电厂的风险水平。

"华龙一号"针对乏燃料水池开展了详细的 PSA 分析,以评估乏燃料水池的风险。与针对反应堆堆芯的 PSA 分析类似,乏燃料水池 PSA 也包括始发事件分析、事件序列和成功准则分析、系统故障树分析、人员可靠性分析、数据分析以及模型的定量化分析。

3.5.1 始发事件分析

"华龙一号"乏燃料水池 PSA 始发事件分析以"系统级失效模式与效应分析"作为确定始发事件的主要方法,参考借鉴国内其他压水堆核电厂乏燃料水池 PSA 始发事件清单,NUREG-1275 Vol.12 报告中的始发事件清单来补充乏燃料水池 PSA 始发事件,并通过主逻辑图演绎方法和工程评价来完善始发事件清单,验证已确定的始发事件清单,以保证始发事件清单的完整性。

乏燃料水池的潜在风险主要有两个方面:

(1)丧失冷却能力,乏燃料水池水温持续升高,水池发生沸腾,水池水位由于蒸发而下降,导致燃料元件裸露。

(2)乏燃料水池泄漏,水池水位下降,导致燃料元件裸露。

事故后的缓解措施主要是恢复冷却或对乏燃料水池进行补水。

通过分析得到"华龙一号"乏燃料水池 PSA 完整的始发事件清单,对始发事件进行归并后得到最终始发事件清单,共包括三类始发事件,相应的乏燃料水池 PSA 始发事件如表 3.17 所示。

表 3.17 乏燃料水池 PSA 始发事件
Table 3.17 Initiating events in PSA for spent fuel pool

序号	始发事件类	编号	始发事件
1	丧失 RFT 冷却	SF_RF1N	POSN 下,丧失 RFT 冷却
		SF_RF1R	POSR 下,丧失 RFT 冷却
2	RFT 系统破口	SF_PL1N	POSN 下,RFT 系统破口
		SF_PL1R	POSR 下,RFT 系统破口
3	丧失厂外电源	SF_TS1N	POSN 下,丧失厂外电
		SF_TS1R	POSR 下,丧失厂外电

注:POSN 为正常贮存工况,POSR 为换料工况。

3.5.2 事件序列分析

事件序列分析是为了确定核电厂对每个(组)始发事件的响应。事件序列分析应确保在燃料元件损坏频率(FDF)评价中反映重要的系统响应及操纵员动作。

"华龙一号"乏燃料水池 PSA 针对这三类始发事件采用小事件树-大故障树方法开展了事件序列分析,并对事件序列的成功准则及人因事件的时间窗口进行了热工水力分析。

乏燃料水池 PSA 的事件序列分析共包括 8 棵事件树,其中有 14 个导致燃料元件损坏(FD)的事件序列。事故进程简要介绍如下:

1. 丧失 RFT 冷却始发事件

丧失反应堆换料水池和乏燃料水池冷却和处理系统(RFT)冷却始发事件的定义为:一列(正常贮存工况)或两列(换料工况)RFT 冷却系列运行失效,切换至备用列,切换失败或备用列带热失效,导致乏燃料水池丧失全部冷却。本始发事件包括 RFT 系统本身设备失效和支持系统失效间接导致的 RFT 系统失效无法带出乏燃料水池的衰变热。

事故进展过程中如果冷却功能恢复,操纵员可以重新启动 RFT 泵进行冷却,事故得到缓解。如果未能及时恢复冷却功能,乏燃料水池的蒸发损失可以由核岛除盐水系统(WND)、消防水系统(FNP)、应急补水进行补充,如果补水失败最终将导致燃料元件裸露。

2. 丧失厂外电始发事件

丧失厂外电源(LOOP)始发事件定义为:同时丧失所有安全相关母线供电,导致应急柴油机启动。LOOP 始发事件的分析边界从外电网直至第一级安全相关母线(应急柴油机供电),包含降压变压器的出口断路器。

事故后由应急柴油发电机向 RFT 泵提供电源。操纵员在就地控制柜上手动启动 RFT 泵进行冷却,事故得到缓解。如果未能及时恢复冷却功能、补水手段也失败的情况下,最终将导致燃料元件裸露。

3. RFT 系统管线破口始发事件

RFT 系统管线破口始发事件定义为:RFT 的管道破裂或与其相连系统的接口处破裂。

在 RFT 管线发生破裂的情况下,操纵员需对水池进行补水,在补水失败的情况下最终将导致燃料元件损坏。

乏燃料水池 PSA 的系统分析、数据分析和人员可靠性分析与反应堆堆芯 PSA 分析一致。

3.5.3 乏燃料水池 PSA 分析结果

通过建立乏燃料水池 PSA 模型并对其进行定量化,得到内部事件导致乏燃料水池内 FDF 是 1.69×10^{-9}/(堆·a),均值是 1.84×10^{-9}/(堆·a),5%分位值是 4.18×10^{-11}/(堆·a),中值是 4.35×10^{-10}/(堆·a),95%分位值是 6.60×10^{-9}/(堆·a)。

通过进行风险评估,得到如下主要结论:

(1) 从始发事件的角度来讲，RFT 系统管线破口和丧失 RFT 冷却是导致燃料元件损坏的最主要因素，分别占总燃料元件损坏频率的 58.52%、40.06%。

(2) 从支配性序列和支配性最小割集中可以看出，应急补水是缓解乏燃料水池事故的重要手段。

(3) 乏燃料水池全工况下内部事件导致的燃料元件损坏频率的点估计值为 1.69×10^{-9}/(堆·a)，不到堆芯损坏频率的 1%，说明乏燃料水池相较堆芯 CDF 而言风险很低。

第4章

设计扩展工况评价

4.1 概 述

国家核安全局于2016年发布了新版《核动力厂设计安全规定》(HAF 102—2016)，其中引入了设计扩展工况的概念，对于设计扩展工况的清单确定、分析论证、应对措施设计及最终安全目标等方面均提出了明确要求。

HAF 102—2016中规定："必须在工程判断、确定论和概率论评价的基础上得出一套设计扩展工况，目的是增强核动力厂应对比设计基准事故更严重的或包含多重故障的事故的承受能力，避免不可接受的放射性后果，以进一步改进核动力厂的安全性。设计必须考虑这些设计扩展工况来确定额外的事故情景，并针对这类事故制定切实可行的预防和缓解措施。"以及"如果由工程判断、确定论安全分析和概率论安全分析的结果表明事件组合将可能导致预计运行事件或事故工况，则必须主要根据其发生的可能性，将这些事件组合纳入设计基准事故或设计扩展工况"。

按照纵深防御层次的不同，一般将设计扩展工况划分为未堆熔的设计扩展工况(DEC-A)，以及堆芯熔化的设计扩展工况(也称严重事故，DEC-B)。

根据IAEA-TECDOC-1791的说明，DEC-A可以归纳为三类：

(1) 极不可能事件导致的超出用于设计基准事故的安全系统能力的状态。

(2) 用于缓解假想始发事件(PIE)的安全系统多重失效状态，例如LOCA工况下完全丧失安全注入系统。

(3) 正常运行但又作为事故缓解系统的多重失效状态，例如停堆工况的余热导出系统丧失。

此外，目前实践中通常对以下工况以确定论或工程判断的方式作为设计扩展工况加以考虑，包括：①ATWS；②SBO；③余热导出模式下丧失堆芯冷却；④丧失乏燃料水池冷却和水装量；⑤丧失最终热阱。

4.2 未堆熔的设计扩展工况(DEC-A)

4.2.1 DEC-A清单选取

"华龙一号"的设计扩展工况评价中，使用PSA方法和模型来识别和确定极不可能事件和多重失效事件，同时考虑确定论和工程判断给出的设计扩展工况。DEC-A 分析流程可以概括为如图 4.1 所示的方式。

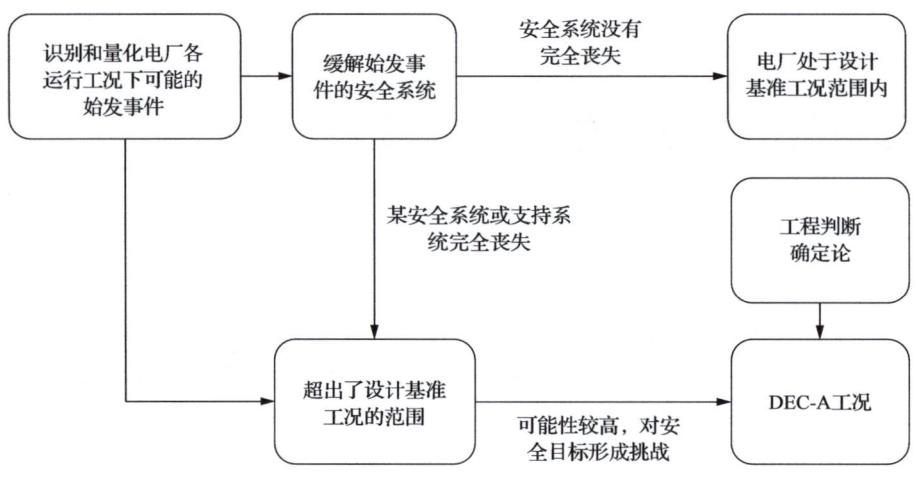

图 4.1　DEC-A 分析流程
Fig. 4.1　Process of DEC-A analysis

在应用 PSA 模型开展 DEC-A 工况识别过程中，可能作为 DEC-A 的序列的数量众多，有些序列的可能性是较小的，因此在 DEC-A 分析及论证时，有必要对序列进行频率截断，只考虑对安全可能产生重要影响的序列，作为初始的 DEC-A 进行分析。

除了通过 PSA 的方法识别出的 DEC-A 工况清单，"华龙一号"对于已广泛纳入工程实践或已有确定论安全要求的工况也进行了考虑，包括：①ATWS；②完全丧失给水；③全厂断电；④完全丧失热阱；⑤多根 SGTR；⑥MSLB 诱发 SGTR；⑦硼稀释；⑧半管工况水位下降；⑨LOCA 叠加一套安注丧失；⑩LOCA 后长期冷却阶段叠加安注/安喷失效。

对上述过程识别出的 DEC-A 工况，按照事故序列类型及应对该类事故所需的缓解措施将这些事故序列进行归组，得到"华龙一号"的 DEC-A 工况清单如表 4.1 所示。

针对识别出的 DEC-A 工况，"华龙一号"配置了相应的 DEC-A 安全设施，总体设计要求见表 4.2。这些 DEC-A 安全设施尽可能与专设安全设施和预计运行事件设施独立。

4.2.2　DEC-A 分析假设及准则

1. DEC-A 事故分析

通过对 DEC-A 序列开展事故分析，论证 DEC-A 序列设计的充分性，以证明用以缓解 DEC-A 事件的系统和功能设计是适用的。

需要进行程序计算时，应进行与序列相关的电厂瞬变热工水力计算；无需进行程序计算时，应进行适当的工程判断。

表 4.1 "华龙一号" DEC-A 工况清单
Table 4.1　List of DEC-As

序号	DEC-A 工况	DEC-A 安全设施/说明
1	未能紧急停堆的预期瞬态（ATWS）	应急硼注入系统注硼控制反应性，通过辅助给水系统和大气释放阀带走堆芯余热
2	完全丧失给水	通过二次侧非能动余热排出系统或"充排"冷却的方式带走堆芯余热
3	全厂断电	SBO 电源提供电力支持，通过辅助给水汽动泵和大气释放阀，或二次侧非能动余热排出系统带走堆芯余热
4	完全丧失热阱（功率及停堆）	水压试验泵提供主泵轴封，通过辅助给水系统和大气释放阀带走堆芯余热
5	LOCA 叠加所有安喷系统失效	安注系统和辅助给水系统缓解事故，非能动安全壳热量导出系统代替安喷导出热量
6	小 LOCA 叠加二次侧冷却丧失	通过"充排"冷却的方式带走堆芯余热
7	中 LOCA 叠加中压安注失效	二次侧快速冷却进行降温降压，通过低压安注向一回路补水
8	小 LOCA 叠加中压安注失效	二次侧快速冷却进行降温降压，通过低压安注向一回路补水
9	主蒸汽管道破裂（MSLB）叠加中压安注失效	二次侧快速冷却进行降温降压，通过低压安注向一回路补水
10	主蒸汽管道破裂（MSLB）叠加主蒸汽隔离失效	通过"充排"冷却的方式带走堆芯余热
11	SLB 诱发 SGTR	安注系统投入补充一回路水量，最终通过余热排出系统带走堆芯余热
12	多根 SGTR	破损 SG 隔离，通过二次侧快速冷却进行降温降压，通过安注系统向一回路补水
13	低温水密实超压叠加余热排出系统安全阀失效	稳压器安全阀开启防止超压
14	丧失余热排出系统叠加二次侧带热失效	通过"充排"冷却的方式带走堆芯余热
15	化学和容积控制系统容控箱未隔离的均匀硼稀释	切换化学和容积控制系统泵至 IRWST，及时隔离稀释源
16	半管工况，失控水位下降叠加补水信号失效	手动启动安注系统补水
17	LOCA 后长期冷却阶段叠加安注/安喷失效	LHSI 泵与安喷泵互为备用
18	乏燃料水池完全丧失热阱	依靠乏燃料水池充裕的水装量维持较长的时间，后续可通过消防水等进行补水
19	乏燃料水池发生全厂断电	依靠乏燃料水池充裕的水装量维持较长的时间，后续可通过消防水等进行补水
20	乏燃料水池失去 2 列正常 RFT 冷却	余热排出备用 RFT 投入冷却，或依靠乏燃料水池充裕的水装量维持较长的时间，后续可通过消防水等进行补水
21	乏燃料水池管道破口类事故	依靠乏燃料水池充裕的水装量维持较长的时间，后续可通过消防水等进行补水

表 4.2　DEC 安全设施总体设计要求

Table 4.2　General design requirements for DEC features

安全分级	(1) 如果采用 IAEA 的分级体系，用于 DEC 的安全设施功能分级至少应为 F-SC3 (2) 用于应对 DEC 的正常运行系统或专设安全设施无需特殊分级
冗余性 （单一故障）	(1) 单一故障准则对于用于 DEC 的安全设施不是必需的 (2) 为满足可靠性目标，能动系统应当合理地考虑冗余配置 (3) 在确定论和概率论评价的基础上，非能动系统可以不采用单一故障准则
独立性	(1) 如果采用冗余配置，则冗余系列之间应尽可能保证实体隔离、电气隔离和冷链隔离 (2) 如果用于 DEC 的安全设施本身是其他安全系统的多样化备用设施，则用于 DEC 的安全设施与其功能对应的安全系统之间也应尽可能保证独立性
应急供电	需要提供动力源的 DEC 应对设施应至少由应急电源供电，经分析在 SBO 工况下也需执行安全功能的设备应由 SBO 电源供电，其中重要的阀门、严重事故监测和控制系统等设备还需考虑由严重事故下专用的蓄电池供电
抗震要求	DEC 应对设施的主要设备及所在厂房一般应为抗震 1 类，除非有其他要求
定期试验	DEC 应对设施非连续运行的安全级能动设备需进行定期试验
环境鉴定	DEC 应对设施一般应进行环境鉴定，保证在对应的环境条件下执行预期功能
灾害防护	(1) DEC 应对设施应对内外部灾害进行分析，结合厂址条件筛选出需要防护的外部灾害，结合主要设备所处的厂房环境和 DBC 或 DEC 可能引发的内部灾害筛选出需要防护的内部灾害，通过冗余配置、实体隔离以及专门的防护手段进行防御 (2) 对于作为安全系统多样化备用手段的用于 DEC 的安全设施，对应功能的安全系统已经考虑的灾害在用于 DEC 的安全设施的设计中可以不用考虑
人员动作	(1) 应将操纵员在短时间内进行干预的需求降至最低，DEC-A 事故时，应考虑 30min 内无需操纵员干预 (2) 需要手动启动的系统，应证明操纵员有足够的时间做出决策和采取行动

选择和验证用于设计扩展工况分析程序的原则与设计基准事故分析选择和验证程序的原则相同，设计扩展工况的分析可采用现实模型和最佳估算方法。

2. 初始工况

DEC-A 的事故分析初始工况与稳态运行工况一致，分析所采用的电厂初始状态参数选用保守偏差或名义值进行分析计算。设计基准事故分析对初始状态的保守假设也可以用于设计扩展工况分析。在进行不确定性计算或敏感性分析时，对特定参数进行选择和偏差确定。

3. 最终状态

对 DEC-A 的最终状态定义如下：对于堆芯，要求堆芯次临界、衰变热持续排出、放射性释放满足验收准则要求；对于乏燃料水池，则要求燃料维持在淹没状态，乏燃料水池水位得到恢复或正在恢复并能证明其恢复到预定水位。

4. 边界条件

DEC-A 序列评估的总的原则是，在设计扩展工况下，可用的系统设备才可用于设计扩展工况分析。所开展的分析必须包括识别用于或能够预防和缓解设计扩展工况的设施。这些设施：必须尽实际可能与发生频率更高的事故中使用的设施保持独立；必须能在

DEC-A 对应的环境条件中执行预期功能；必须有与其要求实现的功能相符的可靠性。

根据纵深防御的原则，在设计扩展工况分析不考虑正常运行系统。但是，如果系统的运行会产生负面影响，则应考虑。

5. 故障及人员假设

DEC-A 对系统设备故障和操纵员干预的假设与设计基准事故类似，要考虑系统设备的可用性和操纵员有效干预的时间。

DEC-A 序列的定义中已经给出了事故分析中应考虑的叠加故障，因此在叠加故障之外无需再假定额外的故障，不需要考虑单一故障。此外，在 DEC-A 事故分析中也不考虑由于维修导致的系统和设备不可用。

考虑操纵员有效干预的时间（事故后、或根据相应的事故规程达到操作指示信号后）为 30min。

6. 验收准则

确定事故分析验收准则的技术原则和放射性准则与设计基准事故类似，放射性释放应合理可行尽量低。针对设计基准事故工况，目标是保证厂内、外没有或仅有微小的放射性后果，并且无需采取任何场外防护行动。而对于设计扩展工况，"保护公众所采取的防护行动在持续时间和范围上必须是有限的，并必须有足够的时间来采取这些防护行动"。

在 DEC-A 事故分析中采用的验收准则可概述为：①应满足Ⅳ类工况的解耦准则；②对于可能导致一回路超压失效的事故工况，以系统压力不超过 22MPa 为限值；③对于乏燃料水池相关 DEC-A 序列，维持屏蔽水层厚度，池水标高大于+11.5m。

4.2.3 DEC-A 分析

1. 丧失厂外电叠加机械卡棒 ATWS

1）事故描述

丧失厂外电导致电站辅助设备即主泵、凝结水泵等的所有电源丧失。由于主泵丧失电源后惰转，反应堆冷却剂的强迫流量随泵转速下降而减小。最终，只有自然循环流量可以冷却堆芯和排出余热。反应堆冷却剂流量减小和冷却剂温度升高使 DNB 裕度减小。

通常，控制棒电动机组的电源丧失将导致控制棒驱动机构固定夹持线圈的电源丧失，这样就会释放控制棒，使它们落入堆芯。在 ATWS 事故分析中，假设没有棒插入。

2）频率与限制准则

丧失厂外电叠加机械卡棒 ATWS 属于设计扩展工况（DEC-A），验收准则采用Ⅳ事故的解耦准则，包括发生 DNB 的燃料棒份额须小于 10%；热点处的燃料熔化体积不超过总体积的 10%；燃料包壳的峰值温度必须低于 1482℃。

对于本事故，只要保证 DNBR 始终大于限制值，即可满足上述准则。

3) 主要假设

(1) 丧失厂外电发生在 $t=0$ 时刻,并引发:主泵惰转,直到各环路内自然循环;所有主给水泵不能用;汽轮机停机;因丧失交流电源,汽轮机旁路排放控制系统(TSC)和正常喷雾等电站控制系统都无法运行。

(2) 稳压器先导安全阀整定压力为其名义值减去不确定性裕量,容量取最大值。

(3) 不考虑温度调节棒(R 棒)及灰棒的控制调节作用。

4) 结果与结论

丧失厂外电叠加机械卡棒 ATWS 事故的事件序列见表 4.3。

表 4.3 丧失厂外电叠加机械卡棒 ATWS 事故的事件序列
Table 4.3 Time sequence of events for loss of offsite power-ATWS

事件	时间/s
断电、主泵惰转、主给水丧失	0
汽轮机跳闸	0.3
稳压器安全阀打开	3.9
蒸汽发生器安全阀打开	10.3
达到最小 DNBR(1.25)	13.3
ATWS 缓解系统信号	18.6
硼注泵启动	38.6
辅助给水泵启动	50.8

图 4.2~图 4.4 给出了核功率、反应堆冷却剂平均温度、稳压器压力的变化曲线。

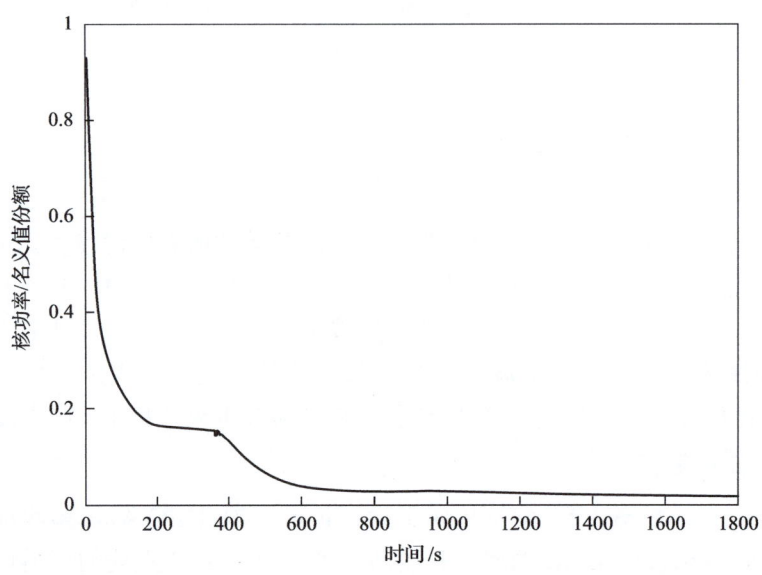

图 4.2 核功率变化曲线(丧失厂外电叠加机械卡棒 ATWS)
Fig. 4.2 Nuclear power versus time(loss of offsite power-ATWS)

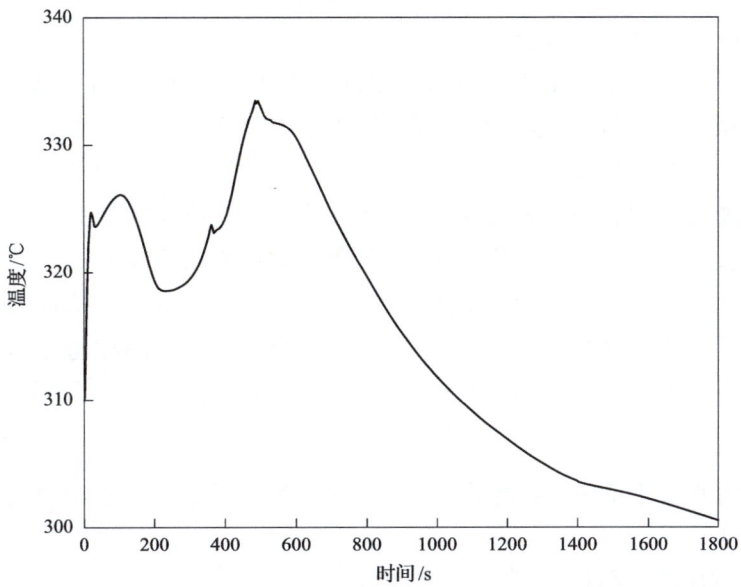

图 4.3　反应堆冷却剂平均温度变化曲线（丧失厂外电叠加机械卡棒 ATWS）
Fig. 4.3　Reactor coolant average temperature versus time (loss of offsite power-ATWS)

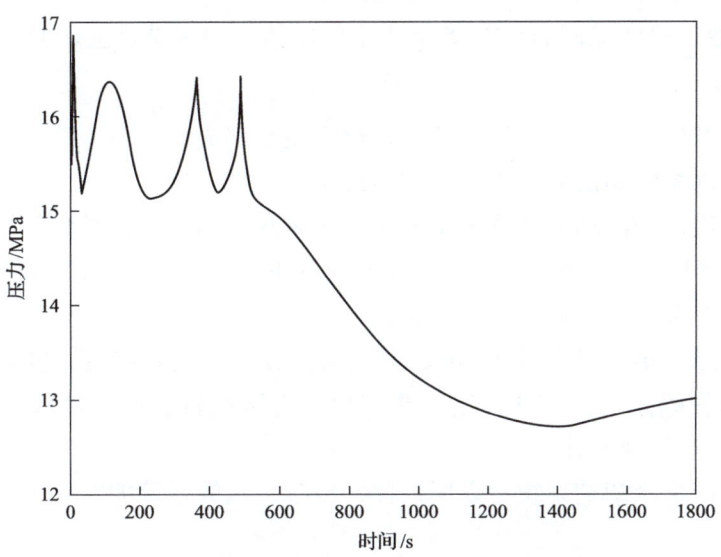

图 4.4　稳压器压力变化曲线（丧失厂外电叠加机械卡棒 ATWS）
Fig. 4.4　Pressurizer pressure versus time (loss of offsite power-ATWS)

分析表明，丧失厂外电叠加机械卡棒 ATWS 事件的最小 DNBR 大于限制值，堆芯达到并稳定在次临界状态，衰变热可持续排出，放射性释放符合验收准则要求。

2. 完全丧失给水

1) 事故描述

完全丧失给水事故发生后，二回路热阱完全丧失，蒸汽发生器的带热能力急剧下降，造成反应堆冷却剂系统升温、升压。

反应堆将在蒸汽发生器给水流量低与中间量程中子注量率高符合触发的 ATWS 缓解信号下紧急停堆。"华龙一号"设置有二次侧非能动余热排出系统，当发生给水完全丧失事故后，二次侧非能动余热排出系统可在相应信号触发下自动投入，导出堆芯余热。二次侧非能动余热排出系统投入后，反应堆冷却剂系统的压力和温度持续下降，操纵员根据规程调节上充流量，补偿反应堆冷却剂系统的冷却收缩。若上充失效，操纵员将手动隔离安注系统，保持二次侧非能动余热排出系统的持续投入，同时监测二次侧非能动余热排出系统的运行情况、反应堆冷却剂系统的温度与压力变化情况，直至电厂冷却至余排可投入状态后，启动余热排出系统将电厂冷却至冷停堆状态。

2) 频率与限制准则

完全丧失给水属于 DEC-A 类事故，将采用Ⅳ类事故的解耦准则对其事故后果进行分析评价，包括：

(1) 发生 DNB 的燃料棒份额须小于 10%。
(2) 热点处的燃料熔化体积不超过总体积的 10%。
(3) 燃料包壳的峰值温度必须低于 1482℃。

对于本事故，只要保证 DNBR 始终大于限制值，即可满足上述准则。

3) 主要假设

(1) 瞬态一开始，所有蒸汽发生器正常给水完全丧失。
(2) 辅助给水系统和启动给水系统都不可用。
(3) 三列二次侧非能动余热排出系统系列在事故后由自动信号触发投入。
(4) 主蒸汽管道隔离阀在二次侧非能动余热排出系统投入后延迟一定时间自动关闭。
(5) 上充泵在事故发生后无法投入运行。
(6) 保守考虑在事故发生后 30min，操纵员执行停运主泵和电加热器停运操作。
(7) 操纵员在确定二次侧非能动余热排出系统可维持反应堆冷却剂系统降温降压后，执行安注手动闭锁操作。
(8) 考虑反应堆冷却剂系统中金属构件、设备、主管道等的贮热。

4) 结果与结论

完全丧失给水事故的事件序列见表 4.4。

图 4.5～图 4.7 分别给出了核功率、反应堆冷却剂平均温度、稳压器压力的变化曲线。

分析结果表明，在事故过程中，DNBR 始终高于限值。事故发生后 30min，反应堆温度下降约 20℃，反应堆没有重返临界。操纵员干预后，可通过硼化等操作维持反应堆处于次临界。

表 4.4　完全丧失给水事故的事件序列

Table 4.4　Time sequence of events for total loss of feedwater

事件	时间/s
给水流量完全丧失	0—4
ATWS 信号触发	18.6
大气释放阀打开	20.9
反应堆紧急停堆	23.3
主蒸汽安全阀开启	24.0
二次侧非能动余热排出系统自动投入	68.6
主蒸汽管道隔离	68.6
操纵员执行停运主泵、电加热器	1823.3
计算结束	3600.0

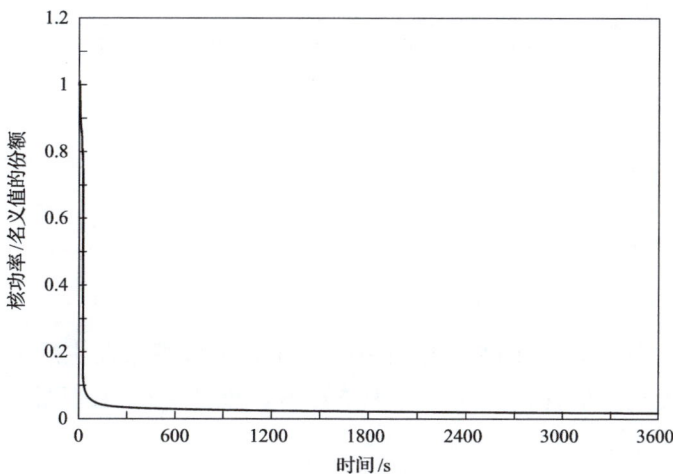

图 4.5　核功率变化曲线（完全丧失给水）

Fig. 4.5　Nuclear power versus time（total loss of feedwater）

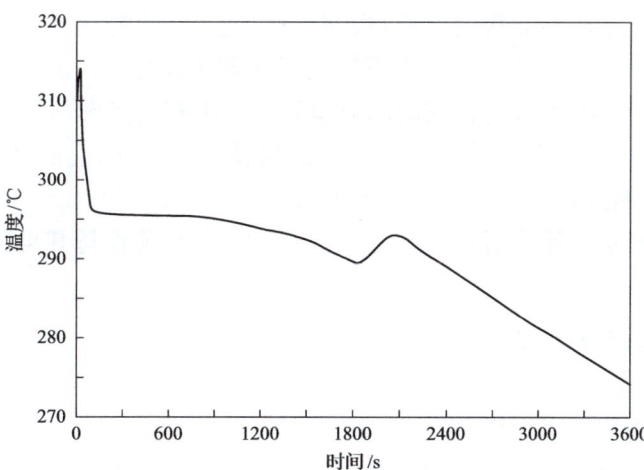

图 4.6　反应堆冷却剂平均温度变化曲线（完全丧失给水）

Fig. 4.6　Reactor coolant average temperature versus time（total loss of feedwater）

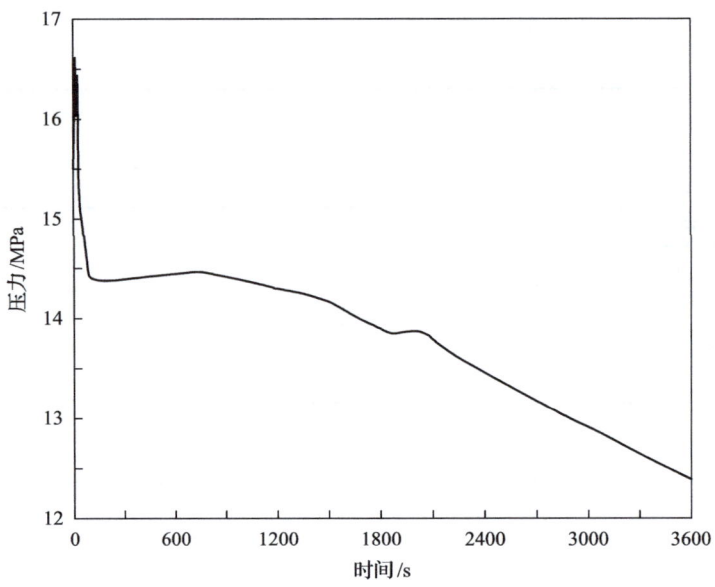

图 4.7　稳压器压力变化曲线（完全丧失给水）

Fig. 4.7　Pressurizer pressure versus time(total loss of feedwater)

3. 小 LOCA 叠加中压安注失效

1) 事故描述

由于中压安注泵失效，小破口叠加中压安注泵失效事故发生后，在一回路系统压力降至安注箱压力整定值前，安注流量无法注入，堆芯存在裸露风险。

2) 频率与限制准则

小破口叠加中压安注泵失效属于 DEC-A 类事故。DEC-A 事件采用Ⅳ类事故的解耦准则：

(1) 包壳峰值温度，不能超过限值(1204℃)以防止包壳脆化。

(2) 最大包壳氧化，包壳总氧化率不超过氧化前包壳总厚度的 17%。

(3) 最大产氢量，如果除了腔室周围衬里以外，所有包围燃料的包壳中的金属都与水或汽发生化学反应，由此得到一个假想的产氢量。算出的包壳与水或汽发生化学反应后的产氢量不能超过该假想产氢量的 0.01 倍。

(4) 堆芯几何形状，计算所得的堆芯几何形状变化仍能保持其可冷却性。

3) 主要假设

(1) 初始运行功率为满功率。

(2) 反应堆冷却剂平均温度初值为其名义值。

(3) 初始一回路系统压力为额定值。

(4) 一回路流量是热工设计流量。

(5) 换料水箱温度取保守高值。

(6) 假设两台低压泵有效,计算中考虑保守性采用最小流量。

(7) 反应堆紧急停堆引起功率快速降低至与裂变产物衰变热相对应的水平。

4) 结果与结论

对小破口(等效当量直径为 50mm)进行了分析。小 LOCA 叠加中压安注失效事件序列如表 4.5 所示。

表 4.5　小 LOCA 叠加中压安注失效事件序列

Table 4.5　Time sequence of events for small break LOCA coupled with loss of MHSI

事件	时间/s
破口发生	0.0
反应堆停堆信号	53.0
控制棒开始插入	54.0
安注信号	79.7
开始快速冷却	89.7
反应堆冷却剂泵停运	707.2
快速冷却结束时间	908.1
操纵员开始手动冷却反应堆冷却系统	1853.0
低压安注注入开始	5090.1

图 4.8～图 4.10 分别给出了破口流量和安全注入流量、堆芯汽水界面、稳压器和 SG 二次侧压力的变化曲线。

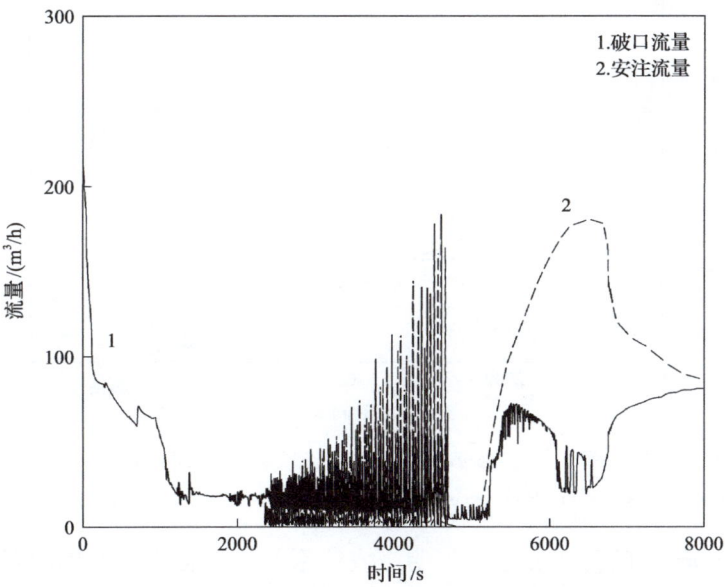

图 4.8　破口流量和安全注入流量变化曲线(小 LOCA 叠加中压安注失效)

Fig. 4.8　Flowrate through the break and safety injection flowrate versus time
(small break LOCA coupled with loss of MHSI)

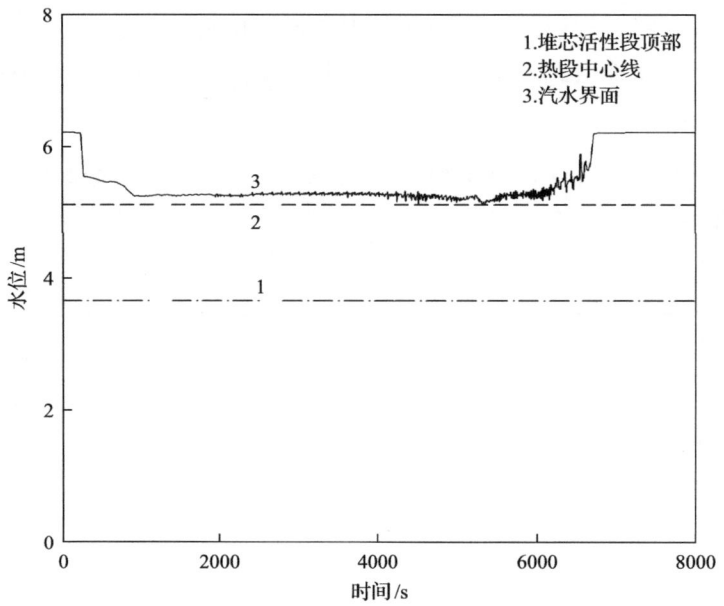

图 4.9 堆芯汽水界面变化曲线(小 LOCA 叠加中压安注失效)

Fig. 4.9 Steam/water interface height of the core versus time (small break LOCA coupled with loss of MHSI)

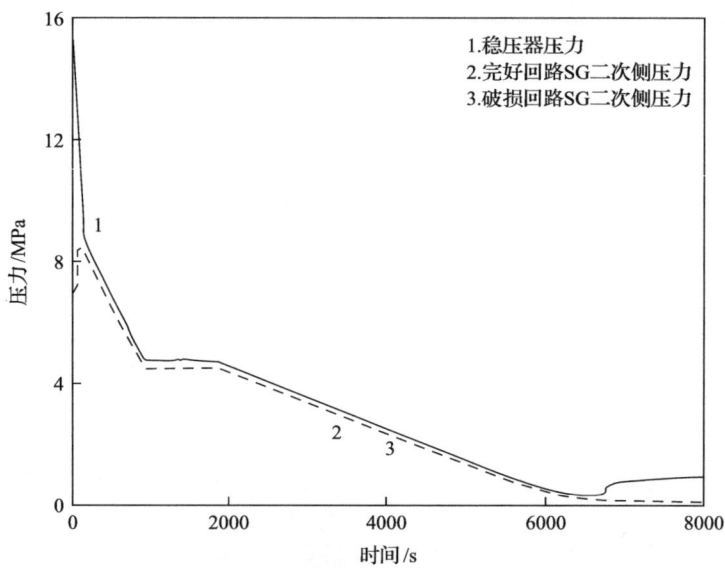

图 4.10 稳压器和 SG 二次侧压力变化曲线(小 LOCA 叠加中压安注失效)

Fig. 4.10 Pressurizer pressure and SG pressure versus time (small break LOCA coupled with loss of MHSI)

等效直径 50mm 破口计算结果表明,安注系统可以提供足够的流量,以保持堆芯不裸露,使包壳温度持续降低,堆芯余热能够持续排出。此外,紧急停堆引入的负反应性能保证足够的停堆裕量,使堆芯处于次临界状态,操纵员干预后可借助化容系统确保堆芯处于次临界状态。该事故的放射性后果可以被大破口失水事故包络。

4. MSLB 诱发 SGTR

1) 事故描述

主蒸汽管道断裂可能引起同一台蒸汽发生器的传热管同时发生断裂。本节对蒸汽管道断裂同时 100 根蒸汽发生器传热管破裂事故(MSLB+100SGTR)进行计算分析。

蒸汽管道断裂同时 100 根蒸汽发生器传热管破裂事故可能由下列情况引起：安全壳外不可隔离的主蒸汽管道双端剪切断裂（即安全壳外、主蒸汽隔离阀上游的主蒸汽管道断裂或安全壳外主蒸汽管道断裂同时主蒸汽隔离阀关闭失效）；同时，主蒸汽管道断裂引起同一台蒸汽发生器的 100 根传热管同时断裂。

该事故中一回路冷却剂通过破损蒸汽发生器流出，事故进程相当于发生在安全壳外的一回路管道破裂事故。

2) 频率与限制准则

蒸汽管道断裂同时 100 根蒸汽发生器传热管破裂事故属于 DEC-A 类事故。热工水力分析的主要目的是评价该事故发生后在下列情况下堆芯裸露和燃料元件包壳损坏风险（三道安全屏障只有燃料元件包壳一道完整）：

(1) 短期：堆芯裸露和燃料元件包壳损坏风险决定于一回路破口尺寸。

(2) 长期：若换料水箱中水排空，堆芯存在裸露风险。

3) 主要假设

(1) 主要参数值为反应堆满功率、热工设计流量下名义值。

(2) 安注达到满流量考虑一定的时间延迟。

(3) 余热曲线不考虑不确定性。

(4) 安注信号和主泵压差低的符合信号触发主泵停运。

(5) 蒸汽压力低和蒸汽流量高的符合信号后 5s 蒸汽隔离。

(6) 经二回路排放的蒸汽流量由蒸汽发生器限流器限制。

(7) 安注信号触发辅助给水电动泵启动；蒸汽发生器水位低低同时同一蒸汽发生器给水流量低信号触发辅助给水汽动泵启动。

(8) 蒸汽发生器水位高 3 和稳压器水位低低的符合信号触发隔离高 3 水位所在的蒸汽发生器的辅助给水。

(9) 假设安注信号发生后 30min 操纵员开始干预。首先，识别和隔离破损蒸汽发生器；之后，按照规程冷却反应堆冷却剂系统、停止安注和上充；最后，进行反应堆冷却剂系统降压。

4) 结果与结论

MSLB+100SGTR 事件序列见表 4.6。

图 4.11～图 4.13 分别给出了稳压器压力和 SG 二次侧压力、堆芯出口温度、上腔室水位的变化曲线。

表 4.6　MSLB+100SGTR 事件序列

Table 4.6　Time sequence of events for MSLB+100SGTR

事件	时间/s
安全壳外一根主蒸汽管道双端断裂，同时 100 根 SG 传热管断裂	0.0
蒸汽压力低与蒸汽流量高符合触发安注信号	2.7
安注信号触发反应堆紧急停堆(开始插棒)	3.0
蒸汽和主给水隔离	7.7
SG 水位低低与给水流量低符合	17.3
安注投入	17.7
主泵停运	20.7
辅助给水电动泵向 SG 供水	60.7
辅助给水汽动泵向 SG 供水	75.3
破损环路安注箱开始注水	93.2
完好环路安注箱开始注水	93.2
SG 水位高 3 符合稳压器水位低低触发隔离高 3 水位所在 SG 的辅助给水	628.9
操纵员开始干预	1802.7
利用完好 SG 对 RCS 以最大速率冷却	1922.7
停运第一列安注泵	1982.7
停运第二列安注泵	2446.3
计算结束	5000.0

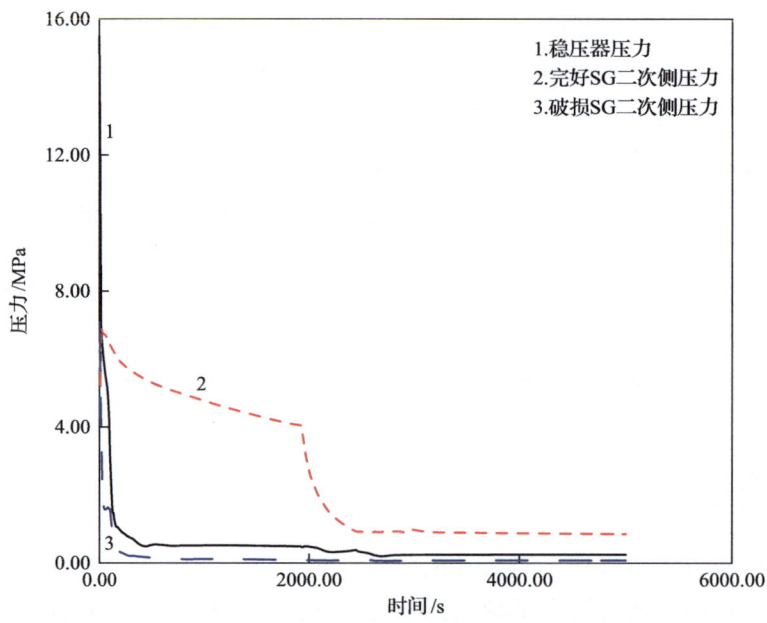

图 4.11　稳压器和 SG 二次侧压力变化曲线(MSLB+100SGTR)

Fig. 4.11　Pressurizer pressure and SG pressure versus time(MSLB+100SGTR)

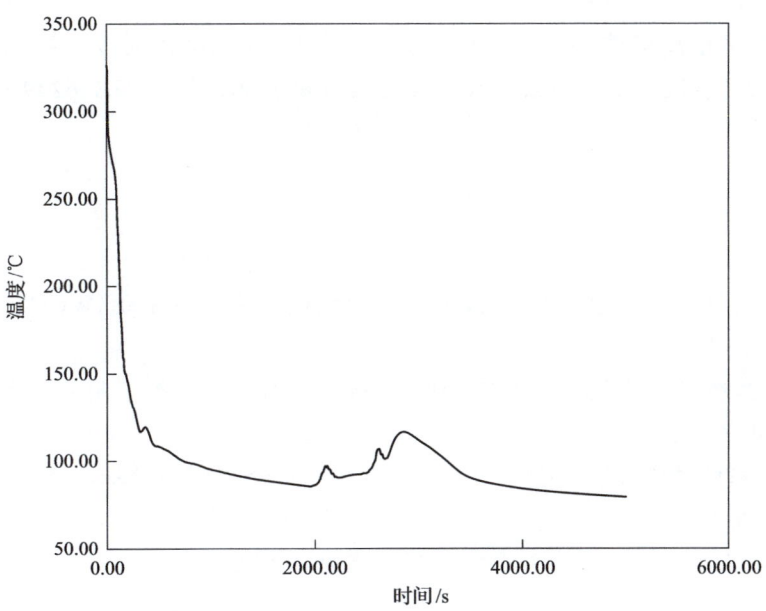

图 4.12　堆芯出口温度变化曲线(MSLB+100SGTR)

Fig. 4.12　Core exit temperature versus time(MSLB+100SGTR)

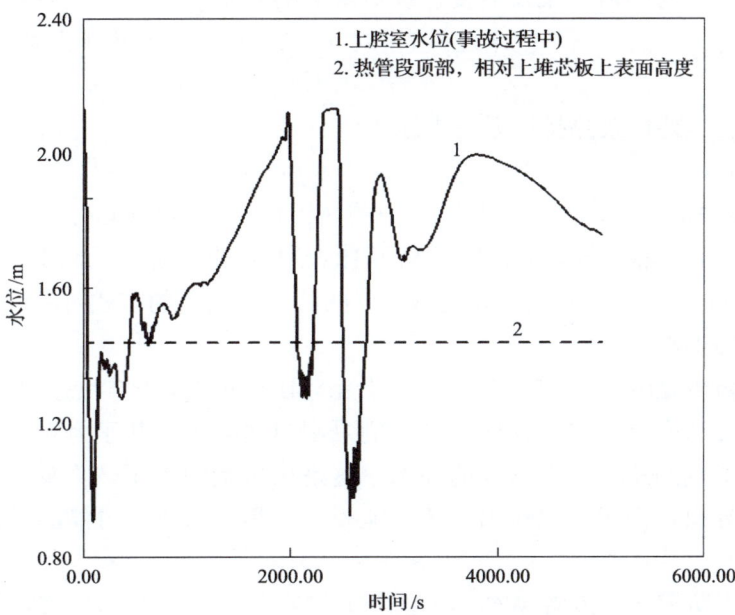

图 4.13　上腔室水位变化曲线(MSLB+100SGTR)

Fig. 4.13　Water level in upper plenum versus time(MSLB+100SGTR)

分析结果表明，事故后 2446.3s，所有中压安注泵和低压安注泵停运后，很快蒸汽发生器传热管破口流量终止，通过破损蒸汽发生器向大气的释放也终止。

瞬态过程中，堆芯能够维持在次临界状态；短期阶段，没有堆芯裸露的风险，也就没有包壳温度上升的风险；长期阶段，安注流量以及一次侧至二次侧的破口流量终止时，IRWST 水箱没有排空。破损 SG 向大气排放的水和汽分别为 995.1t 和 96.4t，每台完好 SG 向大气排放汽为 20.2t。放射性后果分析表明，满足 GB 6249—2011 所要求的安全限值。

5. 完全丧失热阱

1) 事故描述

完全丧失热阱是指重要厂用水(WES)系统或设备冷却水系统(WCC)的功能丧失。其可能的原因如下：

(1) WES 系统功能丧失：运行中的两台 WCC/WES 热交换器阻塞；WES 系统泵站阻塞；WES 泵完全丧失。

(2) WCC 系统功能丧失：四台 WCC 泵丧失；两个系列的冷却水都丧失，并且不能由自动补水系统补偿。

最终热阱完全丧失将导致主给水、凝结水站、重要厂用水、设备冷却水、主泵等设备不能运行。

2) 事故进展及处理

完全丧失热阱的事故后果及需要操纵员采取的行动取决于机组的初始工况，可以分为以下两种：①余热排出系统未连接(模式 1、2、3)；②余热排出系统已连接(模式 4、5、6)。

(1) 完全丧失热阱(余热排出系统未连接)。

① 丧失 WES 系统。

在 WES 丧失情况下，WCC 系统回路中的热惯性使得各 WCC 用户及其功能不会立即丧失。启动安全喷淋系统热交换器及利用 IRWST 中的热惯性。此时，IRWST 水箱成为 WCC 回路的热阱，并且同时采取在 WCC 回路减少负荷的方式，尽可能快地切除非优先排热用户的供水。

将机组退防至温度小于 170℃、压力低于 4.5MPa 的中间停堆状态。在这样的温度、压力下，即使冷却完全丧失，反应堆冷却剂泵密封泄漏流量几乎为零。这种状态只要求向反应堆冷却剂回路提供非常少的补水，这是由机组的水压试验泵来保证的。余热由蒸汽发生器导出。由于余热排出系统不能投入，需采取所有可能的手段向辅助给水贮存箱重新供水。

一旦达到退防模式，或者 WCC 温度超过 55℃(在 55℃以上，WCC 系统可能加热某些最终用户)则：停运安全喷淋系统；一旦水压试验泵代替 RCV 泵提供很小的轴封流量，以阻止反应堆冷却剂向上流动、达到轴封，则停运由 WCC 供水的辅助设备，然后停运 WCC；一回路压力保持在 3.0~4.5MPa，以维持一个合适裕量，保证压力容器封头内流体不致达到饱和状态。

② WCC 系统丧失。

在 WCC 丧失情况下，需要立即停堆，将机组过渡到模式 3。由于余热排出系统不能投入，余热只能通过蒸汽发生器排出，因此应采取可行的方法向辅助给水系统水箱重新供水。停堆后应维持 RCV 泵运行，以在达到退防模式前维持以下功能：主泵轴封注入；为补偿反应堆冷却剂收缩而对一回路加硼水；由辅助喷雾实现降压。

(2) 完全丧失热阱(余热排出系统已连接)。

根据一回路初始状态，可以分为如下两种情况。

① 一回路未开启，蒸汽发生器都可用。

丧失余热排出系统以及反应堆和乏燃料水池冷却和处理系统(RFT)将导致反应堆冷却剂系统升温，并且由于冷却剂膨胀而压力上升。通过可用的蒸汽发生器的自然循环排出余热，反应堆冷却剂温度稳定。应该指出：当 RFT 系统不能为余热排出系统提供后备时，技术规范要求至少有一台蒸汽发生器可以运行。

初始水密实工况下，通过压力调节器，一回路冷却剂压力调整至 3.0MPa。通过余热排出系统卸压阀降低一回路冷却剂压力，直至温升速率趋缓。通过汽机旁路系统-A (TSA)使一回路冷却剂温度稳定以后，一旦稳压器处于 2.0MPa 的饱和温度，就会形成汽泡，一回路冷却剂压力再次可以控制。

如果一回路冷却剂最初处于两相状态，稳压器就可以吸收一回路流体一定体积的膨胀。利用 TSA 系统使一回路温度稳定之后，反应堆冷却剂压力由稳压器电加热器控制，通过运行中的水压试验泵控制稳压器水位。

② 一回路开启，和/或蒸汽发生器都不可用。

模式 6：在故障后几小时冷却剂开始蒸发，蒸发速率随余热的减少而降低。如果需要，可以通过低压安注泵对压力容器进行补水。当压力容器水位下降至一定程度，可以通过 RHR-RFT 连接使用 RFT001/002PO 从乏燃料水池向压力容器补水；当压力容器水位开始显著下降时，此连接动作应迅速执行，以延迟压力容器完全排空的时间。

模式 5：当至少一台蒸汽发生器可用时，由化学和容积控制系统补偿一回路冷却剂的任何损失；一回路冷却剂的压力和温度升高以后，余热由蒸汽发生器导出。

当蒸汽发生器不可用时，需要通过安注系统向一回路注水并打开稳压器释放管线排放，以导出堆芯余热。为尽可能降低堆芯出口温度、延迟安全壳内蒸发，应开启足够的稳压器释放管线，以降低一回路背压、加大安注流量。

③ 完全丧失热阱叠加 LOCA 类事故。

对于叠加 LOCA 类的完全丧失热阱事故，与上述两小节的主要区别在于主回路系统由于有冷却剂丧失，需要启动安注系统对一回路进行补水。安注系统的电机由 WCC 系统冷却，并由电气厂房冷冻水系统提供备用冷却。在发生完全丧失热阱后，设备冷却水对安注泵的冷却功能无法得到满足。

电气厂房冷冻水系统设计有风冷式冷水机组(WEC003GF)以及相应的冷冻水循环泵(WEC003PO)，可以用于在丧失全部热阱或 SBO 工况下为主控室通风与空调(VCL)系统、控制框间通风(VEC)系统以及安全注入系统中的中、低压安注泵提供必要的冷冻水，从而保证中、低压安注泵、主控室和 DCS 机柜等的正常运行。

在丧失全部热阱工况下电气厂房冷冻水系统中的水冷冷水机组失效,此时运行的水冷系列的冷冻水循环泵需继续运行,在风冷机组启动前,可以通过冷冻水储罐002BA向安全注入系统中、低压安注泵提供冷冻水,直至风冷冷水机组系列启动完毕。

因此,在完全丧失热阱叠加LOCA类事故中,安注系统的冷却功能可以得到满足。

3)结论

对于完全丧失热阱事故的处理,可以在较长时间内保证堆芯不发生损伤。对于叠加LOCA类的完全丧失热阱事故,可以通过电气厂房冷冻水系统的风冷机组对安注系统的电机进行冷却,保证安注功能。

6. LOCA叠加所有安喷系统失效

1)事故描述

LOCA叠加所有安喷系统失效中的LOCA专指中(破口尺寸小于150mm)、小破口。破口造成反应堆冷却剂丧失,一回路冷却剂的丧失造成一回路系统的压力和稳压器水位下降,稳压器压力低信号触发反应堆停堆,停堆后汽轮机自动停机,二回路压力升高,主蒸汽大气释放阀打开排热。

稳压器压力低低信号触发安注信号,安注信号自动启动中、低压安注,同时触发二回路快速冷却、主给水隔离、辅助给水启动。当安注信号与反应堆冷却剂进、出口压差低信号符合触发反应堆冷却剂泵停运。当一回路压力降低到中压安注(MHSI)注入压头,但破口流量大于中压安注流量,一回路系统水装量不断减少。随着系统压力进一步下降,安注箱和低压安注注入,一回路系统水装量出现回升,事故才得到缓解。

冷却剂喷放到安全壳后,引起安全壳压力迅速升高。当安全壳压力达到0.24MPa,同时安喷流量低信号自动触发非能动安全壳热量导出系统,非能动安全壳热量导出系统投运持续向安全壳外带走衰变热,将安全壳压力、温度维持在可接受的水平,从而有效防止安全壳失效。

2)验收准则

DEC-A事件的安全准则即DBC-4事故的解耦准则,对LOCA分析,应满足以下解耦准则:

(1)最高包壳温度应低于1204℃。
(2)最大的包壳氧化厚度应低于氧化前包壳厚度的17%。
(3)最大的氢气产生量应低于如果所有包壳活性区反应产生氢气总量的1%。

另外,安全壳压力必须低于安全壳设计压力0.52MPa。

3)方法和假设

本部分研究的工况为冷管道靠近压力容器进口处等效直径为10cm的破口事故叠加两列安喷失效。所有计算在100%名义功率下进行,初始状态与最佳估算值相关,所有相关参数参见表4.7。

表 4.7 LOCA 叠加所有安喷系统失效假设中采用的值
Table 4.7 Main assumptions of LOCA with all CSP failure

参数	单位	采用值	备注
堆芯功率	MWth	3050	名义值
反应堆冷却剂压力	MPa	15.5	名义值
反应堆冷却剂平均温度	℃	310	名义值
环路流量	m³/h	22840	热工设计流量
堆芯旁流	%	5.43	最佳估算最大值
稳压器水位	%	61.18	名义值
二回路压力	MPa	6.8	名义值
蒸汽发生器水位	%	50	名义值
安全壳初始压力	bar	1.0	名义值
安全壳初始温度	℃	40	最高
安全壳自由容积	m³	87000	名义值
IRWST 水箱温度	℃	40	最高
稳压器低压力停堆	MPa	13.1	名义值
稳压器低低压力安注	MPa	11.93	名义值
主泵低 ΔP 及安注信号触发关闭主泵		80%$\Delta P_{名义}$	名义值
安注箱初始水温	℃	40	最高
安注箱初始压力	MPa	4.335	最低
安注箱初始容积	m³	45.5	名义值
安注流量曲线		2 MHSI + 2 LHSI	最佳估算流量

计算中的相关假设如下，堆芯衰变热按照 ANS 79-1 计算，采用稳压器压力低触发反应堆紧急停堆，由停堆信号触发汽轮机停机，稳压器低低压力触发安注。根据安注信号，二次侧快速冷却启动。快速冷却定义为通过蒸汽发生器二次侧大气释放阀对反应堆冷却剂进行 100℃/h 的快速冷却，直到二回路蒸汽压力降低到 4.5MPa，或操纵员干预时结束。安注信号与反应堆冷却剂泵进、出口压差信号符合触发反应堆冷却剂停泵。由安注信号触发主给水隔离与辅助给水启动。当安全壳压力达到 0.24MPa，同时安喷流量低信号时触发 PCS 启动。

在第一个明显信号 30min，操纵员进入规程进行操作，操纵员的主要动作如下：
(1) 检查 SG 水位，控制辅助给水流量，使 SG 水位稳定在 5%～50%；
(2) 检查 RCS 压力小于 1.5MPa，隔离安注箱。

4) 计算结果

事件的代表性序列见表 4.8，具有代表性的参数参见图 4.14～图 4.19。

表 4.8 LOCA 叠加所有安喷系统失效事件序列
Table 4.8 Events sequence of LOCA with all CSP failure

事件	时间/s
破口发生	0.0
反应堆停堆信号	12
控制棒开始插入	13
安注信号	18
开始快速冷却	28
安注系统投入	48
辅助给水系统投入	78
反应堆冷却剂泵停运	124
包壳峰值温度出现	610
安注箱注入	959
非能动安全壳热量导出系统投运	1250
进入规程控制辅助给水流量	1908
隔离安注箱	5920
计算结束	300000

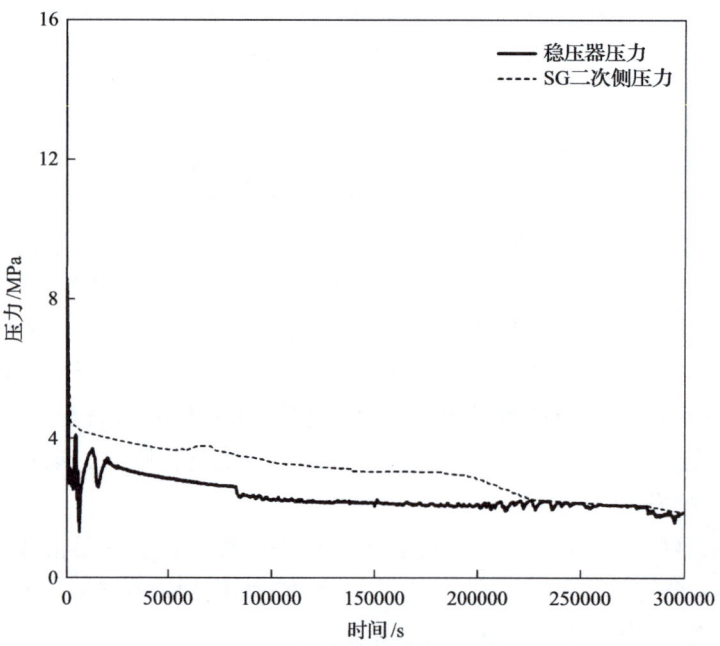

图 4.14 稳压器压力和 SG 二次侧压力变化曲线(LOCA 叠加所有安喷系统失效)
Fig. 4.14 Pressurizer and SG secondary side pressure versus time(LOCA with all CSP Failure)

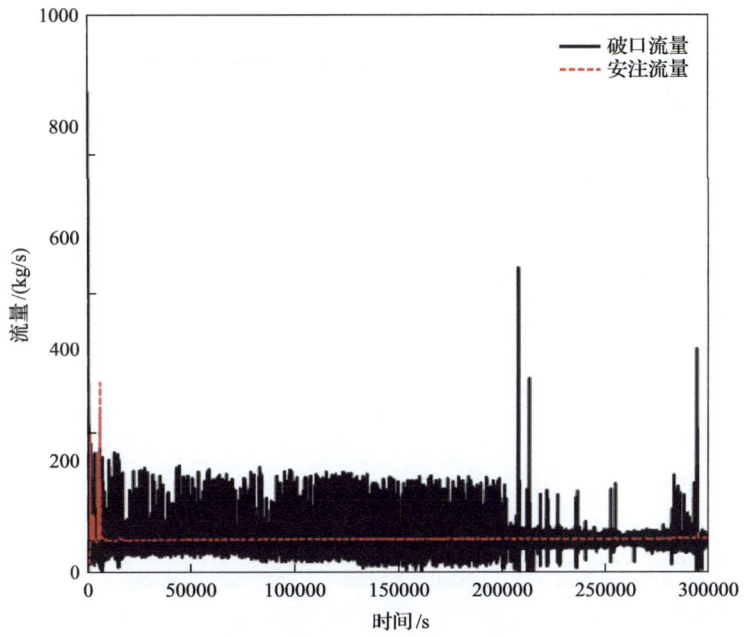

图 4.15 破口流量与安注流量变化曲线（LOCA 叠加所有安喷系统失效）
Fig. 4.15 Break and safety injection flow versus time（LOCA with all CSP failure）

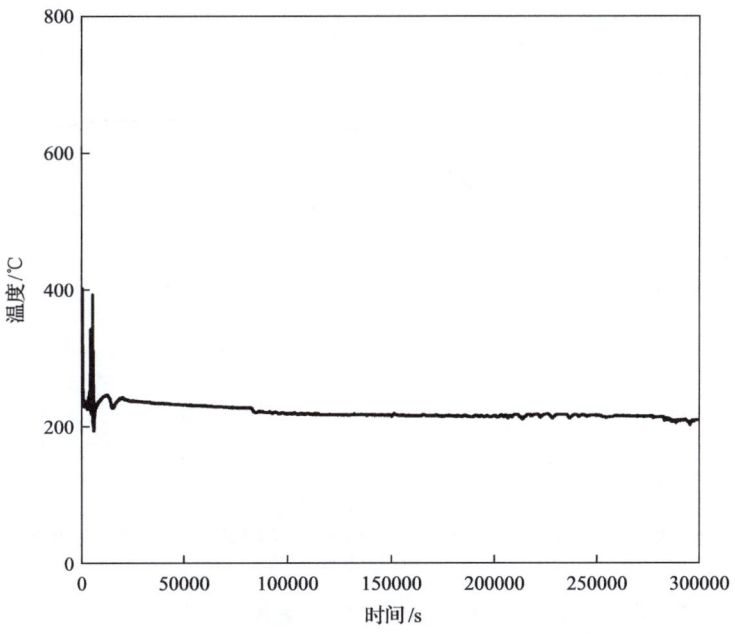

图 4.16 热棒包壳温度变化曲线（LOCA 叠加所有安喷系统失效）
Fig. 4.16 Hot rod cladding temperature versus time（LOCA with all CSP failure）

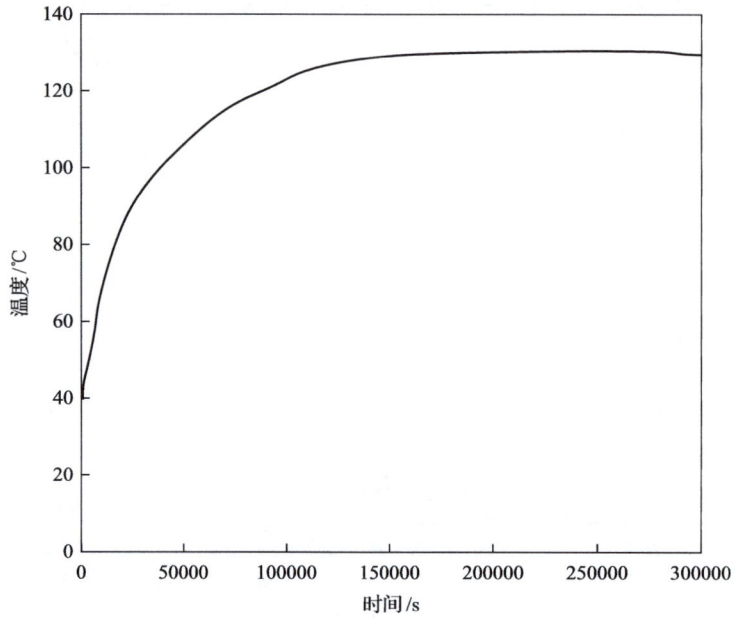

图 4.17　IRWST 水箱水温变化曲线(LOCA 叠加所有安喷系统失效)
Fig. 4.17　IRWST water temperature versus time(LOCA with all CSP failure)

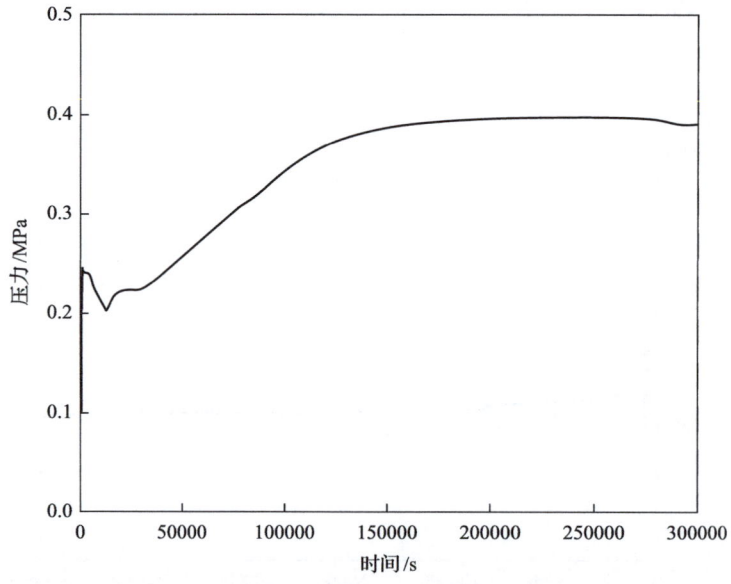

图 4.18　安全壳压力变化曲线(LOCA 叠加所有安喷系统失效)
Fig. 4.18　Containment pressure versus time(LOCA with all CSP failure)

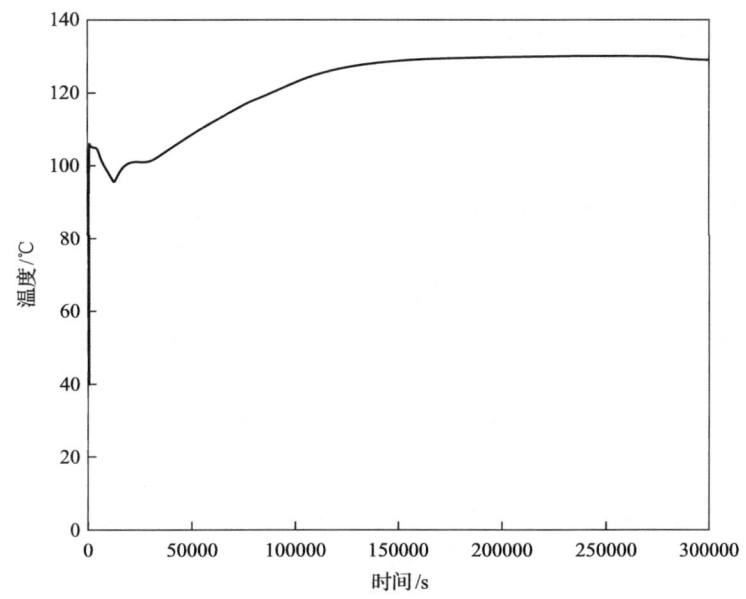

图 4.19　安全壳温度变化曲线(LOCA 叠加所有安喷系统失效)
Fig. 4.19　Containment temperature versus time(LOCA with all CSP failure)

破口在 0 时刻发生，一回路压力快速下降，水装量减少，稳压器压力降低，稳压器压力低信号触发反应堆停堆，停堆后触发关闭汽轮机。停堆后，一回路压力持续降低，由稳压器压力低低触发安注信号，安注信号触发快速冷却信号，隔离主给水、启动辅助给水。

事故发生前期，由于一回路压力降低、中压安注流量增大和安注箱的投运，一回路水装量从最低点快速回升而重新淹没堆芯。此后，安注流量等于破口流量并确保堆芯不再裸露，从而包壳温度也不会急剧上升。

整个事故过程中，由于堆芯裸露造成的最大包壳峰值温度为 401.7℃，该值满足安全准则 1204℃的要求；包壳未氧化，满足安全准则 17%的要求；事故过程中不会产氢，认为堆芯是安全的。

冷却剂喷放到安全壳后，引起安全壳压力迅速升高。当安全壳压力达到 0.24MPa，同时安喷流量低信号自动触发非能动安全壳热量导出系统，非能动安全壳热量导出系统的投入持续从安全壳大气带走堆芯衰变热。

在事故初期，安全壳压力、IRWST 水温逐渐上升，在事故 48h 后，IRWST 水温达到 129.8℃左右，安全壳压力保持在 0.39MPa 左右，安全壳温度、安全壳压力、IRWST 水温达到平衡状态。安全壳压力始终低于安全壳设计压力 0.52MPa，安全壳完整性得到保证。

5) 结论

分析结果表明，发生 LOCA 事故叠加所有安喷失效后，反应堆保护系统的自动动作和操纵员动作能将事故带到稳定状态，整个事故过程堆芯是安全的；安全壳压力、温度维持在可接受的水平,有效防止安全壳失效。

7. 半管工况失控水位下降叠加补水信号失效

1)事故描述

在冷却停堆工况的正常运行过程中,电厂冷却是通过余热排出系统实现的。该系统从反应堆冷却剂系统的热段直接取水,流经余热排出系统换热器后,返回反应堆冷却剂系统的冷段。在该运行工况下,假定发生无安注信号的失控水位下降事故,余热排出系统失效造成的反应堆冷却剂系统水位不足,造成的失去水装量会在短时间内又造成堆芯沸腾。因此在事故规程中,保持堆芯水装量是停堆工况最高优先级的功能。在发生反应堆冷却剂系统热段低水位报警时(低于 4.54m),事故规程的一个橙灯亮起,要求操纵员应立即采取行动。

在正常换料大修期间机组将经历两次一回路排水过程,一般只有在卸料后才进入半管运行(mid-loop)工况,但在实际运行时,可能由于一些突发情况,如要求一回路吹扫或蒸汽发生器(SG)检修,需要在卸料前进入 mid-loop 工况。安注系统的系统手册中指出,在失去余热排出系统冷却时,安注系统向反应堆冷却剂系统提供自动补给。该自动补给可确保在主回路完全开启时,通过蒸发来导出剩余功率;在主回路处于半开状态时,补偿压力容器和稳压器产生的泄漏,剩余功率由蒸发器导出。在反应堆处于余热排出系统的半管水位时,若丧失余热排出系统,则会触发自动补给信号,进行如下操作:启动一台 MHSI 泵,该泵从 IRWST 取水,通过冷管段注入管线提供注入流量。MHSI 泵的最小流量为 45m³/h,内置换料水箱正常温度范围 15~55℃。

发生不受控水位下降事故,假定余热排出系统被隔离,"热管段水位低 1 信号"触发安注,但事故中假设该保护信号失效。热段环路水位低于 4.54m 时进入 SDF1 规程,该位置即为"热管段水位低 1 信号",测量系统位于 3 号环路热段,该保护信号出现后未启动自动补水,表明事故将继续导致一回路水装量减少。

操纵员手动启动补水措施,考虑 MHSI 泵的最小流量,又因为不同温度下的密度不同,保守假定补水流量为 10kg/s,补水温度假定为 55℃。

2)验收准则

该事故的验收准则:
(1)堆芯水装量处于稳定状态,不出现堆芯裸露。
(2)衰变热被导出。

3)方法和假设

使用热工计算程序进行计算,包括余热排出系统模型和安注系统模型,可以模拟稳定情况下余热排出系统带出衰变热和事故工况下手动补水。本节研究的工况为半管运行情况余热排出系统失效的水位下降叠加补水失效,该序列针对补水信号失效后手动补水进行分析。

选取"半管水位运行"工况,认为这种工况下:
(1)冷却剂系统水位位于冷热段的 84%～97%。
(2)冷却剂系统的压力约为一个大气压。
(3)余热排出系统运行。
(4)一回路温度介于 10～60℃。
(5)所有主泵停用。

本节采用以下基本假设:
(1)一回路温度取最大值 60℃,尽可能减小一回路流体密度。
(2)稳压器人孔打开,面积 $0.1m^2$。
(3)一回路系统到达半管运行情况最快的情况下,堆芯热功率最大,为 17.37MW,堆芯热功率按照衰变热曲线变化。
(4)压力容器上封头、蒸汽发生器传热管内、稳压器内只有空气。
(5)操纵员在 0.5h 后启动安注手动补水,补水流量为 10kg/s,内置换料水箱的水温为 55℃。

4) 计算结果

一回路失去热阱-余热排出系统失效,堆芯含气率上升,压力容器内水沸腾后,水位发生震荡并逐渐下降。当水位下降到堆芯顶部时,堆芯面临裸露威胁,需要在堆芯裸露前进行补水。

热段水位降到低 1 信号后,进入 SDF1 规程,开启的自动补水和手动补水可以冷却堆芯。若补水信号失效,操纵员手动补水可能存在延迟,堆芯完整性将受到威胁。根据 0.5h 不干预原则,假定操纵员在 0.5h 后启动手动补水。

分析结果表明,半管情况下,当发生水位不受控下降且余热排出系统失效时,热段水位降到低 1 信号后,由于堆芯衰变热的存在,压力容器内的水被加热,余热排出系统失效后无法带出这些热量,因此一回路的温度和压力会逐渐升高。随着一回路水温度的升高,水的密度减小,体积增大,大量的水通过稳压器波动管被挤到稳压器内。当稳压器内的水位到达打开的人孔时,大量的水通过人孔被排出,一回路压力下降,水装量迅速减少。

若热段水位低 1 信号无效,操纵员在该信号延迟一段时间开始手动补水,计算结果表明,安注补水流量可以满足补水需求。根据 0.5h 不干预原则,在 0.5h 后开启安注泵即可满足堆芯不裸露。事件的代表性序列参见表 4.9。具有代表性的参数参见图 4.20～图 4.25。

5) 结论

分析证明,在半管工况发生失控水位下降叠加补水失效事故情况下,通过操纵员缓解行为,可以保证堆芯不裸露,符合验收准则。

表 4.9　半管工况失控水位下降叠加补水信号失效事件序列

Table 4.9　Events sequence of uncontrolled water level drop with failure of make up signal in mid-loop condition

事件	时间/s
余热排出系统丧失	2000
堆芯上部出现气泡	2300
达到热管段低 1 水位	2600
稳压器人孔大量流体排出	3770
安注启动	4400

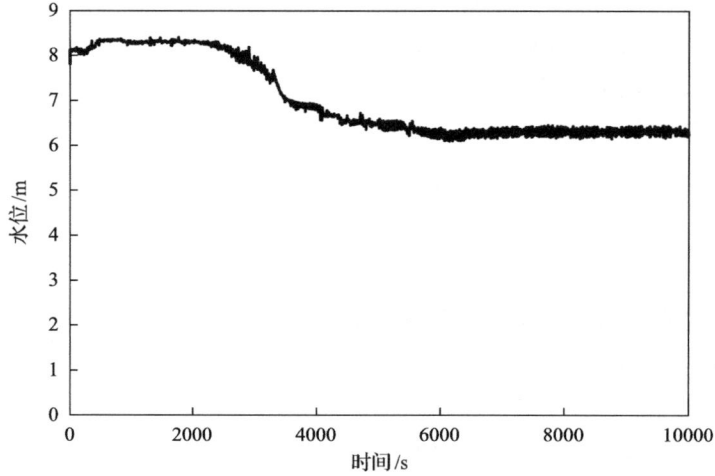

图 4.20　压力容器坍塌水位变化曲线（半管工况失控水位下降叠加补水信号失效）

Fig. 4.20　The collapse water level of the pressure vessel versus time (uncontrolled water level drop with failure of make up signal in mid-loop condition)

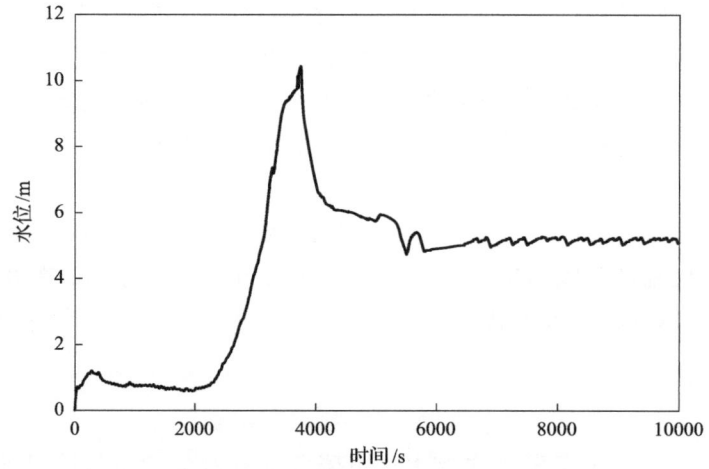

图 4.21　稳压器水位变化曲线（半管工况失控水位下降叠加补水信号失效）

Fig. 4.21　The water level in the pressurizer versus time (uncontrolled water level drop with failure of make up signal in mid-loop condition)

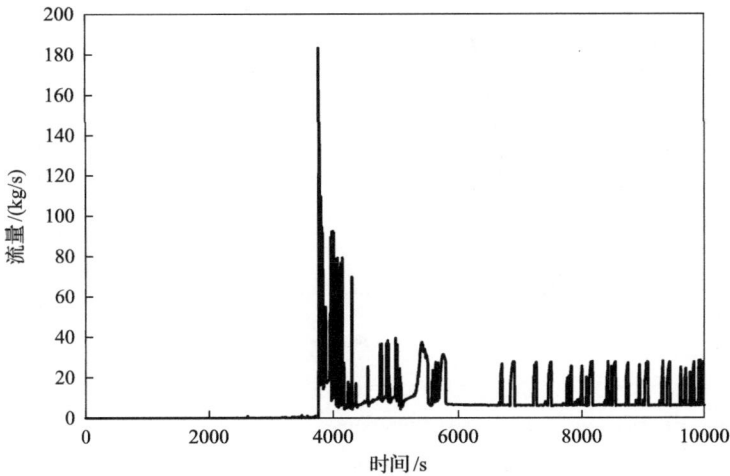

图 4.22 稳压器人孔流量变化曲线(半管工况失控水位下降叠加补水信号失效)
Fig. 4.22 The flow rate from the man-hole of the pressurizer versus time (uncontrolled water level drop with failure of make up signal in mid-loop condition)

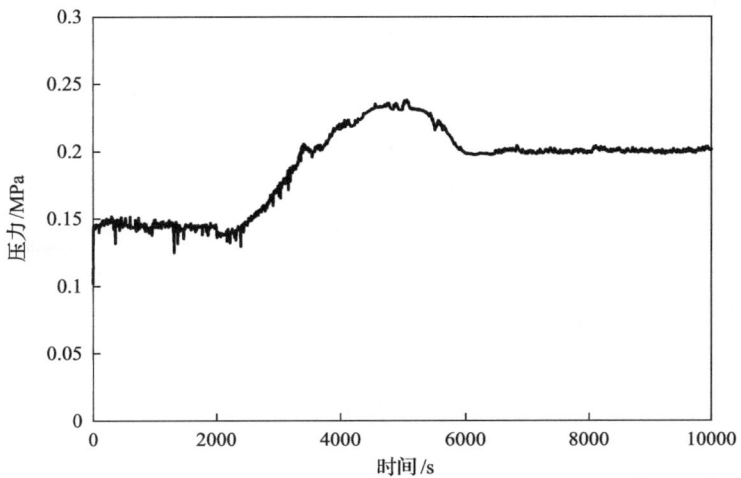

图 4.23 一回路热管段压力变化曲线(半管工况失控水位下降叠加补水信号失效)
Fig. 4.23 The pressure of the hot leg versus time (uncontrolled water level drop with failure of make up signal in mid-loop condition)

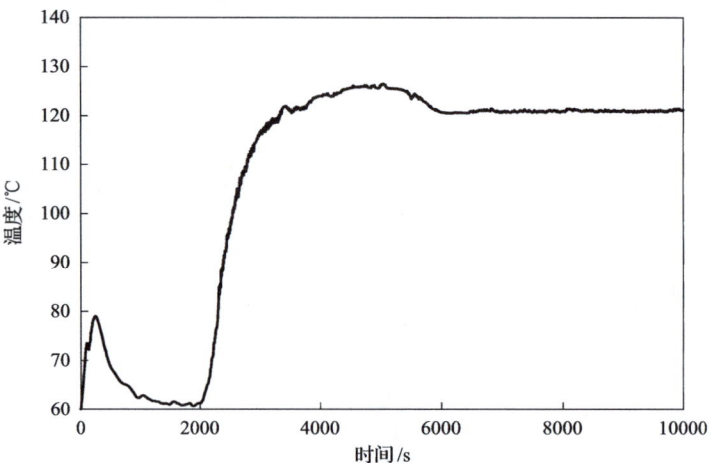

图 4.24　一回路热管段温度变化曲线（半管工况失控水位下降叠加补水信号失效）

Fig. 4.24　The temperature of the hot leg versus time (uncontrolled water level drop with failure of make up signal in mid-loop condition)

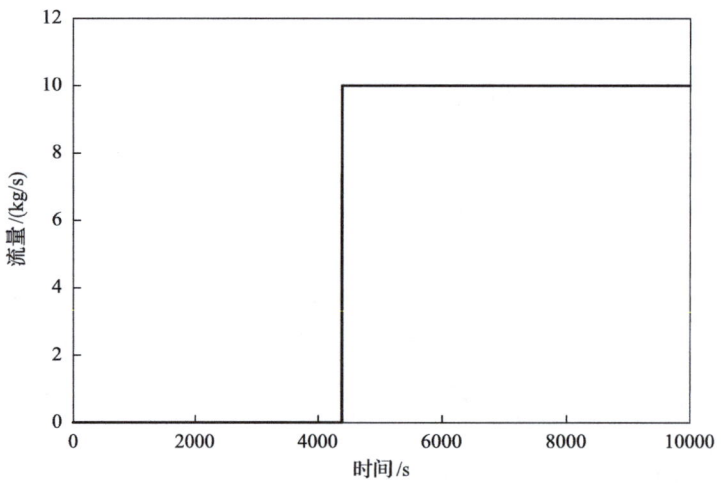

图 4.25　一回路补水流量变化曲线（半管工况失控水位下降叠加补水信号失效）

Fig. 4.25　The flow rate of water supply versus time (uncontrolled water level drop with failure of make up signal in mid-loop condition)

8. 乏燃料水池完全丧失热阱

1) 事故描述

乏燃料水池冷却系统热阱完全丧失后，乏燃料组件衰变热依靠池水蒸发、沸腾来排出。热阱完全丧失可由 LOOP、SBO、乏燃料水池冷却系统链故障以及其叠加组合引发。本节以 SBO 事故为包络工况，分别对贮存状态下丧失冷却（工况1）、换料状态下丧失冷却（工况2）进行计算。

工况 1：贮存状态，核电厂已完成第 14 次换料过程，池内存放有 1020 组乏燃料组，衰变热功率为 3.5MW。一列乏燃料水池冷却系统运行，乏燃料水池水温度低于 50.0℃。

工况 2：换料状态，核电厂正在进行第 14 次换料过程，此时全部堆芯组件刚移至乏燃料水池内，池内存放有 1197 组乏燃料组件，衰变热功率为 12.3MW。两列乏燃料水池冷却系统运行，乏燃料水池水温度低于 60.0℃。

2) 验收准则

以下是乏燃料水池相关系统在发生事故后需要保证的安全功能：

(1) 乏燃料水池厂房的辐射剂量屏蔽。保证格架顶部以上至少 3.3m 的水层厚度，即池水标高在+11.5m 以上。

(2) 乏燃料水池的衰变热移除。长期冷却状态下，乏燃料组件衰变热量依靠乏燃料水池冷却系统冷却列的稳定工作来排出；短期补水状态下，乏燃料组件衰变热量依靠池水蒸发、沸腾来排出，需从外界向乏燃料水池注入冷水以补充水位的下降。

综上所述，事故安全分析对应的定量安全准则为乏燃料水池水位标高大于等于+11.5m。

3) 方法和假设

(1) 分析方法。

乏燃料水池丧失冷却后，水温不断上升，升至沸点之后，乏燃料水池水位由于沸腾失水开始不断下降。

在乏燃料水池水温升至沸点之前，能量守恒方程为

$$Qt = M(h(T) - h(T_0))$$

式中，Q 为衰变热功率(kW)；t 为时间(s)；M 为水的质量(kg)；$h(T)$ 为温度 T 下水的比焓(kJ/kg)；$h(T_0)$ 为温度 T_0 下水的比焓(kJ/kg)。

在乏燃料水池水温升至 100.0℃之后，衰变热与沸腾带热平衡：

$$Qt = q\{M_0 - \rho_S[A(z(t) - z_z) - V_e]\}$$

式中，M_0 为初始水的质量(kg)；q 为水的汽化潜热(kJ/kg)；ρ_S 为饱和水的密度(kg/m³)；A 为水池面积(m²)；$z(t)$ 为 t 时刻的水位标高(m)；z_z 为池底标高(m)；V_e 为乏燃料水池中贮存格架、组件等所占的体积(m³)。

为阻止由于沸腾蒸发引起的水位降低，需要从外界向乏燃料水池提供应急补水，最小补水流量应等于衰变热引起的沸腾蒸发流量，即衰变热全部由应急补水沸腾蒸发带热：

$$Q = Q_E(h_s - h(T_E))$$

式中，Q_E 为应急补水质量流量(kg/s)；h_s 为饱和蒸汽比焓(kJ/kg)；T_E 为应急补水注入温度(℃)；$h(T_E)$ 为注入温度下水的比焓(kJ/kg)。

(2) 假设条件。

计算中采用的假设条件如下：①假设水池底面及壁面绝热。②假设水池内水温均匀。③不考虑池水的非饱和蒸发带热。④对于工况2，乏燃料水池、燃料转运舱、堆内构件贮存水池及反应堆压力容器隔室等四池之间的隔离将打开，因为燃料转运舱与乏燃料水池之间的水闸门面积大且转运舱内的水量少，两池水之间传热性好，所以温度变化将保持一致。这两池与安全壳内的两池是通过相对狭窄的燃料转运通道相连，传热受阻，所以假设堆内构件贮存池和反应堆压力容器隔室的水温度不变，即乏燃料水池内的衰变热仅对乏燃料水池和转运舱的水进行加热升温，两池温度保持一致。⑤乏燃料水池厂房内大气保持一个大气压力(绝对)。

4) 计算结果

工况1和工况2的事件序列分别参见表4.10和表4.11。

表 4.10 贮存状态(工况 1)下完全丧失热阱事件序列
Table 4.10　Events sequence of total loss of ultimate heat sink (storage state)

时刻/h	事件
0	丧失冷却
5.9	乏燃料水池水温达到65℃
7.8	乏燃料水池水温达到70℃
19.7	乏燃料水池水温达到100.0℃
109.4	乏燃料水池水位降至11.5m
174.9	乏燃料水池水位降至8m

表 4.11 换料状态(工况 2)下完全丧失热阱事件序列
Table 4.11　Events sequence of total loss of ultimate heat sink (refueling state)

时刻/h	事件
0	失电，丧失冷却
0.7	乏燃料水池水温达到65℃
1.5	乏燃料水池水温达到70℃
6.0	乏燃料水池水温达到100.0℃
68.5	乏燃料水池水位降至11.5m
106.5	乏燃料水池水位降至8m

对于工况1，零时刻冷却能力全部丧失，5.9h 时刻池水升至 65℃；7.8h 时刻池水升至 70℃；19.7h 时刻水温达到 100.0℃，之后沸腾蒸发，乏燃料水池水位不断下降，在 109.4h 时刻水位降至+11.5m，从而不能保证水层的辐射屏蔽功能；在 174.9h 时刻水位降至格架顶部。为了阻止由于沸腾蒸发引起的水位降低，需要从外界向乏燃料水池提供 5.1t/h 的最小补水流量。乏燃料水池水位变化如图 4.26 所示，水温变化如图 4.27 所示。

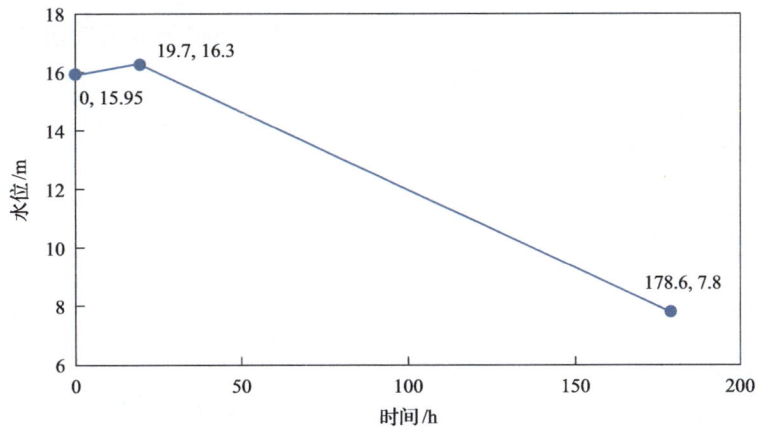

图 4.26　乏燃料水池水位随时间变化曲线(乏燃料水池完全丧失热阱，贮存状态)
Fig. 4.26　Water level for total loss of ultimate heat sink of SFP versus time(storage state)

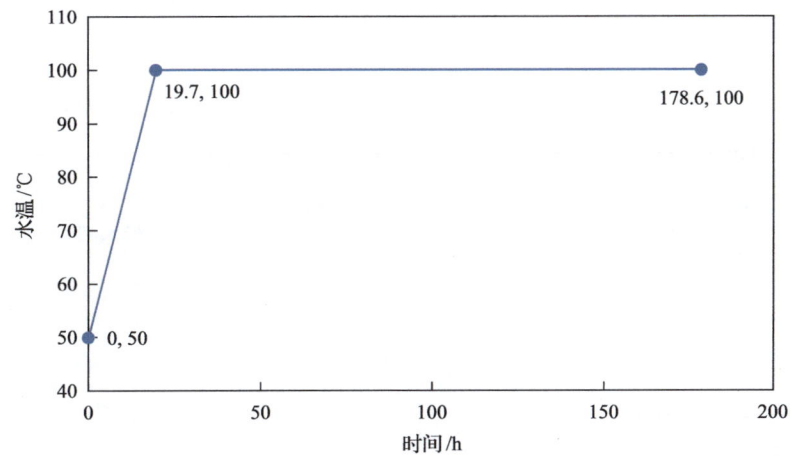

图 4.27　乏燃料水池水温随时间变化曲线(乏燃料水池完全丧失热阱，贮存状态)
Fig. 4.27　Water temperature for total loss of ultimate heat sink of SFP versus time(storage state)

对于工况 2，零时刻冷却能力全部丧失，0.7h 时刻池水升至 65℃；1.5h 时刻池水升至 70℃；6.0h 时刻水温达到 100.0℃，之后沸腾蒸发，乏燃料水池水位不断下降，在 68.5h 时刻水位降至+11.5m，从而不能保证水层的辐射屏蔽功能；在 106.5h 时刻水位降至格架顶部。为了阻止由于沸腾蒸发引起的水位降低，需要从外界向乏燃料水池提供 17.7t/hr 的最小补水流量。乏燃料水池水位变化参见图 4.28，水温变化参见图 4.29。

5) 结论

对于工况 1，从自动报警信号发出，操纵员有 109.4h 的时间窗口采取补水行动以阻止事故后果恶化。在此短期补水期间，操纵员可对乏燃料水池冷却系列进行维修，尽快恢复长期冷却功能。对于工况 2，从自动报警信号发出，操纵员有 68.5h 的时间窗口采取补水行动以阻止事故后果恶化。在此短期补水期间，操纵员可对乏燃料水池冷却系列进行维修，尽快恢复长期冷却功能。设计允许通过除盐水、消防水、场外应急水为乏燃料水池补水，能满足正常贮存工况下，为缓解沸腾蒸发所需的 5.1t/h 的最小补水流量，以及换料工况下，为缓解沸腾蒸发所需的 17.7t/h 的最小补水流量。

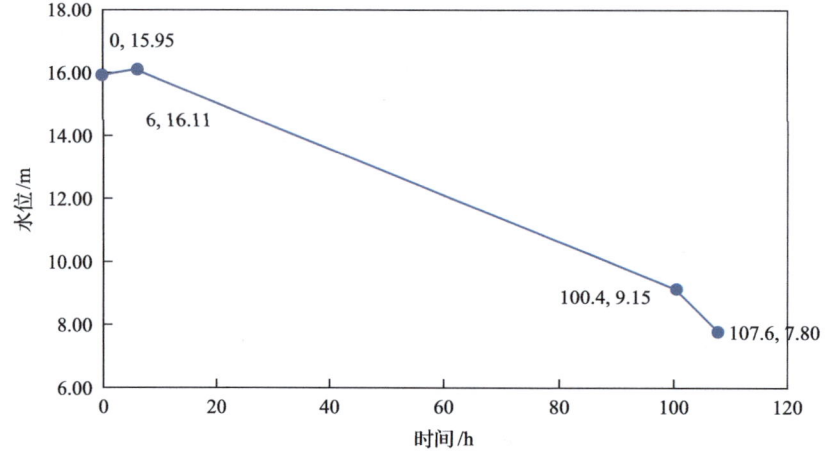

图 4.28　乏燃料水池水位随时间变化曲线（乏燃料水池完全丧失热阱，换料状态）
Fig. 4.28　Water level for total loss of ultimate heat sink of SFP versus time (refueling state)

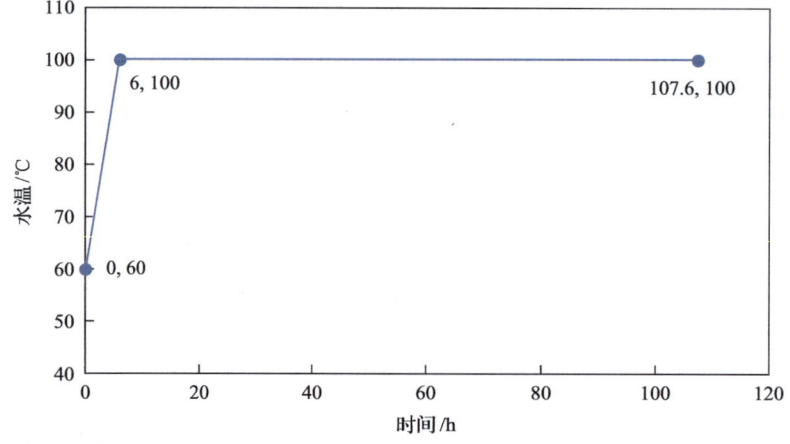

图 4.29　乏燃料水池水温随时间变化曲线（乏燃料水池完全丧失热阱，换料状态）
Fig. 4.29　Water temperature for total loss of ultimate heat sink of SFP versus time (refueling state)

9. 乏燃料水池失去两列正常乏燃料水池冷却

考虑丧失两列乏燃料水池冷却列，切换到备用列投入运行的情况。在贮存工况下，备用列的投入可以保证水池温度最终稳定在 50.0℃ 以内，而在备用列投入之前，此工况的事故序列等同于完全丧失热阱的事故序列。在换料工况下，一列备用列的投入可以保证水池温度最终稳定在 70.0℃ 以内，而在备用列投入之前，此工况的事故序列等同于完全丧失热阱的事故序列。

对于工况 1，从丧失两列乏燃料水池冷却列，到切换至备用列，需要约 30min，在这 30min 以内，事件序列与完全丧失热阱的事件序列相同。切换成功后，乏燃料水池水温会维持在 50℃。

对于工况 2，从丧失两列乏燃料水池冷却列，到切换至备用列，需要约 30min，在这 30min 以内，事件序列与完全丧失热阱的事件序列相同。切换成功后，由于此时为单列冷却列运行，池水水温会达到 70℃。

因此可以得出结论，丧失部分热阱时，可以通过切换至乏燃料水池备用列保证乏燃料水池的安全。待维修人员将丧失的两列恢复正常后，便会切换到正常冷却列，从而使乏燃料水池水温恢复正常。

10. 乏燃料水池管道破口

1) 事故描述

乏燃料水池冷却系统管线发生不可隔离破口会引起池水流失，也会导致池水失去循环冷却后沸腾蒸发。两者共同作用使乏燃料水池水位下降，安全功能受到威胁。考虑破口的当量直径为 51mm，破口位置位于乏燃料水池冷却系统吸入管线上，即+11.5m 处，此时所有乏燃料水池冷却列均不可用。

分别对贮存状态下乏燃料水池管线破裂(工况 1)、换料状态下乏燃料水池管线破裂(工况 2)进行了计算分析。此事故的验收准则与 2.2.3.15 节乏燃料水池完全丧失热阱一致。

2) 方法和假设

(1) 分析方法。

以下五式联立求解，可得乏燃料水池水位和温度随时间的变化：

$$Q_v = \mu A_b \sqrt{2g(z_0 - z_{RFT})}$$

$$Q_m = \rho(T_0) Q_v$$

$$z' = z_0 - \Sigma Q_v \Delta t / A$$

$$M' = (A(z' - z_z) - V_e)\rho(T_0)$$

$$T' = T_0 + \frac{Q \Delta t}{C(T_0) M'}$$

式中，Q_v 为乏燃料水池冷却系统管线破口泄漏的水的体积流量(m³/s)；μ 为流量系数；A_b 为破口面积(m²)；g 为重力加速度(N/kg)；z_0 为乏燃料水池当前时刻的水位；z_{RFT} 为乏燃料水池冷却系统吸入管线标高，即破口所在标高(m)；Q_m 为破口泄漏的质量流量(kg/s)；$\rho(T_0)$ 为当前温度 T_0 下的水密度(kg/m³)；z' 为下一时刻的乏燃料水池水位(m)；ΣQ_v 为总失水体积流量(m³/s)；Δt 为时间步长(s)；A 为水池面积(m²)；M' 为下一时刻的池水质量(kg)；z_z 为池底标高(m)；V_e 为乏燃料水池中贮存格架、组件等所占的体积(m^3);T'为下一时刻的水温(℃);Q为衰变热功率(kW);$C(T_0)$为当前时刻水的比热[J/(kg·℃)]。

池水沸腾前,$\Sigma Q_v = Q_v$;池水沸腾后,总泄漏流量ΣQ_v还应包含沸腾失水体积流量,即

$$\Sigma Q_v = Q_v + \frac{Q}{q\rho_s}$$

式中,q为水的汽化潜热(kg/kg);ρ_s为水的饱和密度(kg/m^3)。

当乏燃料水池水位降至乏燃料水池冷却系统吸入管线标高后,泄漏终止,此后仅由沸腾蒸发导致水位下降,即

$$\Sigma Q_v = \frac{Q}{q\rho_s}$$

(2)假设条件。

本事故的假设条件与乏燃料水池完全丧失热阱一致。

3)计算结果

工况 1、工况 2 的事件序列在表 4.12、表 4.13 中给出。

表 4.12 贮存状态(工况 1)下乏燃料水池冷却系统管线破裂事故事件序列
Table 4.12 Events sequence of RFT line break accident(storage state)

时刻/h	事件
0	乏燃料水池冷却系统管线破裂
5.2	乏燃料水池水温达到 65℃
6.7	乏燃料水池水温达到 70℃
14.4	乏燃料水池水温达到 100.0℃
16.1	乏燃料水池水位降至 11.5m(泄漏终止)
81.7	乏燃料水池水位降至 8m

表 4.13 换料状态(工况 2)下乏燃料水池冷却系统管线破裂事故事件序列
Table 4.13 Events sequence of RFT line break accident(refueling state)

时刻/h	事件
0	乏燃料水池冷却系统管线破裂
1.0	乏燃料水池水位降至乏燃料水池冷却系统吸入管线标高(泄漏终止)
0.7	乏燃料水池水温达到 65℃
1.4	乏燃料水池水温达到 70℃
5.5	乏燃料水池水温达到 100.0℃
23.1	乏燃料水池水位降至 11.5m
59.4	乏燃料水池水位降至 8m

对于工况1,零时刻管线发生破口,池水失去循环,丧失冷却。如果破口隔离失败,池水将通过破口流失,乏燃料水池水位下降。5.2h时刻池水升至65℃;6.7h时刻池水升至70℃;14.4h时刻水温达到100.0℃,之后沸腾蒸发导致水位继续下降,在16.1h时刻水位降至+11.5m,从而不能保证水层的辐射屏蔽功能,同时此高度为乏燃料水池冷却系统吸入管线标高,此后泄漏终止;在81.7h时刻水位降至格架顶部,导致格架裸露。为了阻止由于沸腾蒸发引起的水位降低,需要从外界向乏燃料水池提供5.1t/h的最小补水流量。乏燃料水池水位变化参见图4.30,水温变化参见图4.31。

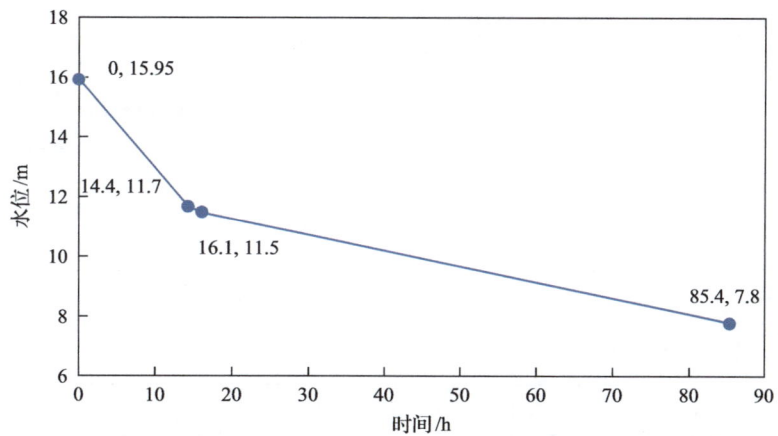

图 4.30　乏池水位随时间变化曲线(RFT 管线破裂事故,贮存状态)
Fig. 4.30　Water level for RFT line break versus time(storage state)

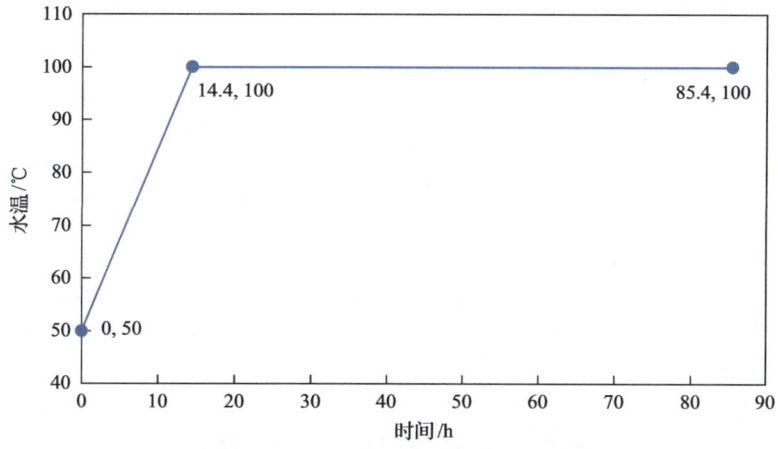

图 4.31　乏池水温随时间变化变化曲线(RFT 管线破裂事故,贮存状态)
Fig. 4.31　Water temperature for RFT line break versus time(storage state)

对于工况2,零时刻管线发生破口,池水失去循环,丧失冷却。如果破口隔离失败,池水将通过破口流失,乏燃料水池水位下降。乏燃料水池水温于0.7h时刻升至65℃;1.4h时刻池水升至70℃;5.5h时刻水温达到100.0℃,之后沸腾蒸发导致水位继续下降,在23.1h时刻水位降至11.5m,从而不能保证水层的辐射屏蔽功能,同时此高度为乏燃料水池冷却系统吸入管线标高,此后泄漏终止;在 59.4h 时刻水位降至格架顶部,导致格架裸露。为了阻止由于沸腾蒸发引起的水位降低,需要从外界向乏燃料水池提供 17.7t/h 的最小补水流量。乏燃料水池水位变化参见图 4.32,水温变化参见图 4.33。

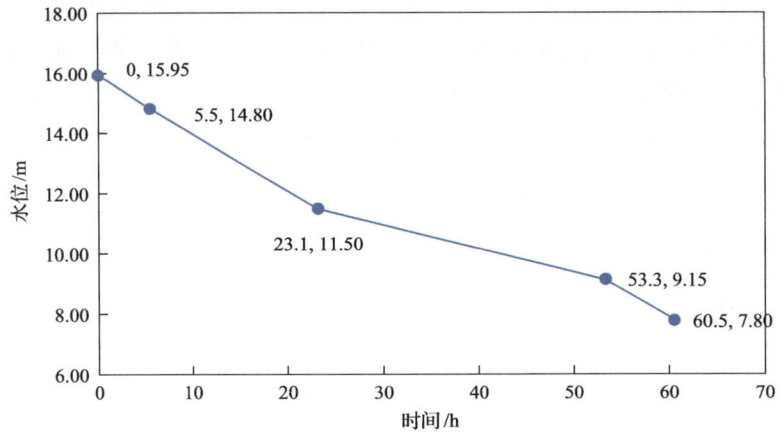

图 4.32 乏池水位随时间变化变化曲线(RFT 管线破裂事故,换料状态)
Fig. 4.32 Water level for RFT line break versus time(refueling state)

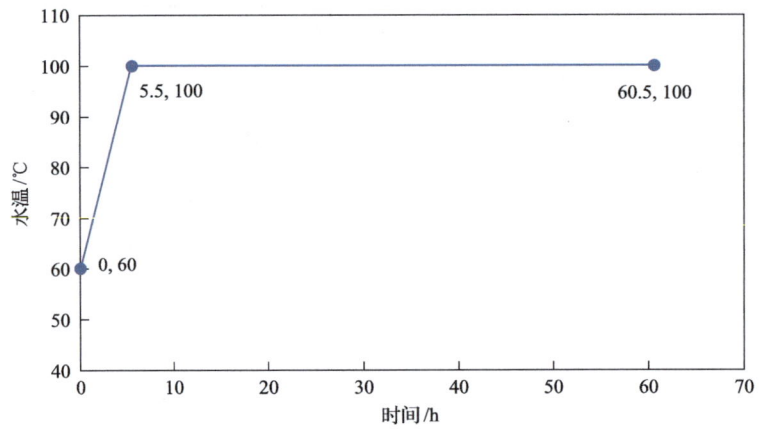

图 4.33 乏池水温随时间变化曲线(RFT 管线破裂事故,换料状态)
Fig. 4.33 Water temperature for RFT line break versus time(refueling state)

4.3 严重事故(DEC-B)

4.3.1 DEC-B 清单选取

严重事故是指始发事件发生后因安全系统多重故障而造成堆芯明显恶化并可能危及多层或所有用于防止放射性物质释放屏障完整性的事故工况。严重事故发生后,堆芯严重损伤,裂变产物进入到压力容器和安全壳,并可能释放到环境,造成严重的经济和社会后果。

严重事故预防和缓解能力已成为核电厂提高安全水平的重点。为了分析核电厂严重事故缓解设施的能力，需要确定一系列堆芯损坏的设计扩展工况（DEC-B）。根据《核动力厂设计安全规定》（HAF102—2016）的要求，可以通过工程判断、确定论和概率论评价相结合的方法确定"华龙一号"的 DEC-B 事故序列。基于工程判断、确定论、概率论评价相结合的 DEC-B 事故序列选取原则，确定"华龙一号"DEC-B 事故选列选取的具体步骤包括：

(1) 确定不同类别的严重事故现象或安全壳失效模式，将缓解手段相同的合并为一组。

(2) 针对不同类别的严重事故现象和安全壳失效模式，结合严重事故进程与现象分析和工程判断，以及各严重事故缓解措施设计应对工况的要求，选取具有包络性的严重事故序列。

(3) 确保所选取的严重事故序列能够包络 PSA 分析结果，即包络 PSA 分析所得到的典型的 CD 序列。

根据国际上针对类似设计的压水堆核电厂严重事故现象和安全壳失效模式的研究，并结合"华龙一号"严重事故相关设计、分析及工程判断，同时考虑 PSA 分析结果，确定"华龙一号"的 DEC-B 清单见表 4.14。

表 4.14 DEC-B 清单
Table 4.14 List of DEC-B sequences

序号	严重事故现象	应对措施	DEC-B 序列
1	高压熔堆	反应堆冷却剂系统卸压	完全丧失给水叠加 PRS 和能动安注系统失效导致 CD
2	压力容器熔穿	堆内熔融物滞留	大 LOCA 叠加能动安注系统失效导致 CD
3			中 LOCA 叠加能动安注系统失效导致 CD
4			小 LOCA 叠加能动安注系统失效导致 CD
5			SBO 叠加二次侧冷却全部失效导致 CD
6	氢气燃烧和爆炸	安全壳氢气控制	大 LOCA 叠加能动安注系统失效导致 CD
7			中 LOCA 叠加能动安注系统失效导致 CD
8			小 LOCA 叠加能动安注系统失效导致 CD
9			SBO 叠加二次侧冷却全部失效导致 CD
10			完全丧失给水叠加 PRS 和能动安注系统失效导致 CD
11	缓慢超压	非能动安全壳冷却	大 LOCA 叠加能动安注失效导致 CD，同时安喷失效
12			安全壳内 MSLB 叠加辅助给水和能动安注失效导致 CD，同时安喷失效

4.3.2 DEC-B 分析

1. 反应堆冷却剂系统卸压

1) 引言

为防止严重事故工况下高压熔堆的发生，"华龙一号"设计了一回路快速卸压阀，该系统与稳压器顶部相连接。在堆芯出口温度达到 650℃时，意味着堆芯熔化过程已经开始或即将开始，操纵员可根据相关导则手动开启一回路快速卸压阀，对反应堆冷却剂系统进行快速卸压，防止高压熔融物喷射和安全壳直接加热，缓解其对安全壳完整性的威胁。反应堆压力容器下封头失效时反应堆冷却剂系统与安全壳之间的压差可以作为衡量高压熔堆事故是否发生的标准，一般认为反应堆压力容器下封头失效时反应堆冷却剂系统内压力不超过 2.0MPa 可以有效地避免高压熔堆。

2) 计算分析

为了评价一回路快速卸压阀缓解高压熔堆的有效性，需要选取典型的高压熔堆事故序列作为研究对象。在"华龙一号"高压熔堆事故序列中，"丧失全部给水叠加多重安全功能失效"事故序列代表了典型的高压熔堆事故序列，因此本节将针对"丧失全部给水叠加多重安全功能失效"的高压熔堆事故序列，进行一回路快速卸压的计算分析，计算分析时考虑以下工况：

工况 1：丧失全部给水叠加多重安全功能失效事故，不考虑手动开启快速卸压阀。

工况 2：丧失全部给水叠加多重安全功能失效事故，当堆芯出口温度达到 650℃后，延迟 60min 操纵员手动开启一列快速卸压阀，对一回路进行卸压。

工况 1，在丧失全部给水事故后蒸汽发生器二次侧很快干涸，二回路的排热能力全部丧失，堆芯产生的热量不能排出，导致一回路的温度和压力升高，稳压器安全阀动作将反应堆冷却剂系统压力稳定在 16.60MPa 左右，如图 4.34 所示。蒸汽通过稳压器安全阀排放，无冷却剂向一回路补充，导致堆芯裸露、熔化和迁移。反应堆压力容器下封头破损时反应堆冷却剂系统压力为 16.57MPa，是典型的高压熔堆严重事故。

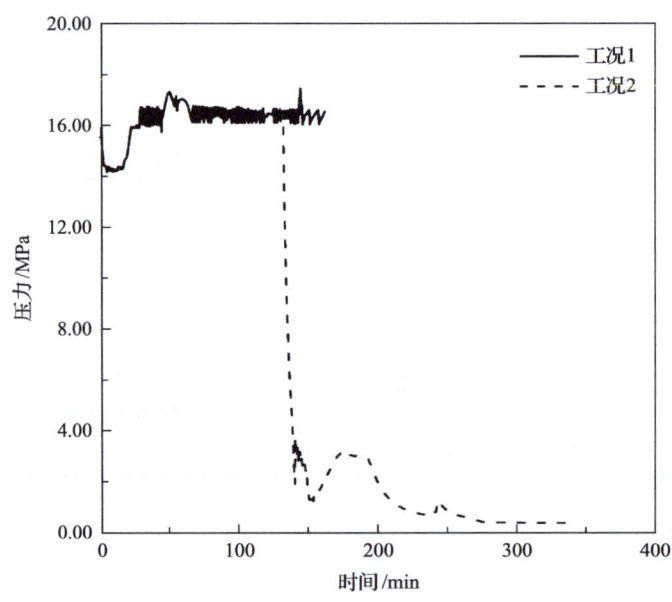

图 4.34　反应堆压力容器内压力，丧失全部给水叠加多重安全功能失效事故，不考虑/考虑手动开启快速卸压阀

Fig. 4.34　Reactor pressure vessel pressure, loss of all feedwater along with multiple safety functions failure, without/with dedicated depressurization valve

工况 2，在丧失全部给水叠加多重安全功能失效的事故情况下，堆芯出口温度达到 650℃后延迟 60 分钟，操纵员手动打开一列快速卸压阀进行卸压，一回路冷却剂从快速卸压阀释放，有利于堆芯余热的排出，降低了堆芯温度。由于快速卸压阀的卸压作用使得稳压器压力下降，安注箱内含硼水得以注入到反应堆压力容器内，缓解了堆芯熔化的进程。压力容器失效，时反应堆系统压力已降低到 0.44MPa（如图 4.34 所示），避免了发生高压熔堆。

3）结论

分析结果表明，在发生全部给水丧失事故的严重事故工况中，如果不采取任何卸压措施，压力容器失效时压力容器内压力为 16.57MPa，是典型的高压熔堆严重事故。如果在堆芯出口温度达到 650℃后开启一回路快速卸压阀为反应堆冷却剂系统卸压，即使在开阀信号后延迟 60min 开启一列快速卸压阀也可以实现一回路的有效降压，压力容器失效时压力容器内压力已降低到 0.44MPa，低于发生高压熔喷事故的压力限值。分析结果显示一回路快速卸压系统在严重事故中可以有效避免高压熔堆事故的发生，并且在事故进程中操纵员卸压有充分的响应时间。

2. 堆内熔融物滞留

1）引言

"华龙一号"设计了堆腔注水冷却系统来实际消除导致安全壳晚期失效的底板熔穿威胁。在严重事故下，当堆芯熔化不可避免时，通过堆腔注水系统来冷却反应堆压力容器外壁，并与其他安全措施（如一回路卸压）共同作用以保持压力容器下封头的完整性，从而实现熔融物在压力容器内的滞留（IVR）。

2）计算分析

通过概率论与确定论相结合的方法对"华龙一号"堆腔注水冷却系统实现 IVR 的有效性进行分析。

（1）能动子系统 ROAAM 抽样分析

在国际上为滞留堆芯熔融物而采用堆腔注水冷却压力容器外壁方式的核电厂中，普遍采用美国 Theofanous 教授提出的 ROAAM 进行反应堆压力容器内熔融物滞留评价。该方法以反应堆压力容器热失效准则为判据，首先明确典型严重事故序列及熔融池最终包络状态；在分析包络状态下各关键参数概率分布的基础上，通过参数抽样，确定反应堆压力容器热负荷特性；与试验测得的反应堆压力容器外表面的临界热流密度进行对比分析，即可确定总的反应堆压力容器失效概率，从而完成堆腔注水冷却措施有效性评价。

为了确定"华龙一号"重要熔融池参数的概率密度函数，选取大 LOCA、中 LOCA、小 LOCA 和 SBO 事故进行了严重事故序列计算。对于 LOCA 事故，分别对冷段、热段在多种不同破口尺寸下的严重事故序列进行了计算，计算结果参见表 4.15。其中熔融池形成时间保守地取堆芯材料（堆芯燃料组件中的材料）全部进入下腔室的时间，对应熔池的最大衰变热时刻，即最终包络态时间。

表 4.15　严重事故序列计算结果

Table 4.15　Analysis results of severe accident sequences

事故序列	锆氧化份额/%		熔融池衰变热/MW	
	下限值	上限值	下限值	上限值
大 LOCA	14	23.	20.45	24.03
中 LOCA	15	30	19.22	22.81
小 LOCA	28	51	17.04	19.07
SBO	41.8		17.19	

根据 ROAAM 方法，影响反应堆压力容器下封头热负荷计算的三个重要不确定性参数为：熔融池衰变热、不锈钢质量和锆氧化份额。基于严重事故序列分析的结果，结合风险分析结论和工程经验，可确定重要严重事故参数的概率密度分布函数。对于消防水注入阶段，熔融池衰变热的概率密度分布参见图 4.35。根据"华龙一号"事故序列的分析结果，熔池形成的最早时间约为事故后 2.1h，保守取 1.5h 对应的熔池衰变热约为 27.0MW 作为抽样计算的最大边界值。对于再循环注入阶段，熔融池衰变热的概率密度分布参见图 4.36。根据"华龙一号"堆腔注水冷却系统运行方式，取事故后 4h 对应的熔融池衰变热约 22.0MW 作为抽样计算的最大边界值。

熔融池最终包络态的不锈钢质量、锆氧化份额不随时间变化，因此两个阶段采用相同的概率密度分布，参见图 4.37 和图 4.38。熔融池中不锈钢质量依靠事故进程分析与工程判断确定，假设熔融池中不锈钢的最小可熔化质量包含堆芯围板-成形板组件、堆芯支撑板、堆芯区域不锈钢质量、下堆芯板组件及下腔室内构件，最小熔化质量总和约为 45.23t，分析中保守取 43t。

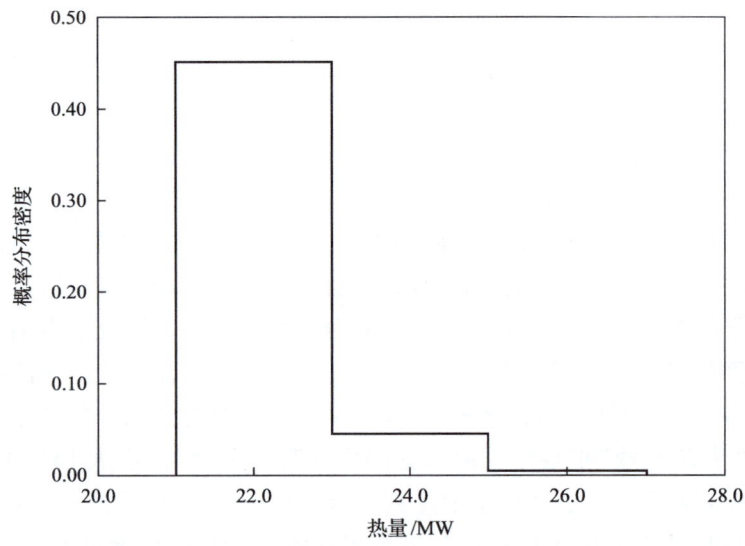

图 4.35　熔融池衰变热概率分布曲线（消防水注入阶段）

Fig. 4.35　Probabilistic distribution curve of corium decay heat (firewater injection stage)

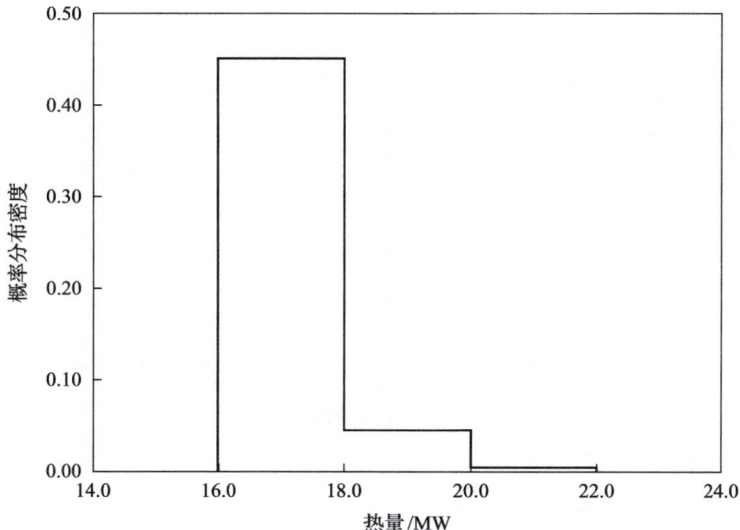

图 4.36　熔融池衰变热的概率分布曲线(再循环注入阶段)

Fig. 4.36　Probabilistic distribution curve of corium decay heat (recirculation stage)

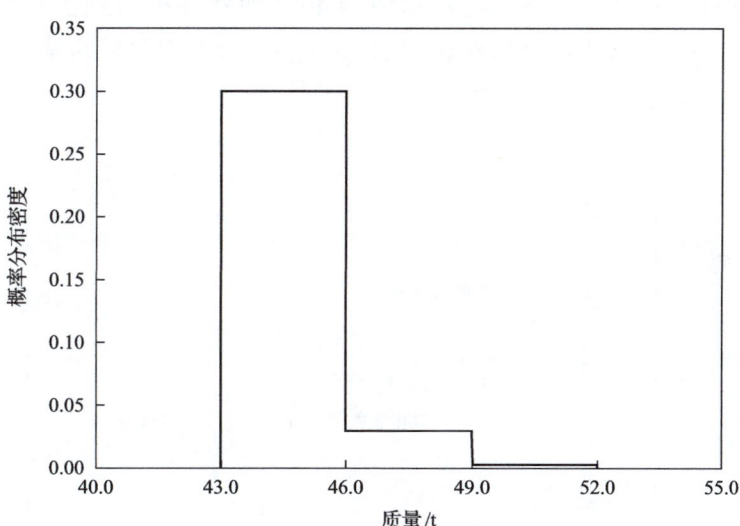

图 4.37　不锈钢质量的概率分布曲线

Fig. 4.37　Probabilistic distribution curve of stainless steel mass

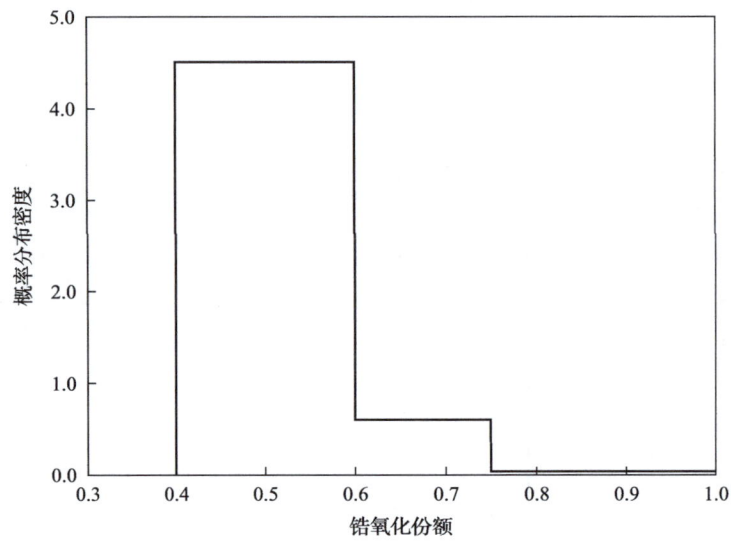

图 4.38　锆氧化份额的概率分布曲线

Fig. 4.38　Probabilistic distribution curve of zirconium oxidation fraction

基于以上参数概率密度分布函数，利用反应堆压力容器内熔融物传热分析程序，通过 10000 次统计抽样计算得到了熔融池对下封头产生的热负荷，并与实验得到的临界热流密度(CHF)进行了比较。下封头三个典型位置的计算热负荷与 CHF 比值的概率分布曲线(q_w/CHF)分别参见图 4.39 和图 4.40。抽样分析得到的热负荷最大值为 1.51MW/m²，均小于对应工况下所在位置的 CHF 值，并具有足够裕量。

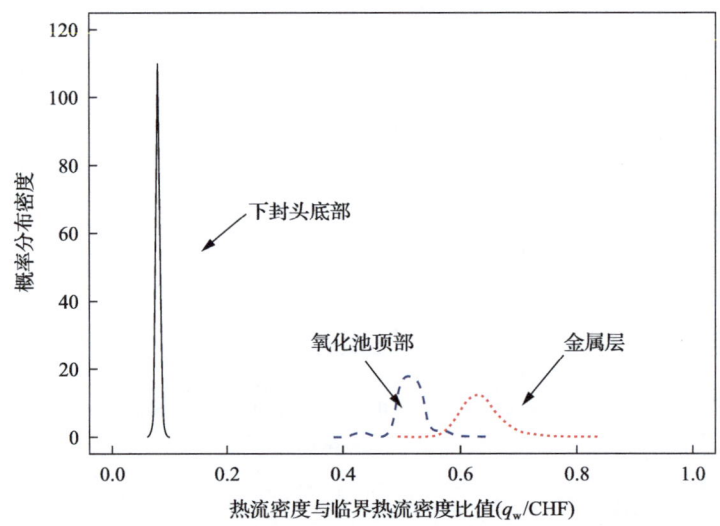

图 4.39　q_w/CHF 的概率分布曲线(消防水注入阶段)

Fig. 4.39　Probabilistic distribution curve of q_w/CHF (firewater injection stage)

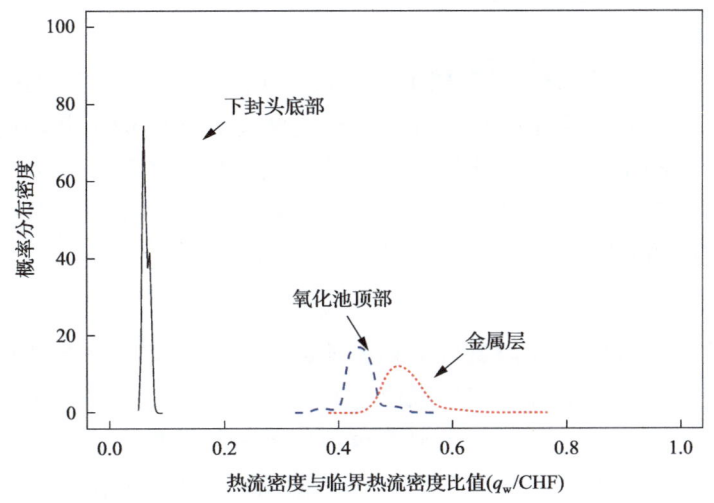

图 4.40 q_w/CHF 的概率分布曲线(再循环注入阶段)

Fig. 4.40 Probabilistic distribution curve of q_w/CHF (recirculation stage)

(2) 非能动子系统确定论分析。

非能动系列的有效性评价参考 SBO 严重事故序列的计算结果进行保守的确定论计算。基于 SBO 事故进程分析结果，热负荷的确定论计算的参数输入参见表 4.16，计算得到的最大热负荷为 $0.867 MW/m^2$，小于零流量工况下所在位置的 CHF。

表 4.16 熔融池参数(非能动子系统确定论分析)

Table 4.16 Parameters of corium pool (for CIS passive subsystem deterministic analysis)

参数	计算采用值
(熔融池形成时间/h)/衰变热/MW	8.28/17.19
锆氧化份额/%	41.8
不锈钢质量/t	43.0

3) 结论

对"华龙一号"堆腔注水冷却系统运行工况进行了反应堆压力容器热工有效性分析，结果表明：堆腔注水冷却系统运行后反应堆压力容器不会发生热工失效，可成功实现熔融物反应堆压力容器内滞留。

3. 安全壳氢气控制

1) 引言

严重事故下，反应堆堆芯构件的氧化将会产生氢气。短时间内氢气的快速释放会造成安全壳内局部区域有很高的氢气浓度。在事故后期，如果压力容器失效，熔融堆芯与堆腔混凝土底板的反应会在很长一段时间内连续不断地释放出氢气，安全壳内总的氢气浓度也会随之逐渐增长。当氢气在安全壳内不断积聚并达到一定浓度时，可能会发生氢燃或氢爆现象，而其所引起的安全壳温度及压力负载会威胁到安全壳的完整性及设备的可用性。

为了应对此风险,"华龙一号"核电厂设置了非能动消氢系统(CHC)。非能动消氢系统由完全独立的分布在安全壳内的非能动催化氢复合器组成,其功能是在严重事故期间和严重事故后利用非能动催化氢复合器的自启动催化消氢原理来不断复合消除氢气,使安全壳内的氢气浓度降低到不会发生大体积氢燃爆的水平,从而消除氢燃和氢爆对安全壳完整性的威胁。

2) 计算分析

不同的事故序列对安全壳内氢气的释放速率、释放时间、位置及释放总量有很大影响,对安全壳内的大气成分、氢气风险也有影响。综合考虑概率论、确定论及参考国内外经验和工程判断,选取了五个典型事故序列进行分析,在分析时不考虑氢气燃烧,以得到最大的氢气浓度。由于在堆腔注水系统没有投入的情况下会出现 MCCI 现象,因此针对事故序列 1 和事故序列 2 增加了堆腔注水系统失效工况,以用于验证产氢量达到 100%锆氧化份额时消氢系统的性能。

事故序列 1:全厂断电(SBO)。在 0s 时刻发生丧失厂外电事故,应急柴油机启动失效,没有发生主泵轴封破口,非能动安全壳热量导出系统有效。

(1) 工况 1 无氢气复合器,非能动堆腔注水系统有效。

(2) 工况 2 有氢气复合器,非能动堆腔注水系统有效。

(3) 工况 3 无氢气复合器+无非能动消氢系统。

(4) 工况 4 有氢气复合器+无非能动消氢系统。

事故序列 2:一回路管道大破口(LLOCA)。在 0s 时刻发生一回路双端断裂大破口事故,能动安注系统失效,安全壳喷淋有效。

(1) 工况 1 无氢气复合器,能动堆腔注水系统有效。

(2) 工况 2 有氢气复合器,能动堆腔注水系统有效。

(3) 工况 3 无氢气复合器+无非能动消氢系统。

(4) 工况 4 有氢气复合器+无非能动消氢系统。

事故序列 3:一回路管道中破口(MLOCA)。在 0s 时刻发生一回路管道 80mm 中破口事故,能动安注系统失效,能动堆腔注水系统、安全壳喷淋有效。

(1) 工况 1 无氢气复合器。

(2) 工况 2 有氢气复合器。

事故序列 4:一回路管道小破口(SLOCA)。在 0s 时刻发生一回路管道 50mm 小破口事故,能动安注系统失效,能动堆腔注水系统、安全壳喷淋有效。

(1) 工况 1 无氢气复合器。

(2) 工况 2 有氢气复合器。

事故序列 5:二次侧丧失给水(LOFW)。在 0s 发生蒸汽发生器丧失主给水事故,辅助给水启动失效,能动安注系统失效,能动堆腔注水系统、安全壳喷淋有效。

(1) 工况 1 无氢气复合器。

(2) 工况 2 有氢气复合器。

从事故序列 1 下工况 1 和工况 2 的计算结果可以看出，在增加氢气复合器之后，安全壳穹顶的氢气浓度被控制在 2.8% 以下，有效减少了安全壳内的氢气风险，如图 4.41～图 4.44 所示。从工况 3 和工况 4 的计算结果可以看出，在增加氢气复合器之后，在达到 100% 锆水反应的产氢量时，安全壳穹顶的氢气浓度为 3.2%，避免出现氢气燃爆给安全壳完整性带来的威胁，如图 4.45～图 4.48 所示。

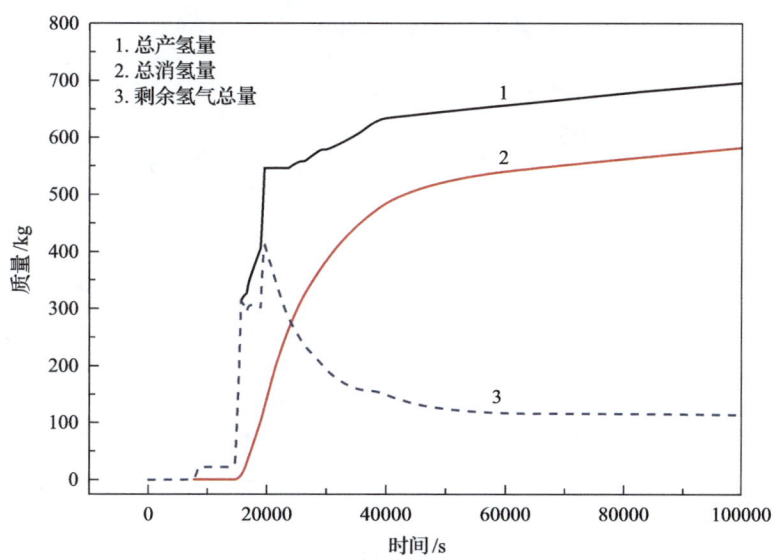

图 4.41　事故序列 1 总产氢量和消氢量（工况 2）

Fig. 4.41　Total hydrogen mass generated and combined of accident sequence 1（condition 2）

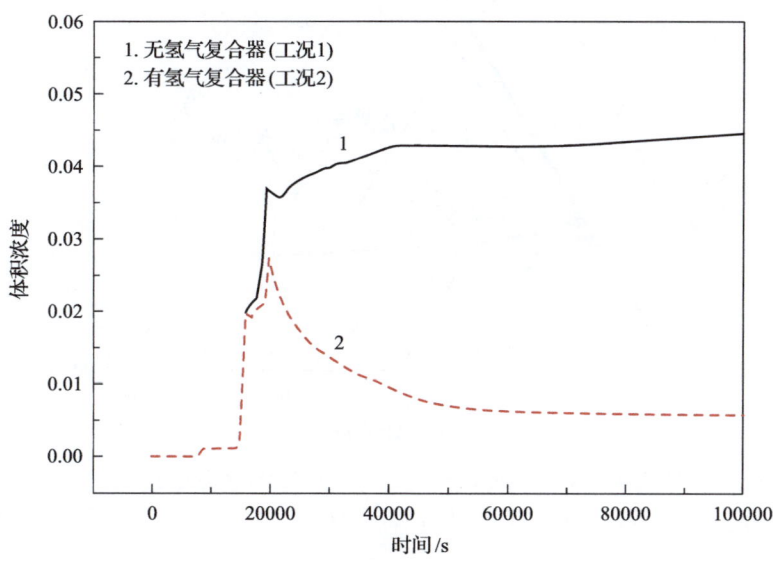

图 4.42　事故序列 1 安全壳穹顶空间氢气浓度（工况 1、工况 2）

Fig. 4.42　Hydrogen concentration of accident sequence 1 in containment dome（condition 1&2）

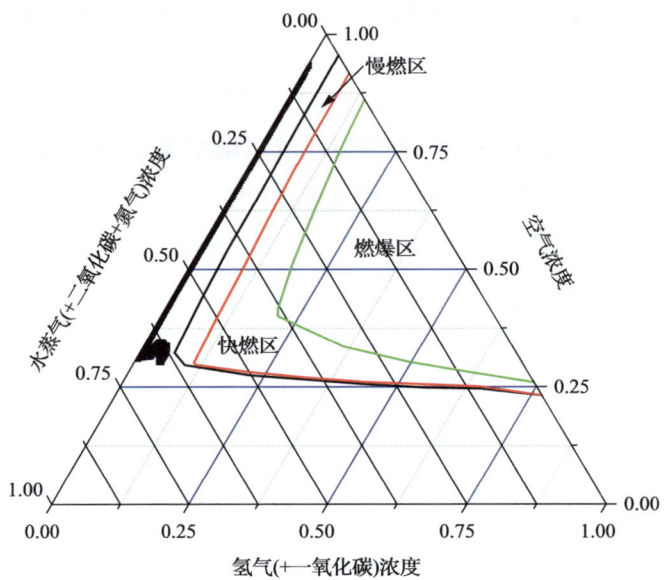

图 4.43 事故序列 1 安全壳穹顶空间大气状态(工况 1)

Fig. 4.43 Atmosphere status of accident sequence 1 in containment dome(condition 1)

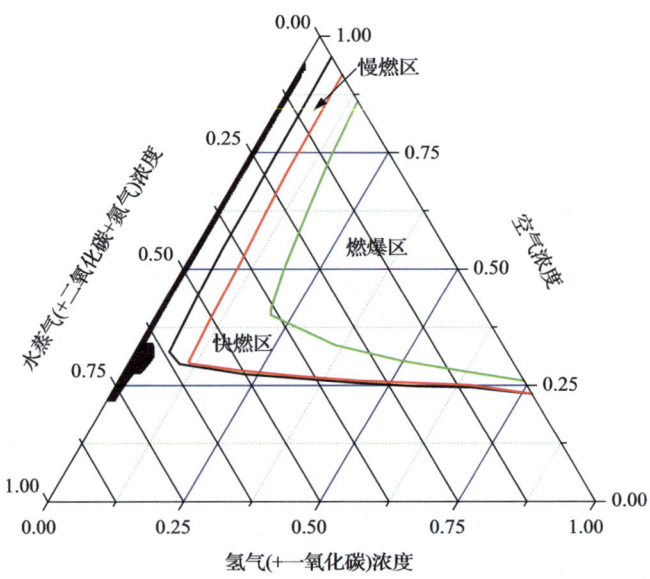

图 4.44 事故序列 1 安全壳穹顶空间大气状态(工况 2)

Fig. 4.44 Atmosphere status of accident sequence 1 in containment dome(condition 2)

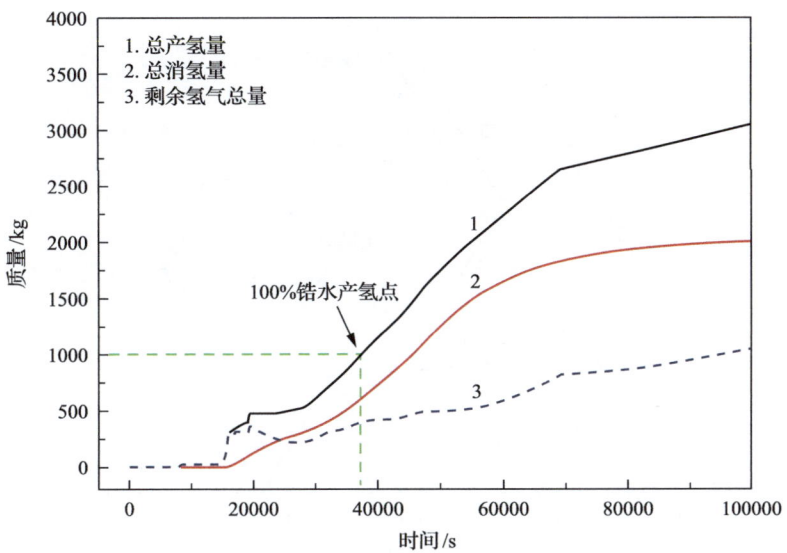

图 4.45 事故序列 1 总产氢量和消氢量（工况 4）

Fig. 4.45 Total hydrogen mass generated and combined of accident sequence 1 (condition 4)

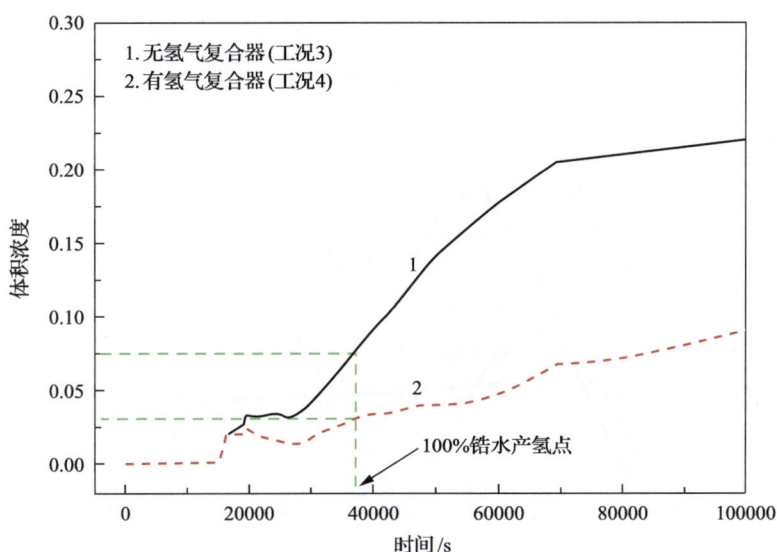

图 4.46 事故序列 1 安全壳穹顶空间氢气浓度（工况 3、工况 4）

Fig. 4.46 Hydrogen concentration of accident sequence 1 in containment dome (condition 3&4)

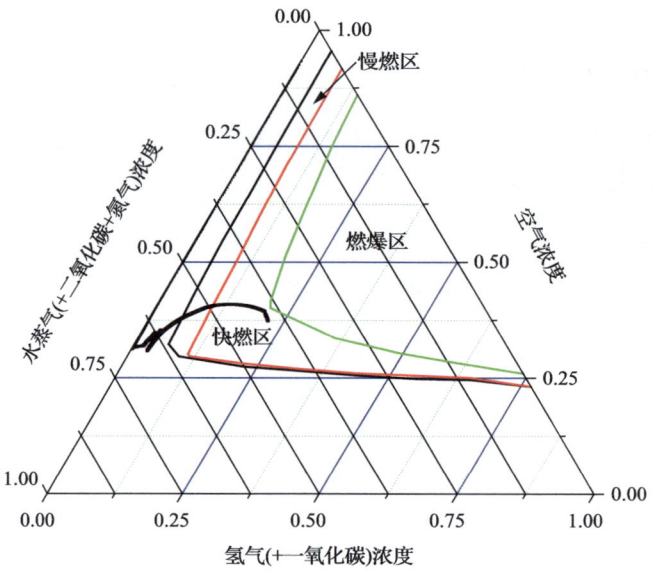

图 4.47　事故序列 1 安全壳穹顶空间大气状态（工况 3）

Fig. 4.47　Atmosphere status of accident sequence 1 in containment dome（condition 3）

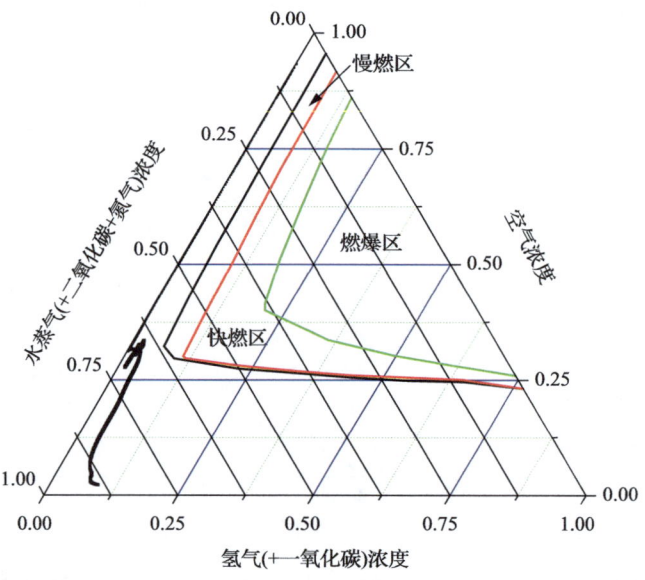

图 4.48　事故序列 1 安全壳穹顶空间大气状态（工况 4）

Fig. 4.48　Atmosphere status of accident sequence 1 in containment dome（condition 4）

从事故序列 2 下工况 1 和工况 2 的计算结果可以看出,在设置了氢气复合器之后,能够将大部分氢气消除,安全壳穹顶的氢气浓度被控制在 2.1% 以下,有效减少了安全壳内的氢气风险,如图 4.49～图 4.52 所示。从工况 3 和工况 4 的计算结果可以看出,达到 100% 锆水反应的产氢量时,安全壳大空间的氢气浓度为 6.5%,使可燃气体混合物处在快燃区之外,避免出现整体氢气快速燃烧给安全壳完整性带来的威胁,如图 4.53～图 4.56 所示。

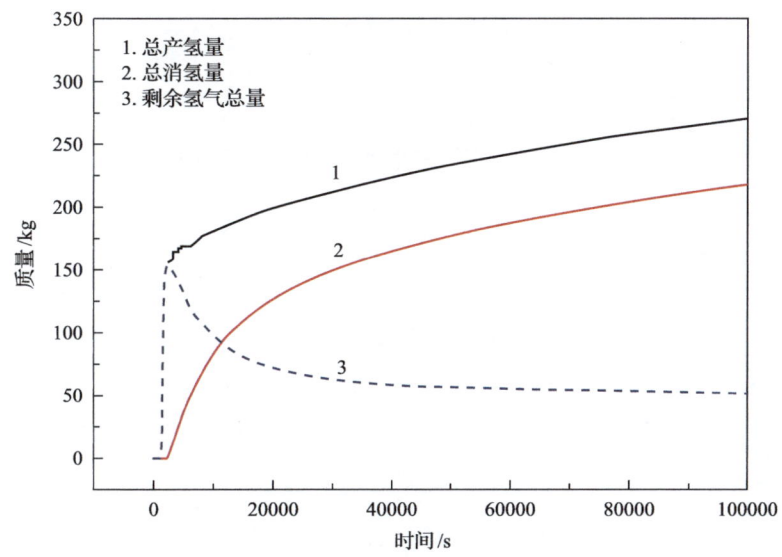

图 4.49　事故序列 2 总产氢量和消氢量(工况 2)

Fig. 4.49　Total hydrogen mass generated and combined of accident sequence 2(condition 2)

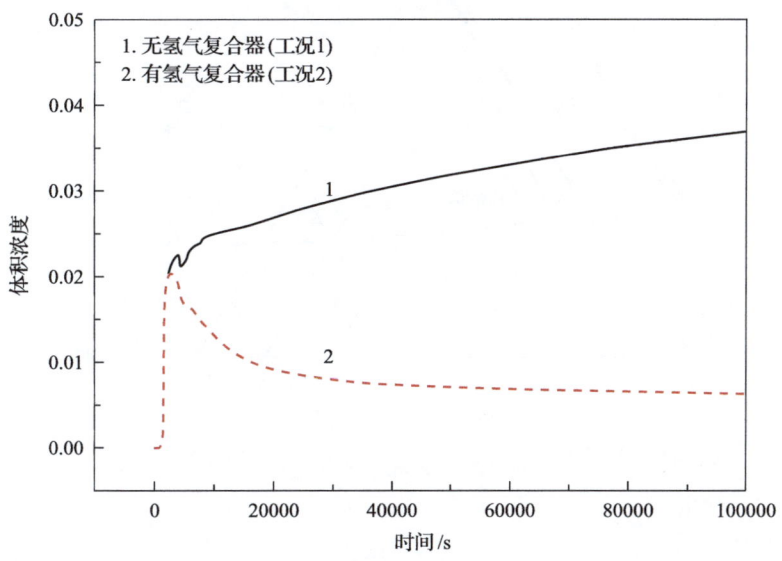

图 4.50　事故序列 2 安全壳穹顶空间氢气浓度(工况 1、工况 2)

Fig. 4.50　Hydrogen concentration of accident sequence 2 in containment dome(condition 1&2)

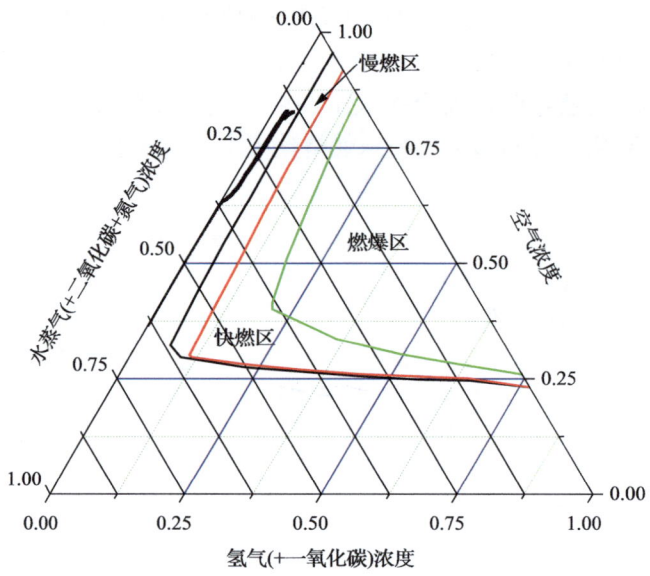

图 4.51　事故序列 2 安全壳穹顶空间大气状态（工况 1）

Fig. 4.51　Atmosphere status of accident sequence 2 in containment dome(condition 1)

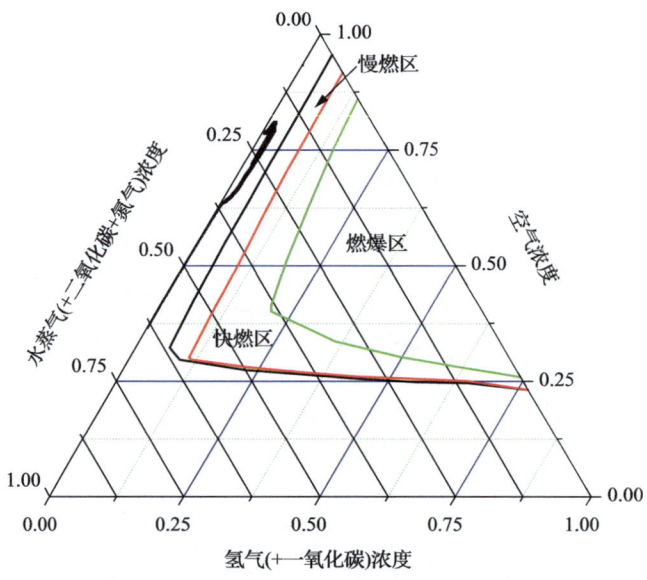

图 4.52　事故序列 2 安全壳穹顶空间大气状态（工况 2）

Fig. 4.52　Atmosphere status of accident sequence 2 in containment dome(condition 2)

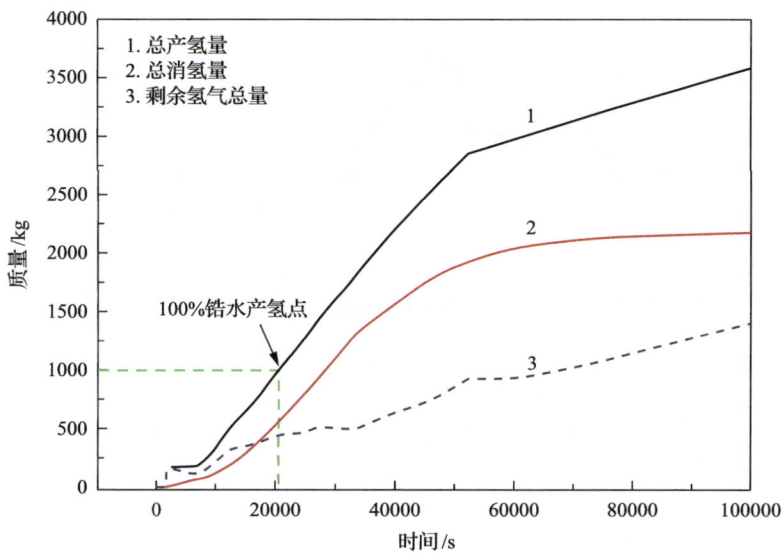

图 4.53 事故序列 2 总产氢量和消氢量（工况 4）

Fig. 4.53 Total hydrogen mass generated and combined of accident sequence 2（condition 4）

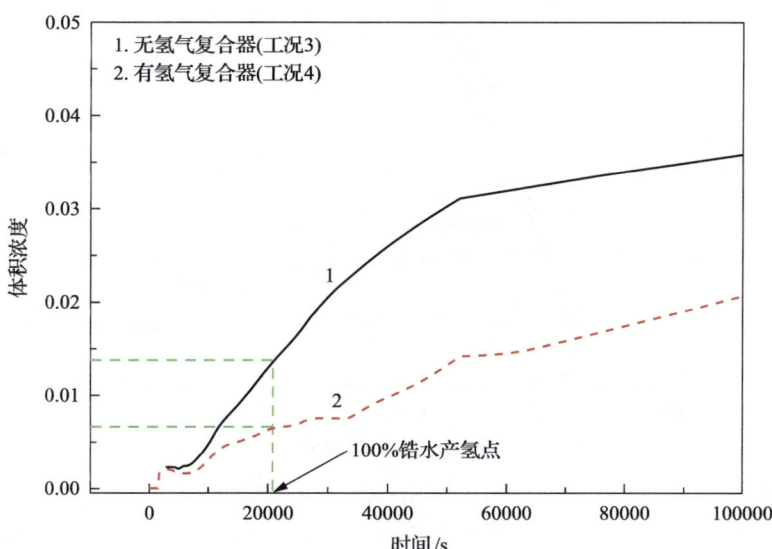

图 4.54 事故序列 2 安全壳穹顶空间氢气浓度（工况 3、工况 4）

Fig. 4.54 Hydrogen concentration of accident sequence 2 in containment dome（condition 3&4）

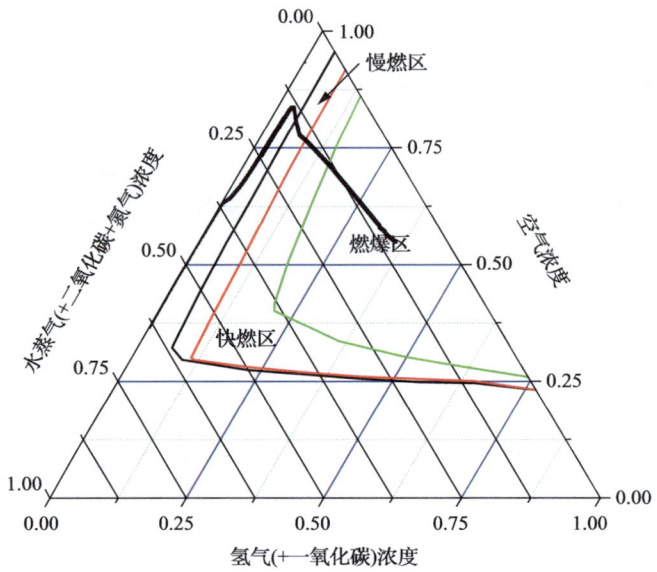

图 4.55　事故序列 2 安全壳穹顶空间大气状态（工况 3）

Fig. 4.55　Atmosphere status of accident sequence 2 in containment dome (condition 3)

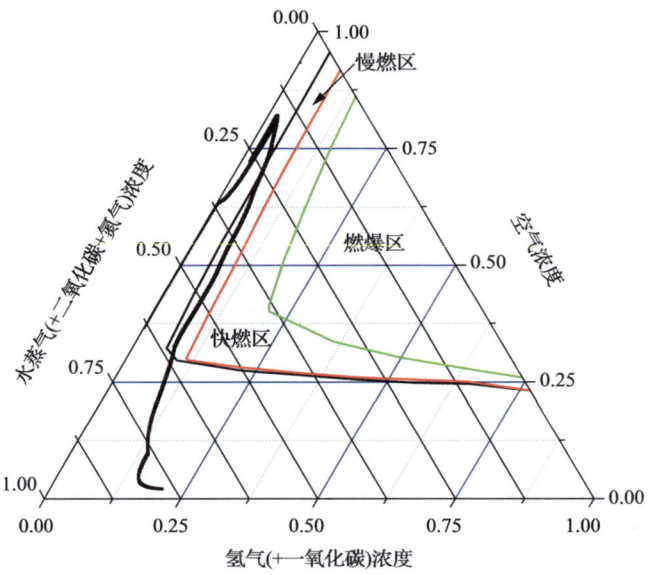

图 4.56　事故序列 2 安全壳穹顶空间大气状态（工况 4）

Fig. 4.56　Atmosphere status of accident sequence 2 in containment dome (condition 4)

从事故序列 3 下工况 1 和工况 2 的计算结果可以看出，在设置了氢气复合器之后，安全壳内大约 89% 的氢气产量被复合消除，安全壳穹顶的氢气浓度被控制在 4.2% 以下，有效减少了安全壳内的氢气风险，如图 4.57 和图 4.58 所示。整个事故过程中，如图 4.59 和图 4.60 所示，安全壳内总体氢气浓度被有效地控制在了慢燃区以外，不存在发生快速燃烧或氢爆的风险，因此不会对安全壳的完整性构成任何威胁。

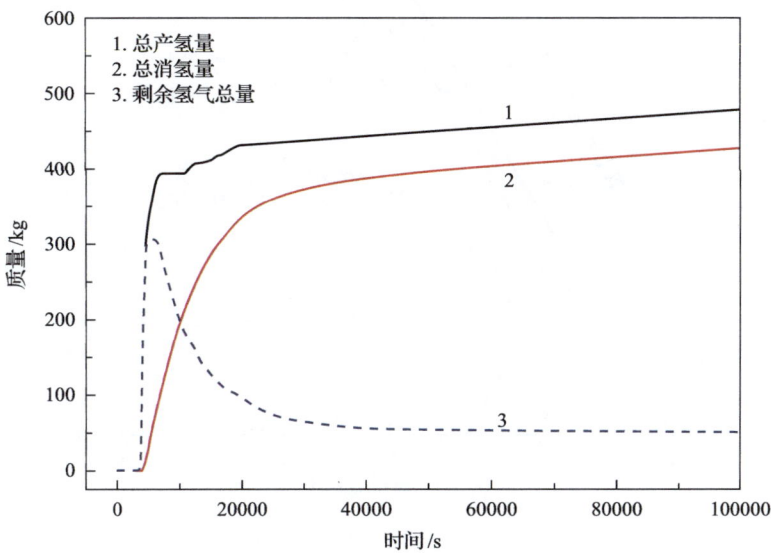

图 4.57 事故序列 3 总产氢量和消氢量（工况 2）

Fig. 4.57 Total hydrogen mass generated and combined of accident sequence 3（condition 2）

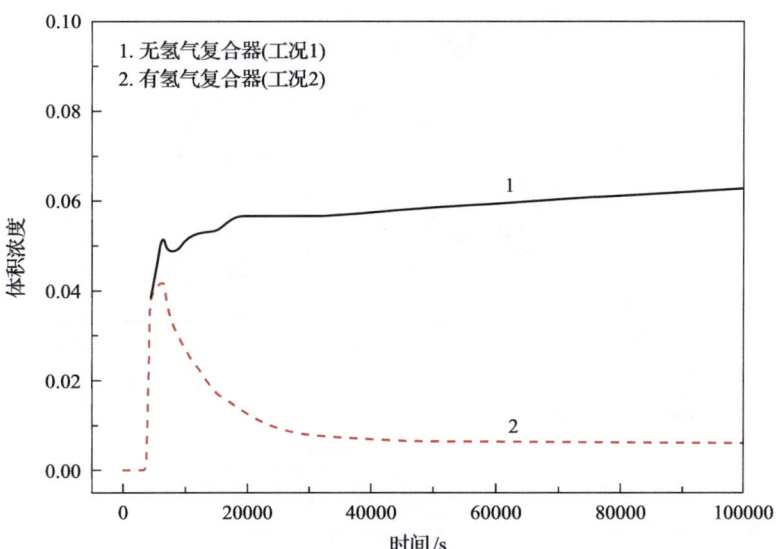

图 4.58 事故序列 3 安全壳穹顶空间氢气浓度（工况 1、工况 2）

Fig. 4.58 Hydrogen concentration of accident sequence 3 in containment dome（condition 1&2）

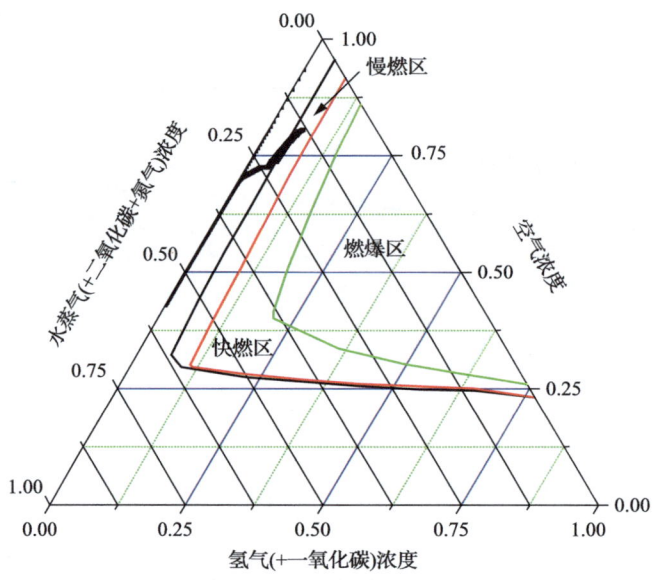

图 4.59 事故序列 3 安全壳穹顶空间大气状态（工况 1）

Fig. 4.59 Atmosphere status of accident sequence 3 in containment dome (condition 1)

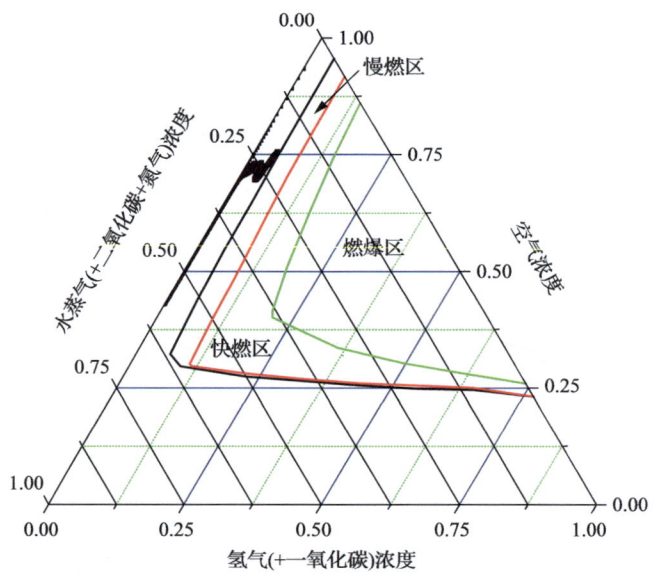

图 4.60 事故序列 3 安全壳穹顶空间大气状态（工况 2）

Fig. 4.60 Atmosphere status of accident sequence 3 in containment dome (condition 2)

从事故序列 4 下工况 1 和工况 2 的计算结果可以看出，在设置了氢气复合器之后，安全壳内大约 91% 的氢气产量被复合消除，安全壳穹顶的氢气浓度被控制在 5.2% 以下，有效减少了安全壳内的氢气风险，如图 4.61 和图 4.62 所示。整个事故过程中，如图 4.63 和图 4.64 所示，安全壳内总体氢气浓度被有效地控制在了慢燃区以外，不存在发生快速燃烧或氢爆的风险，因此不会对安全壳的完整性构成任何威胁。

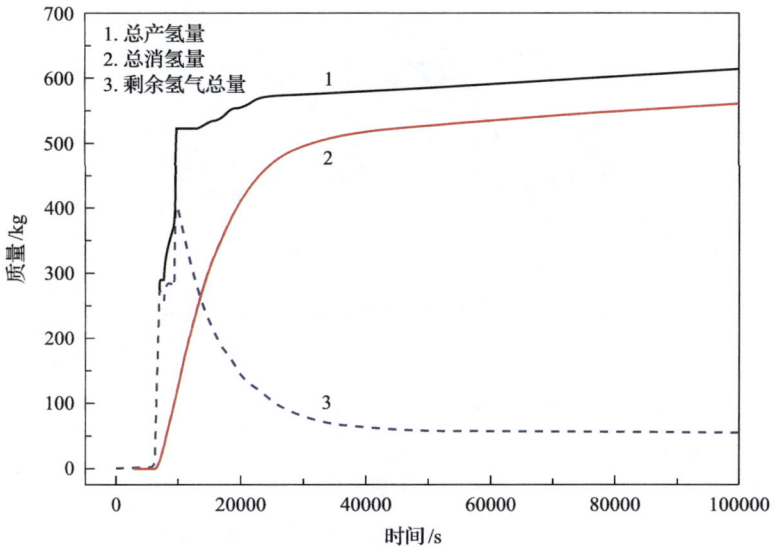

图 4.61　事故序列 4 总产氢量和消氢量（工况 2）

Fig. 4.61　Total hydrogen mass generated and combined of accident sequence 4（condition 2）

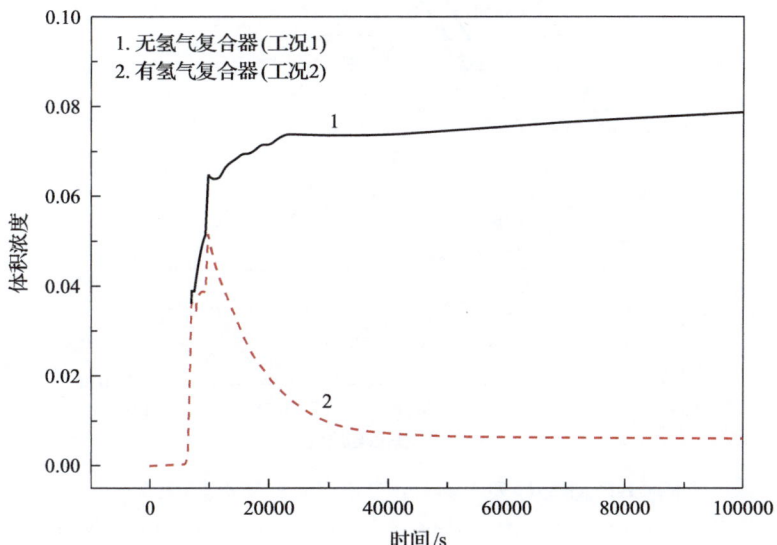

图 4.62　事故序列 4 安全壳穹顶空间氢气浓度（工况 1、工况 2）

Fig. 4.62　Hydrogen concentration of accident sequence 4 in containment dome（condition 1&2）

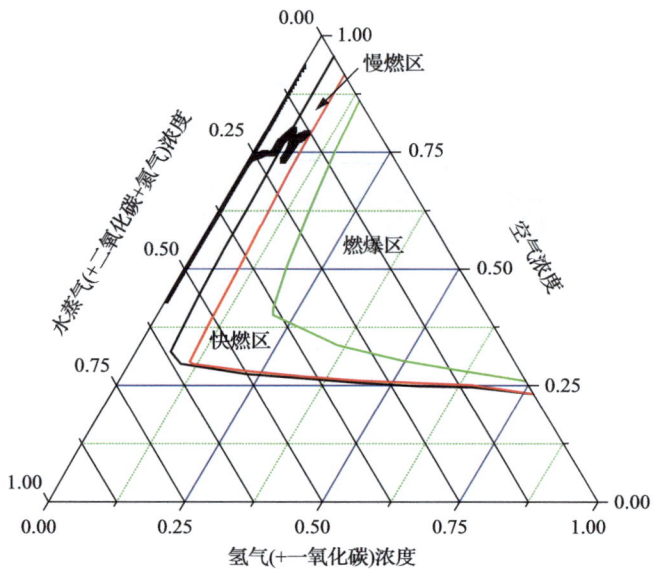

图 4.63　事故序列 4 安全壳穹顶空间大气状态（工况 1）

Fig. 4.63　Atmosphere status of accident sequence 4 in containment dome(condition 1)

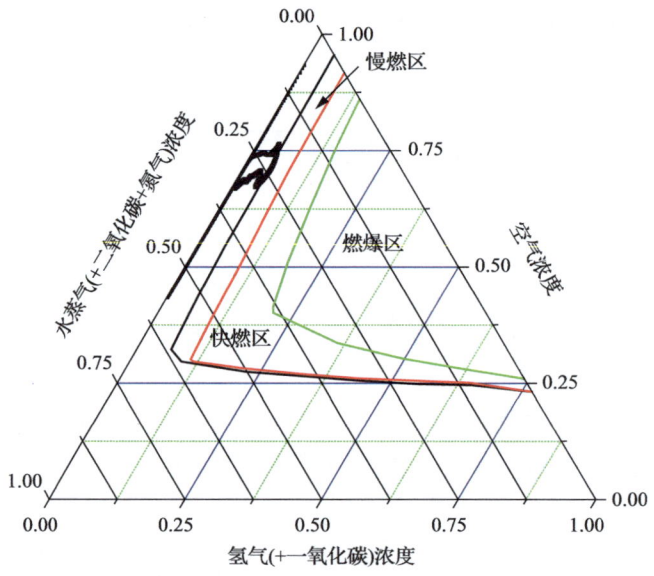

图 4.64　事故序列 4 安全壳穹顶空间大气状态（工况 2）

Fig. 4.64　Atmosphere status of accident sequence 4 in containment dome(condition 2)

从事故序列 5 下工况 1 和工况 2 的计算结果可以看出，在设置了氢气复合器之后，能够将大部分氢气消除，安全壳穹顶的氢气浓度被控制在 4.7% 以下，有效减少了安全壳内的氢气风险，如图 4.65 和图 4.66 所示。整个事故过程中，如图 4.67 和图 4.68 所示，安全壳内总体氢气浓度被有效地控制在了慢燃区以外，不存在发生快速燃烧或氢爆的风险，因此不会对安全壳的完整性构成任何威胁。

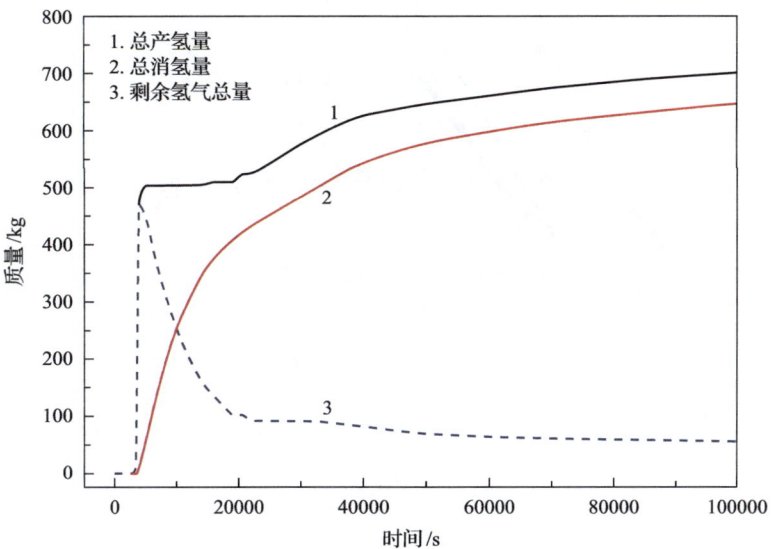

图 4.65　事故序列 5 总产氢量和消氢量（工况 2）

Fig. 4.65　Total hydrogen mass generated and combined of accident sequence 5（condition 2）

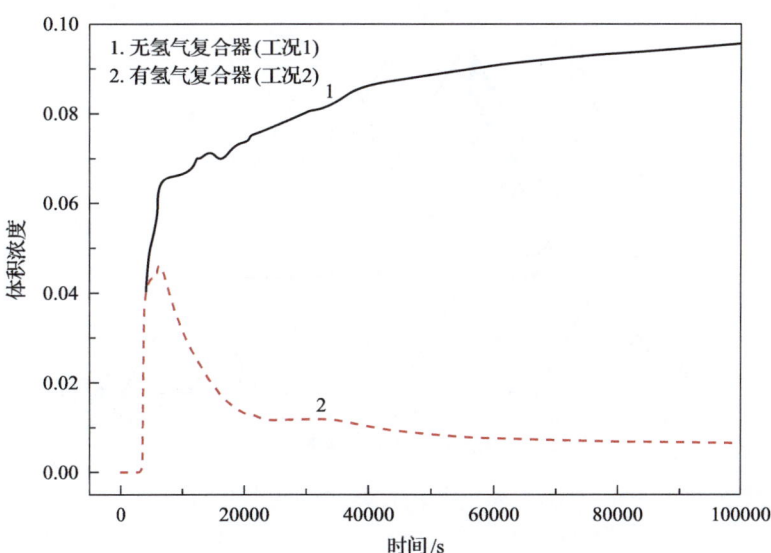

图 4.66　事故序列 5 安全壳穹顶空间氢气浓度（工况 1、工况 2）

Fig. 4.66　Hydrogen concentration of accident sequence 5 in containment dome（condition 1&2）

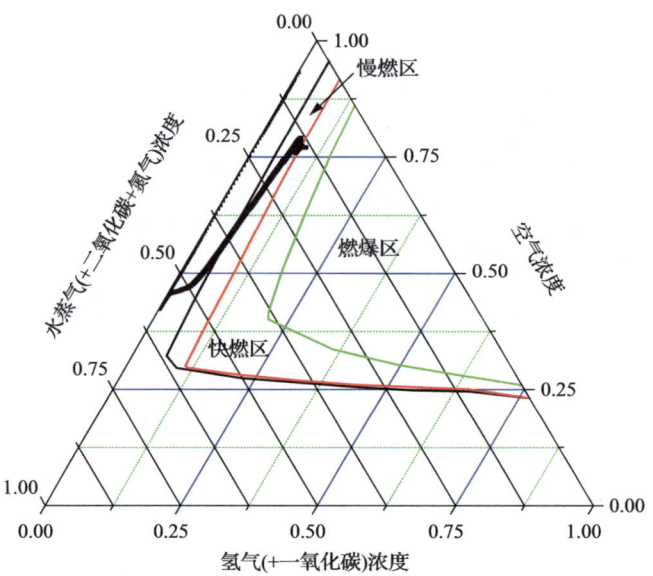

图 4.67　事故序列 5 安全壳穹顶空间大气状态（工况 1）

Fig. 4.67　Atmosphere status of accident sequence 5 in containment dome（condition 1）

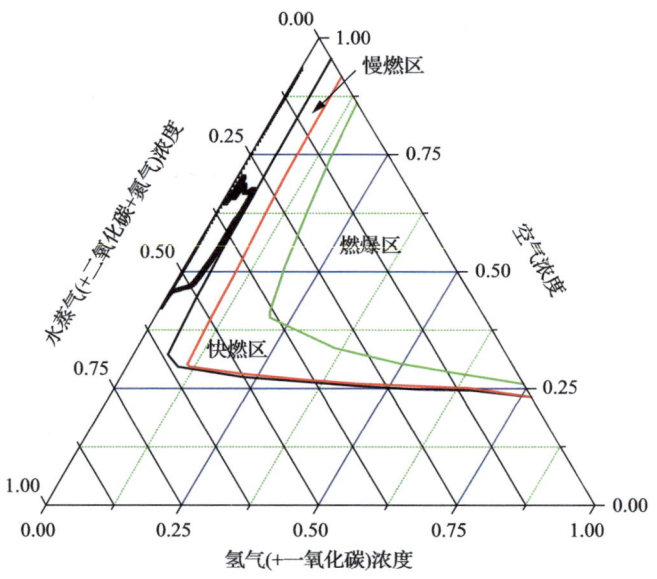

图 4.68　事故序列 5 安全壳穹顶空间大气状态（工况 2）

Fig. 4.68　Atmosphere status of accident sequence 5 in containment dome（condition 2）

3）结论

通过对选取的典型严重事故序列进行的严重事故下氢气浓度分析，可以得出以下结论：

（1）通过有堆腔注水冷却系统情况下的分析，安全壳氢气控制系统能够维持持续、稳定的复合安全壳内的氢气，整个事故过程中，安全壳内大空间氢气浓度在 5.2% 以下。

(2) 通过堆腔注水冷却系统失效情况下的分析，验证了当氢气产量达到 100%锆水反应产氢量时安全壳氢气控制系统的消氢能力。分析结果表明：在产氢量达到 100%锆水反应产氢量时，安全壳大空间的氢气浓度在 6.5%以下。

(3) 安全壳消氢系统设计方案可行有效，能够有效预防和阻止导致安全壳损坏的氢燃或氢爆的发生。

4. 非能动安全壳冷却

核电厂发生事故后，堆芯余热释放到安全壳中，此时如果喷淋系统失效，将造成安全壳内热量无法导出，造成安全壳持续升温升压，长期将造成安全壳失效。为了满足设计扩展工况下安全壳的长期排热需求，设计了非能动安全壳热量导出系统。非能动安全壳热量导出系统设计采用非能动设计理念，利用内置于安全壳内的换热器组，通过水蒸气在换热器上的冷凝、混合气体与换热器之间的对流和辐射换热实现安全壳的冷却，换热器与壳外的换热水箱相连，回路在温度差导致的密度差（包括相变）驱动下，形成自然循环流动，从而实现将安全壳内的热量带到安全壳外的设计目标。在事故条件下通过非能动安全壳热量导出系统的排热，可以避免安全壳内温度、压力超过安全壳设计限值。同时，换热水箱的水装量设计，可以满足在 72h 内，维持非能动安全壳热量导出系统自动持续向壳外带热的能力，将壳内温度、压力维持在可接受的水平，以有效防止安全壳的超压失效。

1) 计算分析

分析两个典型工况后，得到事故后较长时间安全壳内压力温度的变化，分别是：

工况 1：安全壳内主蒸汽管道大破口(MSLB)+主蒸汽隔离失效事故，该事故对安全壳内的质能释放最大，具有一定的包络性。

工况 2：一回路冷段双端断裂大破口事故。

从如图 4.69 和图 4.70 可以看出，在工况 1 情况下，由于二回路破口的蒸汽释放，以及一回路冷却剂通过稳压器安全阀和快速卸压阀的排放，安全壳的峰值温度达到了 188℃，峰值压力 0.462MPa。非能动安全壳热量导出系统投入后，事故后安全壳温度、压力很快降低，在事故后 24h，安全壳温度基本稳定在 124℃，安全壳压力稳定在 0.310MPa，在事故后 72h，安全壳温度为 123℃，安全壳压力为 0.313MPa，能够在 72h 内维持安全壳的长期冷却，从而维持了安全壳的完整性，能够实现其对壳内放射性物质的包容功能。

如图 4.71 和图 4.72 可以看出，在工况 2 情况下，在事故初期，由于一回路冷却剂的释放，安全壳峰值温度达到了 159℃，峰值压力为 0.30MPa。随着喷放结束以及安全壳热结构的吸热，安全壳温度压力很快下降。非能动安全壳热量导出系统投入后，在事故后 24h 及长期，安全壳温度基本稳定在 123℃，安全壳压力 0.28MPa 左右，没有超过安全壳的设计温度和压力限值，且能够在 72h 内维持安全壳的长期冷却，从而维持了安全壳的完整性，能够实现其对壳内放射性物质的包容功能。

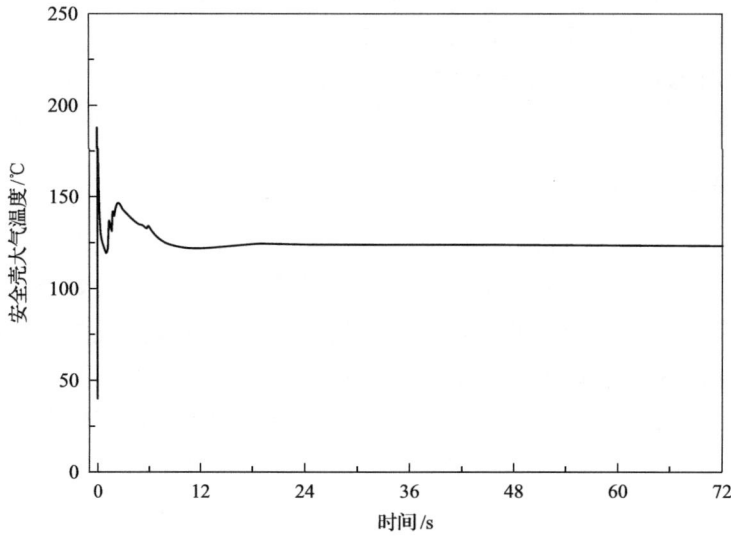

图 4.69　工况 1 下安全壳温度变化曲线

Fig. 4.69　Containment temperature curve of condition 1

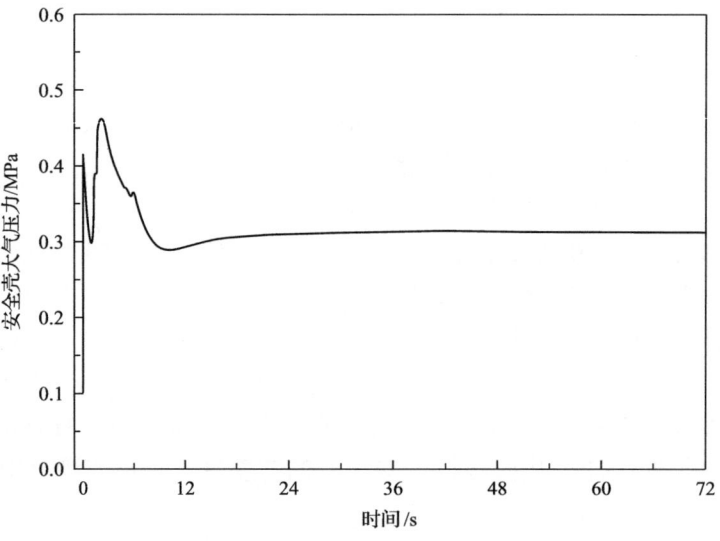

图 4.70　工况 1 下安全壳压力变化曲线

Fig. 4.70　Containment pressure curve of condition 1

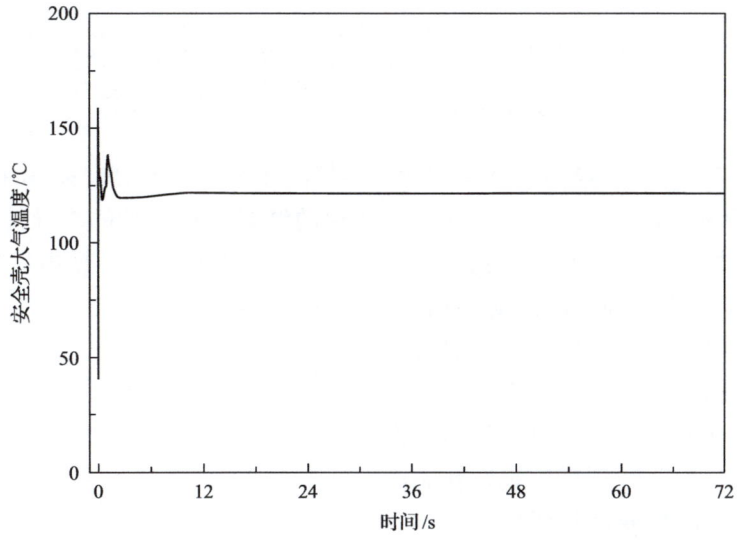

图 4.71　工况 2 下安全壳温度变化曲线

Fig. 4.71　Containment temperature curve of condition 2

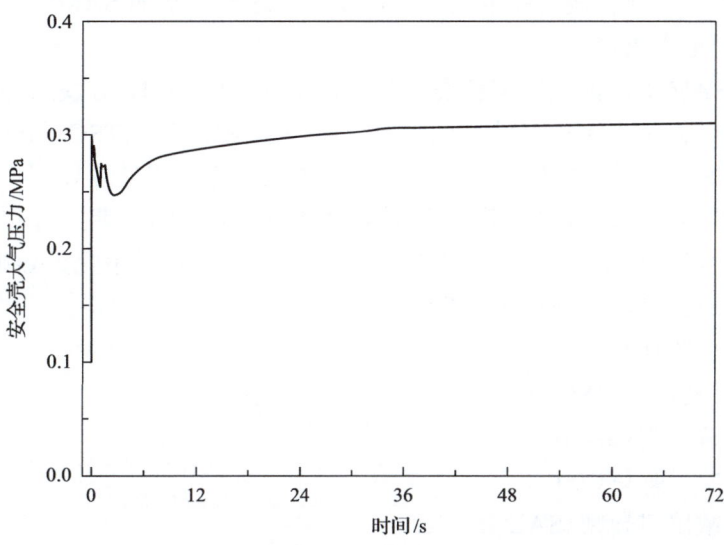

图 4.72　工况 2 下安全壳压力变化曲线

Fig. 4.72　Containment pressure curve of condition 2

2) 结论

通过对典型严重事故序列进行的严重事故后安全壳温度、压力响应分析的结果表明：非能动安全壳热量导出系统能够在严重事故后将安全壳温度、压力降低到可接受的限值内，保证了安全壳的完整性。

4.4　严重事故管理导则

4.4.1　严重事故管理导则框架结构介绍

严重事故管理导则(SAMG)是在严重事故下用于主控室(MCR)和技术支持中心(TSC)的可执行文件,是一系列完整的、一体化的针对严重事故的指导性管理文件。其基本目标是通过建立一套对策与导则,在发生严重事故的情况下使电厂重新回到稳定可控的状态,使场内和场外的放射性后果降到最低。

严重事故管理导则的具体目标包括:
(1)使堆芯回到可控稳定状态。
(2)维持或使安全壳回到可控稳定状态。
(3)使乏燃料水池回到可控稳定状态。
(4)终止电厂的裂变产物释放。

"华龙一号"SAMG包括堆芯部分SAMG和乏燃料水池SAMG两大部分。其中,堆芯部分SAMG覆盖了核电厂功率运行、蒸汽发生器冷却正常停堆、余热排出系统冷却正常停堆、维修停堆和换料停堆五种运行模式;乏燃料水池SAMG是专门针对乏燃料水池进行的严重事故管理。

堆芯部分SAMG包括主控室使用部分和技术支持中心(TSC)使用部分。主控室使用部分包括TSC人员未到位时的初始响应导则(SACRG-1)和TSC到位后的处理导则(SACRG-2)。TSC使用部分包括初始阶段严重事故的诊断和处理导则、安全屏障受到严重威胁时的诊断和处理导则,以及严重事故得到缓解后的长期监督和出口导则三个部分。"华龙一号"SAMG的总体框架如图4.73所示,包括以下几大导则模块:
(1)严重事故主控室导则(SACRG)。
(2)诊断流程图(DFC)。
(3)严重威胁状态树(SCST)。
(4)严重事故导则(SAG)。
(5)严重威胁导则(SCG)。
(6)严重事故出口导则(SAEG)。
(7)计算辅助(CA)。

乏燃料水池SAMG主要用于缓解乏燃料水池向燃料厂房和环境的放射性释放;以及再淹没乏燃料水池,使其处于冷却、可控状态。乏燃料水池SAMG的框架内容包括:
(1)对事故的诊断及导则入口部分。
(2)初始响应部分。
(3)具体策略的执行部分。
(4)导则的出口部分。
(5)计算辅助(CA)。

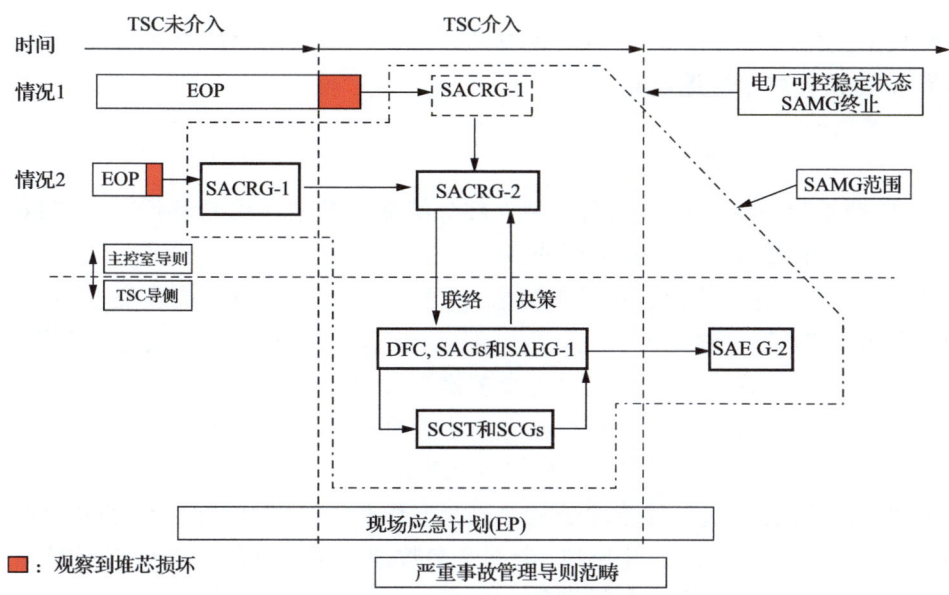

图 4.73 严重事故管理导则总体框架

Fig. 4.73 Overall framework of severe accident management guidelines

EOP. 应急运行规程；SACRG. 严重事故主控室导则；TSC. 技术支持中心；DFC. 诊断流程图；SCST. 严重威胁状态树；SAG. 严重事故导则；SCG. 严重威胁导则；SAEG. 严重事故出口导则

4.4.2 反应堆堆芯严重事故管理导则

1. 严重事故主控室导则

严重事故管理导则主要由 TSC 使用，但考虑到 TSC 很多情况下不能在进入 SAMG 时立即到位，同时在执行 SAMG 时还需要主控室人员为 TSC 人员提供信息，因此严重事故管理导则中还设置了主控室严重事故管理导则(SACRG)。按照时间顺序，主控室导则分为两个相互独立的导则：《严重事故主控室初始响应导则》(SACRG-1)和《技术支持中心投入运作后严重事故主控室导则》(SACRG-2)。在执行严重事故管理导则的时候，根据 TSC 的状况来决定使用合适的导则。通过初始响应导则 SACRG-1 进入主控室导则。

主控室初始响应导则为《严重事故主控室初始响应导则》(SACRG-1)，最开始由主控室人员使用，直到 TSC 运作以后开始使用的 TSC 严重事故管理导则。因为 EOP 在 SAMG 开始使用后就终止了，所以该导则中包括了 EOP 应对堆芯冷却不充分的许多步骤。另外，还包括其他一些步骤以保护裂变产物的多重屏障。该导则是专门用来应对已被详细定义的且需要快速处理的事故，并且只在 TSC 介入之前起作用，因此相关操作定义得很详细并且具有较高的优先级。

《技术支持中心投入运作后严重事故主控室导则》(SACRG-2)是在 TSC 介入之后供主控室人员使用。在 TSC 评估电厂状态和电厂的可能响应时，该导则为主控室人员提供了一整套操作。该导则的一个目的是鼓励主控室将自己专长领域的信息传递给

TSC,并加强主控室人员和 TSC 人员的交流。另外一个目的是确保对操作需要的支持参数进行持续或者周期性地监测。

2. 诊断流程图与严重事故导则

TSC 的严重事故管理诊断由两个独立部分组成。其中《诊断流程图》(DFC)是初始阶段用于严重事故早期诊断的流程图。

通过 DFC 诊断电厂是否达到可控稳态,并对可能存在的安全壳裂变产物边界威胁进行早期诊断。DFC 中确定了严重事故管理过程中需要监测和控制的电厂关键参数。在宣布电厂处于可控稳态之前,它对每个关键参数进行持续的、周期性的监测。DFC 中需要监测的关键参数包括:一回路压力、堆腔水位、蒸汽发生器水位、堆芯温度、裂变产物释放、安全壳压力、安全壳内氢气浓度。

TSC 的初始阶段严重事故管理是从《诊断流程图》(DFC)开始的。DFC 针对每一个关键参数都定义了详细的处理导则。当某个参数超出了定义的可控稳态范围,则 TSC 技术人员评估是否需要执行相关导则使该参数返回到可控、稳定状态的范围内。每个导则包含一个或者多个策略用于相应的关键参数超过其整定值时的响应。

DFC 中涉及的严重事故管理策略包含在一系列共七个 SAG 导则中。这些导则对每一个关键参数异常时的应对策略都制定了系统、逻辑的分析方法。具体的 SAG 分别是:

(1)反应堆冷却剂系统卸压。
(2)向反应堆堆腔注水。
(3)向蒸汽发生器注水。
(4)向反应堆冷却剂系统注水。
(5)减少裂变产物释放。
(6)控制安全壳状态。
(7)降低安全壳内氢气浓度。

3. 严重威胁状态树与严重威胁导则

TSC 严重事故管理诊断的另外一个重要的独立组成部分是《严重威胁状态树》(SCST)。《严重威胁状态树》(SCST)对正在发生的裂变产物释放和发生的裂变产物边界威胁(安全壳屏障受到的威胁)进行诊断。SCST 定义了四个需要监测的电厂关键参数,如果这些参数超出整定值则表明电厂状况非常严重。在使用 DFC 并对 DFC 中确定的策略进行评价时,需要同时监测 SCST。如果 SCST 中的某个参数超过整定值,需要中止所有其他操作,同时立即执行严重事故管理策略来应对这种非常严重的状况。SCST 中监测的四个关键参数是:裂变产物释放、安全壳压力、安全壳内氢气浓度、安全壳负压。

SCST 中涉及的严重事故管理策略包含在一系列共四个 SCG 导则中。SCG 不要求评价执行策略的正面和负面效应。对于 SCG 需要应对的严重威胁,采取任何策略都是有利的。省却这个步骤可以缩短选择合适策略的时间。具体的 SCG 分别是:

(1) 缓解裂变产物释放。
(2) 安全壳卸压。
(3) 控制氢气可燃性。
(4) 控制安全壳负压。

4. 严重事故出口导则

严重事故管理出口导则包括两部分：《技术支持中心长期监督》（SAEG-1）和《严重事故管理导则终止》（SAEG-2）。其中，SAEG-1 导则用于在策略执行后监测电厂的长期行为，这一部分作为一个独立的 TSC 导则。SAEG-1 是"循环诊断"的出口，根据 SAEG-1 对策略执行后电厂长期行为的监测情况，TSC 人员决策进入 SAEG-2 或者继续执行 SAMG。需要的监测行为主要根据以下内容确定：

(1) 执行策略中用到的设备。
(2) SAMG 执行之前已经投入运行并且与控制 DFC 参数有关的设备。
(3) 在导则中评价可能使用的策略时应考虑设备使用的限制条件。
(4) 策略终止时不再使用的设备。
(5) 执行严重事故管理策略引起电厂状态的改变。

SAEG-2 为 SAMG 的最后一个部分，即出口导则。当 DFC 中选定的参数在整定值以下并且处于稳定或者在降低，则认为电厂处于可控、稳定状态。此时，认为电厂状态不会恶化，因此不会再要求执行新的严重事故管理策略。

4.4.3 乏燃料水池严重事故管理导则

乏燃料水池 SAMG 主要包括对事故的诊断及导则入口部分、初始响应部分、具体策略的执行部分、导则的出口部分。

乏燃料水池 SAMG 是通过对乏燃料水池水位及燃料厂房放射性的监测来诊断事故及确定导则的进入，当乏燃料水池水位低于相应整定值或者燃料厂房放射性高于相应整定值时进入乏燃料水池 SAMG。乏燃料水池初始响应部分用于执行一些快速操作（这些操作没有负面效应或者负面效应很小）、准备可能要使用的非投运设备以及根据实际的乏燃料水池状态准备转入后续的具体策略执行部分。具体策略执行部分包括乏燃料水池水位低时执行增加乏燃料水池水位导则和燃料厂房放射性高时执行减小燃料厂房放射性导则两部分。导则出口部分用于当乏燃料水池达到可控稳定状态后退出乏燃料水池 SAMG 并执行相关的长期关注。

4.4.4 导则中的计算辅助 CAs

SAMG 编制过程中开发了一系列的计算辅助（CA）用于支持 TSC 人员的分析和决策。计算辅助开发时充分考虑了易用性，一般只要求两三个电厂参数作为输入，这样可以保证 TSC 人员快速高效地使用 CA。

"华龙一号"开发了以下 CA：

(1)《再淹没堆芯所需注水流量》(CA-1)。
(2)《排出堆芯长期衰变热所需注水流量》(CA-2)。
(3)《安全壳内氢气可燃性判断》(CA-3)。
(4)《安全壳排气的体积流量》(CA-4)。
(5)《安全壳水位和体积》(CA-5)。
(6)《安全壳降压时的氢气风险分析》(CA-6)。
(7)《停堆后安全壳内辐射剂量率》(CA-7)。
(8)《排出乏燃料水池衰变热所需注水流量》(CA-8)。
(9)《严重事故下乏燃料水池水位随时间的变化》(CA-9)。

4.4.5 严重事故管理导则与应急运行规程接口

"华龙一号"堆芯温度是无法测量的，与堆芯温度最为接近的是堆芯出口热电偶温度的示数，堆芯出口热电偶温度示数比堆芯温度要低几百度。当堆芯出口热电偶温度示数为 650℃时，表明燃料包壳已经或即将发生严重损坏，认为此时严重事故已经发生。当反应堆压力容器顶盖开启后，堆芯出口温度是无法测量的，此时可以通过监测安全壳内放射性剂量率的变化来判断反应堆堆芯是否发生严重损坏。因此，当反应堆压力容器顶盖未开启时，EOP 向堆芯部分 SAMG 过渡的准则是堆芯出口热电偶温度大于 650℃且冷却手段失效；当反应堆压力容器顶盖开启时，EOP 向堆芯部分 SAMG 过渡的准则是安全壳内剂量率超过相应的剂量限值。

乏燃料水池水位低于相应整定值或者燃料厂房放射性高于相应整定值是乏燃料水池已经发生乏燃料损坏或者即将发生乏燃料损坏的征兆，因此 EOP 向乏燃料水池部分 SAMG 过渡的准则是乏燃料水池水位小于相应整定值或者燃料厂房放射性高于相应整定值。

4.4.6 严重事故管理导则与应急计划(EP)的接口

核电厂现有的应急计划不仅考虑了预期的运行工况和事故工况，还考虑了发生概率很小但后果严重的严重事故。为了提高事故管理策略的可实现性和有效性，确保严重事故发生后能够有效缓解事故后果，应当对照 SAMG 所必须采取的操作对 EP 进行审查，并对其进行必要修改，以确保 SAMG 与 EP 之间不冲突，主要包括以下几方面：

(1)应将应急状态分级、启动应急响应与启动严重事故管理、向严重事故管理过渡等活动及安排(比如应急总指挥宣布进入 SAMG，应急响应人员权限责任的转移等)进行整合。

(2)加强和完善核动力厂应急响应组织体系。把执行 SAMG 的人员融入 EP 的组织机构中，逐条落实执行 SAMG 的职责，把执行 SAMG 必须的人员和执行 EP 的人员进行整合，确保事故管理组织机构、人员与应急响应组织机构、人员兼容、协调一致。

(3)明确 TSC 人员的岗位职责。TSC 是 SAMG 的使用主体，在严重事故管理中负责事故评估和决策制定。TSC 人员必须对严重事故各个领域，包括核工程、热工水力、化学、保健物理，其他诸如裂变产物转移特性等方面有深入认识。

(4) 应急响应能力的保持。主要包括人员培训、演习、应急设施、设备的维护及应急计划的评议和修改等方面，需要将 SAMG 相关的培训、演习等增加到核电厂应急计划中。

第 5 章
设计验证试验

"华龙一号"在成熟能动设计的基础上引入了非能动设计特征,并通过试验和验证确保其增强了"华龙一号"的安全性和运行性能。针对包括反应堆堆芯设计变化、能动与非能动相结合的设计理念、抗震能力的提高、严重事故下降低放射性物质向外释放可能性在内的重要技术改进项,"华龙一号"开展了大量有针对性的验证试验。

为获得压力容器下封头外表面流动传热特性及临界热流密度,开展了堆腔注水冷却系统验证试验;为验证二次侧非能动余热排出系统在全厂断电工况下的运行能力和特性,开展了二次侧非能动余热排出系统试验研究;为验证非能动安全壳热量导出系统在指定工况下的排热能力及运行特性,并考察非能动安全壳冷却系统与安全壳大空间的热工水力耦合行为,开展了非能动安全壳冷却系统性能验证试验及大型安全壳热工水力综合试验等。同时,在"华龙一号"电厂研发过程中大量地使用了仿真验证技术。

5.1 堆腔注水冷却系统验证试验

堆腔注水冷却系统试验研究的目的是获得压力容器下封头外壁面的 CHF 数据,为堆腔注水冷却系统的性能评价提供支撑。堆腔注水冷却系统临界热流密度实验在中国核动力研究设计院的热工水力实验装置上开展,实验装置如图 5.1 所示,实验采用电加热元件作为热源,将电加热元件嵌装入导热块,通过调节各个电加热元件功率实现多种热流密度分布曲线。导热块用于模拟压力容器,半径尺寸与原型按 1∶1 比例选取,弧度约 90°。保温层与压力容器下封头的形状均为半球形,两者之间形成的环隙流道宽度保持不变。实验中,采用高度方向 1∶1 的等宽度矩形流道模拟反应堆压力容器下封头与保温层形成的环隙流道,沿流动方向流道间隙保持不变。实验本体流道结构示意图见图 5.2。

在堆腔注水冷却系统 CHF 试验装置上针对不同的参数范围(流量、压力、温度等)开展了一系列的 CHF 试验研究,包括非能动注入工况和能动注入工况下的 CHF 试验,获得了大量的 CHF,试验参数范围完全覆盖堆腔注水冷却系统的运行区间。

图 5.1 堆腔注水冷却系统 CHF 试验装置
Fig. 5.1 CHF test facility for CIS

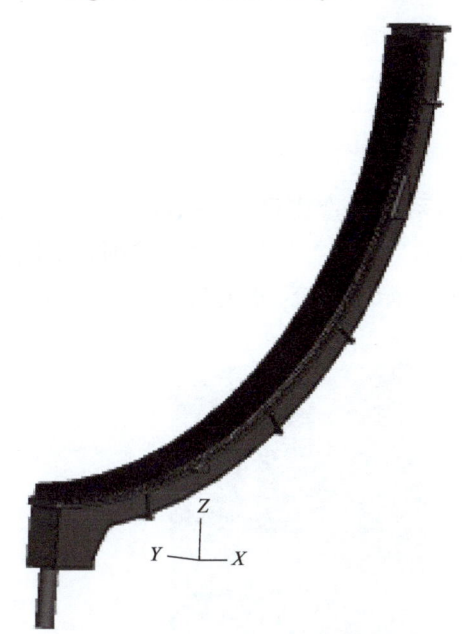

图 5.2 堆腔注水冷却系统 CHF 实验流道结构
Fig. 5.2 Flow channel of CHF test facility for CIS

5.2 二次侧非能动余热排出系统验证试验

二次侧非能动余热排出系统试验研究目的是验证 SBO 事故工况下该系统的运行能力和特性(图 5.3),验证原型事故冷却水箱(水池)和原型应急余热排出冷却器(冷却器)的设计能力,为设计和改进提供试验数据基础和必要的数据支撑。

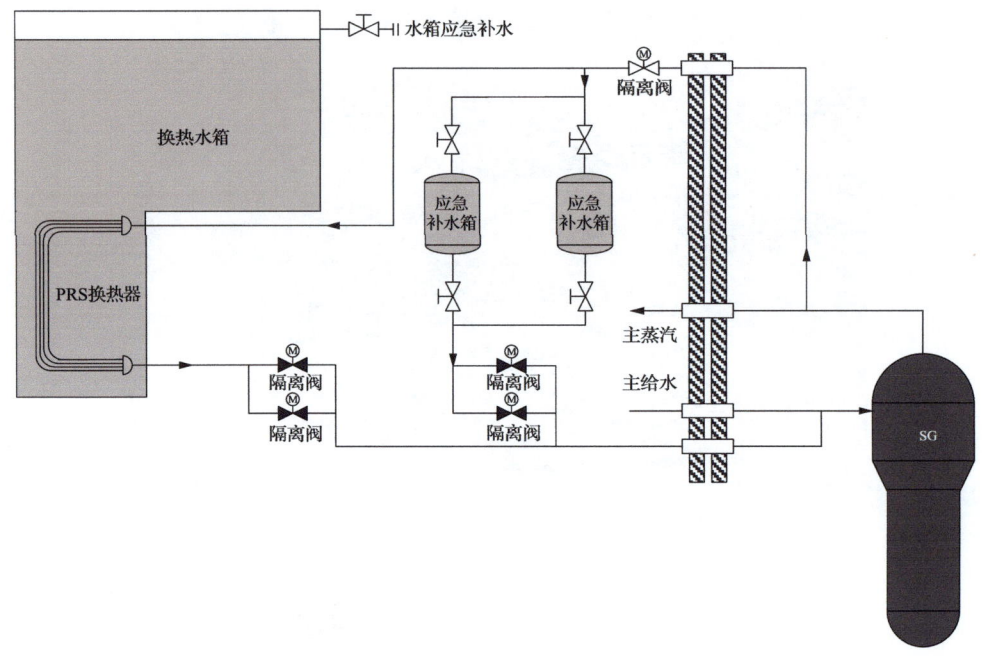

图 5.3　二次侧非能动余热排出系统流程图（一个系列）
Fig. 5.3　PRS system flow diagram（one train）

二次侧非能动余热排出系统试验装置（ESPRIT）以二次侧非能动余热排出系统原型设计系统为模拟对象（图 5.4），遵循全高全压模拟准则。二次侧非能动余热排出系统试验装置回路系统由蒸汽-水自然循环系统、水池排热系统、蒸汽排放支路和辅助系统组成。

图 5.4　二次侧非能动余热排出系统的试验装置
Fig. 5.4　PRS test facility

稳态试验用来验证高压、低压条件下，高加热功率和低加热功率时，二次侧非能动余热排出系统的稳态运行能力。高压条件对应于二次侧非能动余热排出系统投入早期，低压条件对应于事故长期。高加热功率用于验证二次侧非能动余热排出系统最大排热能力，低加热功率用于验证二次侧非能动余热排出系统低功率条件下的运行能力。瞬态试验包括两个试验工况：SBO 工况下且给水汽动泵不可用、SBO 工况下但给水汽动泵初期可用。在 ESPRIT 实验装置上开展了一系列的实验研究，获得了大量的实验数据。同时，实验证明在发生 SBO 事故后的 72h 内，二次侧非能动余热排出系统能有效导出堆芯余热，维持反应堆的安全。

5.3 非能动安全壳冷却系统性能综合试验

非能动安全壳冷却系统在设计扩展工况下，承压安全壳长期排热的功能，用于包括与全厂断电和喷淋系统故障相关的事故。非能动安全壳冷却系统(图 5.5)，也用于严重事故工况(如设计扩展事故发展到堆芯明显恶化的严重事故)，因此该系统也是核电厂重要的严重事故缓解措施之一。在电站发生设计扩展工况(包括严重事故)时，将安全壳压力和温度降低至可接受的水平，以保持安全壳的完整性。

非能动安全壳冷却系统采用非能动技术，发生全厂断电时，在没有操纵员干预的情况下，系统自动投入运行，利用自然循环实现安全壳的长期排热。在无需操纵员操作的情况下，安全壳非能动排热时间至少维持 72h，之后可以考虑通过除盐水系统为换热水箱补水。

非能动安全壳冷却系统设置三个相互独立的系列，每个系列包括：换热器、换热水箱、蒸汽排放装置、电动隔离阀和贯穿安全壳的管道等。

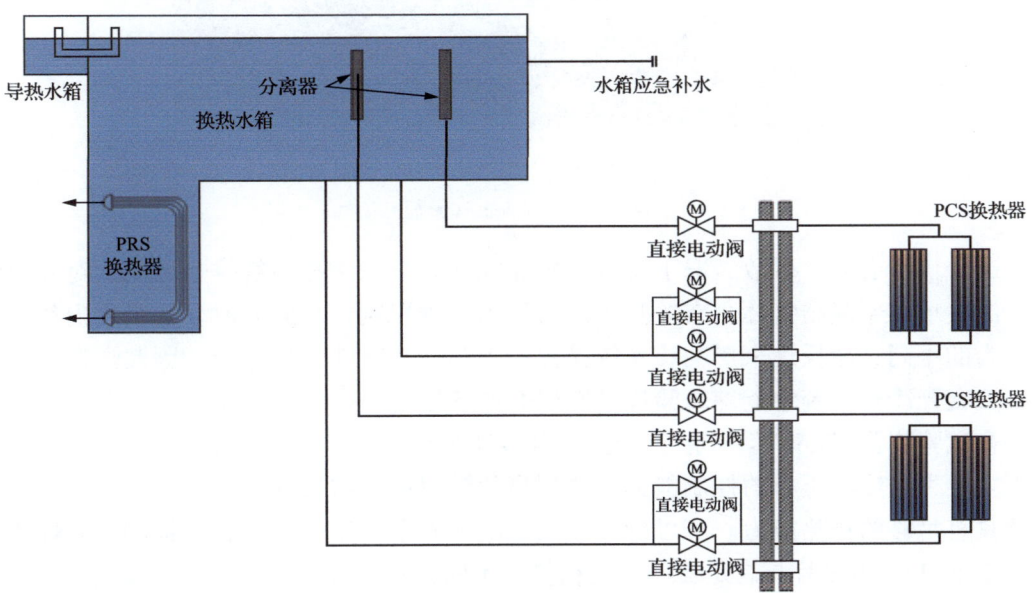

图 5.5　非能动安全壳冷却系统流程图(一个系列)
Fig. 5.5　PCS system flow diagram(one train)

非能动安全壳冷却系统性能验证试验为考核该系统在指定工况下的排热能力及运行特性，建设了全高度、全压力的综合试验装置(图 5.6)，包含了 1∶1 换热单元的换热器及经模化缩比的汽水分离器、安全壳模拟体、试验回路和冷却水箱(含蒸汽排放装置)等。试验结果表明，非能动安全壳冷却系统具有足够的换热能力，且具有较大裕量，在事故后 72h 内，通过非能动安全壳冷却系统能有效导出安全壳内的热量，保持安全壳的完整性；且非能动安全壳冷却系统运行稳定，自主研发的换热器、汽水分离器及蒸汽排放装置等关键部件运行条件良好，能够实现设计功能。

图 5.6　非能动安全壳冷却系统性能验证试验装置
Fig. 5.6　System performance test facility for PCS

进一步考虑到，事故工况下安全壳内非能动安全壳冷却系统排热可能会对壳内流场、温度场和不凝结气体分布等热工水力行为产生影响。与此同时，安全壳内热工水力行为的不同又会反过来影响该系统排热能力和动态特性出现差异。因此，在前述非能动安全壳冷却系统性能综合验证试验研究的基础之上，又建设了大型安全壳热工水力综合试验装置(图 5.7)，开展安全壳综合验证实验，进一步检验该系统对典型事故工况下安全壳温度、压力的控制能力。典型事故模拟试验结果证明，非能动安全壳冷却系统具有足够的排热能力，可以确保事故工况下安全壳压力得到有效抑制，壳峰值压力均低于 0.52MPa 且具有足够的安全裕量。不同位置及方向喷放试验结果表明，喷口位置、方向对事故下壳内压力响应特性和非能动安全壳冷却系统排热功率的影响不大，安装换热器防护装置和换热器凝水收集装置对该系统排热能力没有明显影响。

图 5.7 大型安全壳热工水力综合试验装置
Fig. 5.7 Large-scale containment thermal hydraulic integrated test facility

5.4 反应堆堆内构件流致振动试验

反应堆冷却剂流动会诱发堆内构件的振动。伴随着反应堆的运行,堆内构件的流致振动总是存在的。流致振动可能使结构产生疲劳损伤或连接件发生松动或磨损破坏。

按照美国核管会管理导则《预运行和初始启动试验期间反应堆堆内构件振动综合评价大纲》(R.G.1.20)的要求,首先对第三代核电"华龙一号"的首堆(福清 5 号机组)堆内构件进行分类。通过对"华龙一号"反应堆的设计和参考堆型 M310 这两种反应堆在运行参数、布置、设计、尺寸、制造和流场等方面的相同和不同处进行了对比研究,结合与国家核安全审评部门的沟通结果,确定"华龙一号"首堆堆内构件保守地归为原型堆。

为了保证"华龙一号"堆内构件的结构完整性,确定正常运行稳态及预期的瞬态工况相关的安全裕度,在堆内构件的设计阶段应对堆内构件的流致振动行为进行分析计算和比例模型试验研究,为此"华龙一号"反应堆开展了 1∶5 比例模型堆内构件的流致振动试验研究。在福清 5 号机组热态功能试验期间对堆内构件的流致振动行为进行现场实堆测量及进行全面检查。

5.4.1 流致振动比例模型试验

试验采用 1∶5 的比例的模型试验，试验模型按相似准则模拟原型，是替代原型的试验研究对象。通过模型试验，可将试验结果真实有效地转换至原型。

通过试验获得模型各主要部件（吊篮组件、上部支承组件等）的固有振动特性和堆内构件的流致振动响应，验证堆内构件设计在流致振动方面的合理性，为堆内构件流致振动的安全评估提供必要的依据。试验包括三类：第一类是空气中固有振动特性试验，测量下部堆内构件（含堆芯燃料模拟体和不含堆芯燃料模拟体）的梁式和壳式振动特性、测量上部堆内构件的固有振动特性、测量二次支承组件的固有振动特性。第二类是静水中固有振动特性试验，测量下部堆内构件浸没在静水中的梁式和壳式固有振动特性、测量二次支承组件在静水中的梁式振动特性。第三类是流致振动响应试验，在流致振动响应试验中测量关键部件的振动响应，包括振动位移、应变、加速度和脉动压力等。

完整模型试验包括完整模型稳态试验，完整模型的单、双和三泵启动和停泵瞬态试验，以及不含燃料模拟体的模型试验，用以模拟实堆预运行试验工况。

理论计算包括，部件固有振动特性的分析计算，主要为在空气中和静水中的固有振动特性计算；流致振动响应计算主要计算下部堆内构件吊篮等重要部件在流体激励下的振动响应，验证部件的抵抗长期流致振动引起的高周疲劳失效的能力。

反应堆堆内构件流致振动试验模型由压力容器、支承组件、堆内构件（吊篮组件、上部组件、压紧弹簧）和燃料组件、二次支承组件等主要部件组成（图 5.8）。

由于流致振动引起的交变应力远小于材料的疲劳持久极限，经分析预计在电站寿期内不致发生高周疲劳破坏；在额定流量下，堆内构件经受了连续 45h 运行的耐久性试验，试验后经拆卸检查未发现部件及其连接件松动、脱落。吊篮法兰压紧弹簧功能正常，吊篮法兰未出现擦伤、划痕等。

5.4.2 流致振动现场试验

在福清 5 号机组热态功能调试期间，测量额定流量运行工况、泵启动和惰转瞬态工况下的堆内构件流致振动响应（振动加速度和应变）；在正常运行工况下进行 240h 耐振考验试验；试验后进行全面检查。

在热态功能试验期间，堆内构件不安装真实燃料组件以避免真实燃料组件受到各种损害（如热态功能试验期间的异物及松脱件）。在下堆芯板上安装堆内构件过滤组件，过滤组件可截留最小直径大于 1.5mm 的异物颗粒（松动件），以防止异物进入反应堆冷却剂系统设备，避免主泵和蒸汽发生器的敏感部位损坏。热态功能试验期间没有安装堆芯时，吊篮组件的梁式频率（约 8Hz）只是会略微提高。同时，无堆芯的吊篮组件的流致振动响应比有堆芯的响应略微偏大，试验结果是偏于保守。

图 5.8　堆内构件流致振动比例模型试验装置示意图
Fig. 5.8　Scale model of test facility for RVI flow-induced vibration

根据"华龙一号"与 M310 堆型结构对比分析和 1∶5 模型试验结果确定传感器布置和数量。考虑到"华龙一号"与 M310 堆型堆内构件部分结构相同，同时 1∶5 模型试验获得了堆内构件大量的流致振动试验数据，且模型试验结果表明"华龙一号"堆内构件设计对于流致振动载荷有很大的安全裕量。现场实测时反应堆内高温高压高流速的试验环境存在导致传感器及安装附件脱落的风险，且安装传感器对堆内构件会产生一定的永久损伤，所以在满足验证结构完整性和确认流致振动分析结果的基础上，应控制现场实测传感器数量在合理范围内。同时考虑到部分传感器存在失效的可能性，因此也考虑了大部分传感器的冗余布置。经过综合分析确定的测点布置总数为 51 个，测点位置见图 5.9～图 5.11。测量传感器分为应变计、加速度计和压力传感器。

福清 5 号机组堆内构件在冷态功能试验前和热态功能试验后的检验结果合格，传感器及保护部件拆除后的打磨表面液体渗透检验结果合格，反应堆压力容器内部没有松脱的零部件和异物。福清 5 号机组冷热态功能试验后，堆内构件结构没有损坏，处于正常状态（图 5.12、图 5.13）。

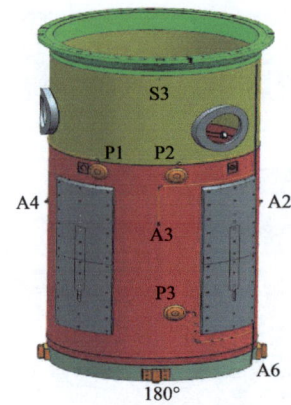

图 5.9 堆内构件流致振动现场实测测点布置示意图(1)

Fig. 5.9 Measurement points of RVI flow-induced vibration test on plant site(1)

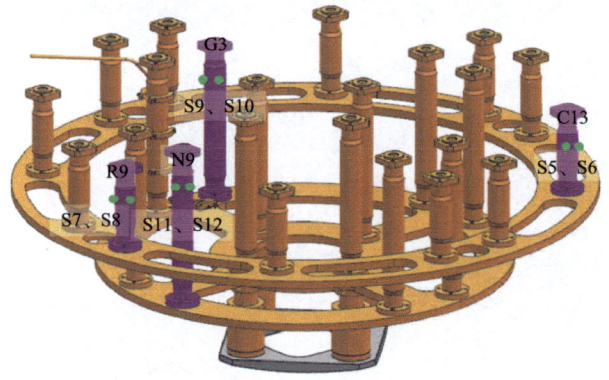

图 5.10 堆内构件流致振动现场实测测点布置示意图(2)

Fig. 5.10 Measurement points of RVI flow-induced vibration test on plant site(2)

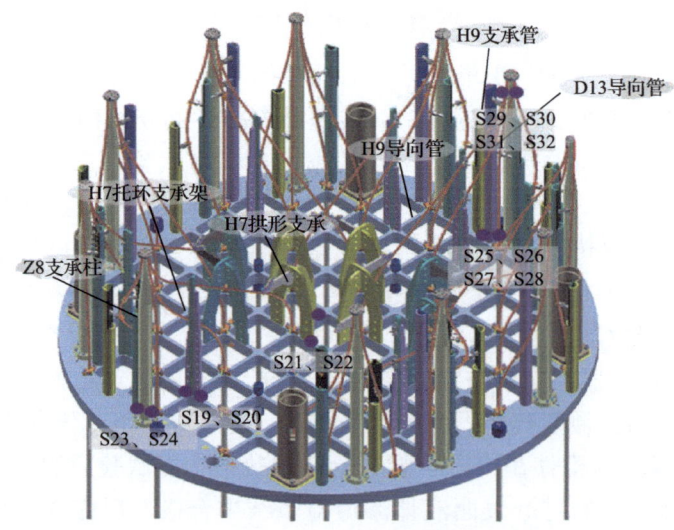

图 5.11 堆内构件流致振动现场实测测点布置示意图(3)

Fig. 5.11 Measurement points of RVI flow-induced vibration test on plant site(3)

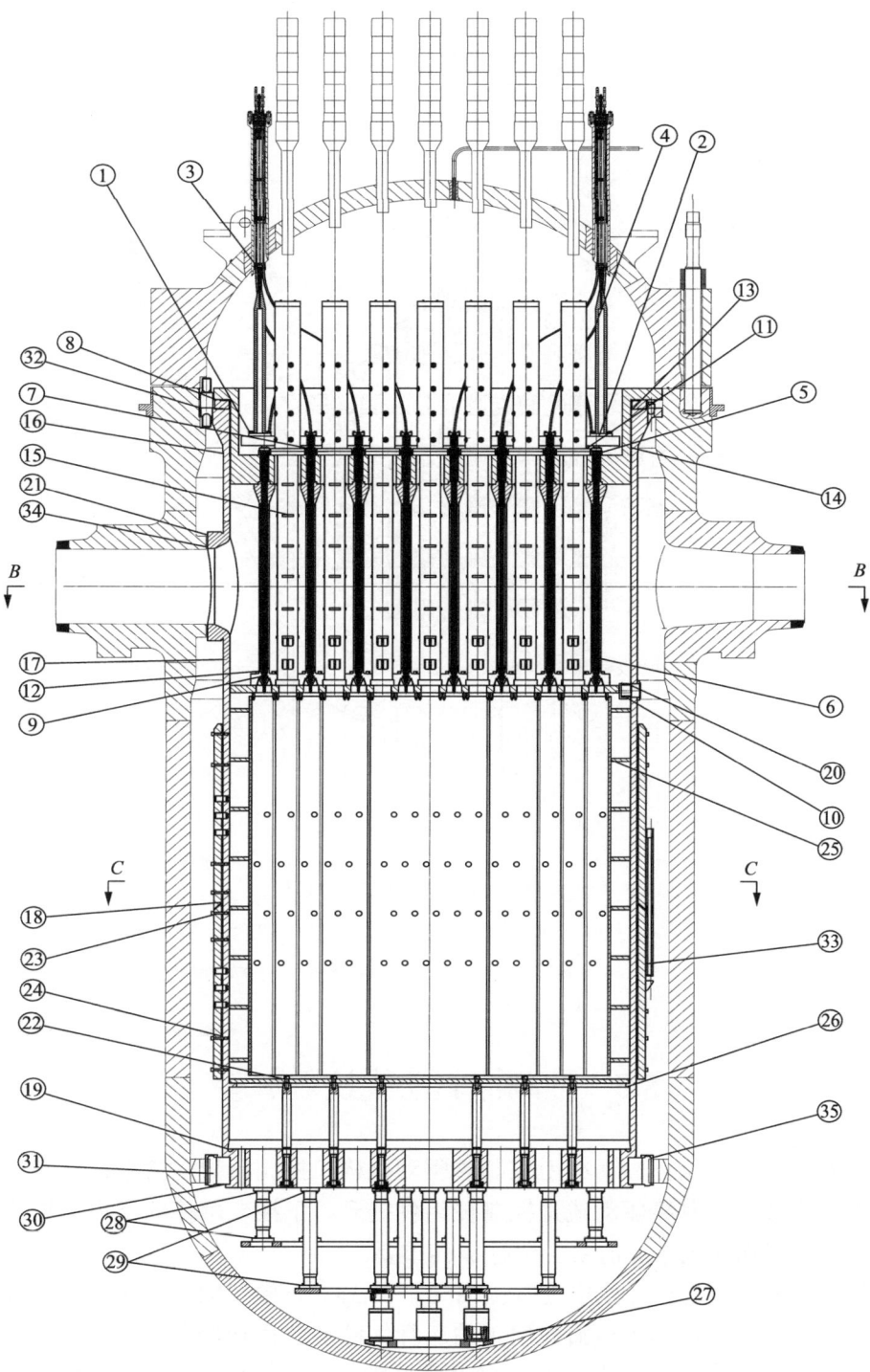

图 5.12 堆内构件现场测试后检查位置(1)

Fig. 5.12 Inspection points after RVI flow-induced vibration test on plant site(1)

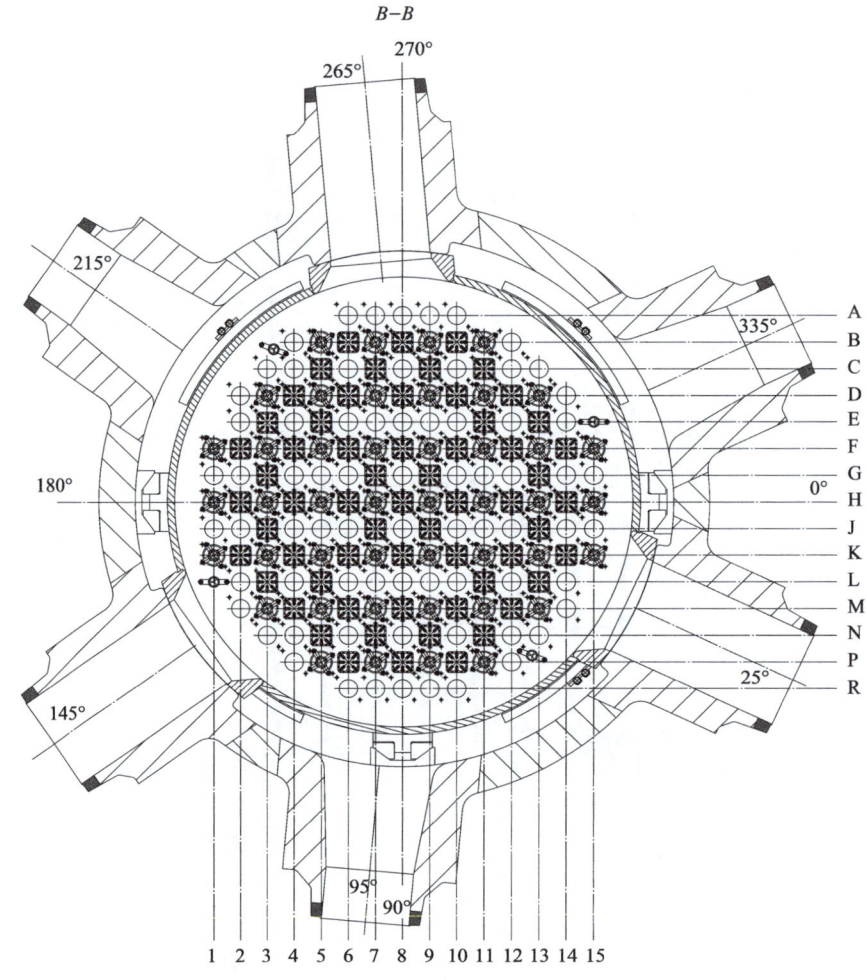

图 5.13　堆内构件现场测试后检查位置(2)

Fig. 5.13　Inspection points after RVI flow-induced vibration test on plant site(2)

5.5　控制棒驱动线抗震试验

"华龙一号"控制棒驱动线由控制棒驱动机构、控制棒导向筒组件、燃料组件、控制棒组件构成，控制棒驱动线是控制棒组件提升、下插、落棒的通道，控制棒驱动线的抗震能力对保证核电厂的安全运行极其重要。

"华龙一号"厂址设计基准地震提高到了 $0.3g$。试验目的为通过多点激励地震试验，对控制棒驱动线在地震载荷作用下的运行性能、落棒功能及结构的完整性进行验证，验证控制棒驱动线能否满足 $0.3g$ 的抗震要求，为控制棒驱动线的结构设计和安全评定提供试验依据。

驱动机构抗震试验样机采用经过热态寿命考核试验且性能合格的 1∶1 足尺样机，

试验样机的安装方式模拟驱动线在实堆中的安装方式，抗震试验载荷满足相关规范的要求，同时对控制棒驱动线进行水平向和竖直方向的地震激励，以绝对位移时程作为地震激励输入，试验的运行工况尽量模拟实堆可能遇到的运行工况，根据部件的振动特性选择测点位置和测量内容。加速度和应变传感器具有良好的防水措施，以保证测量数据的可靠性。

试验装置由多点激励试验装置、试验样机、模拟支架和测试仪表组成(图 5.14)。

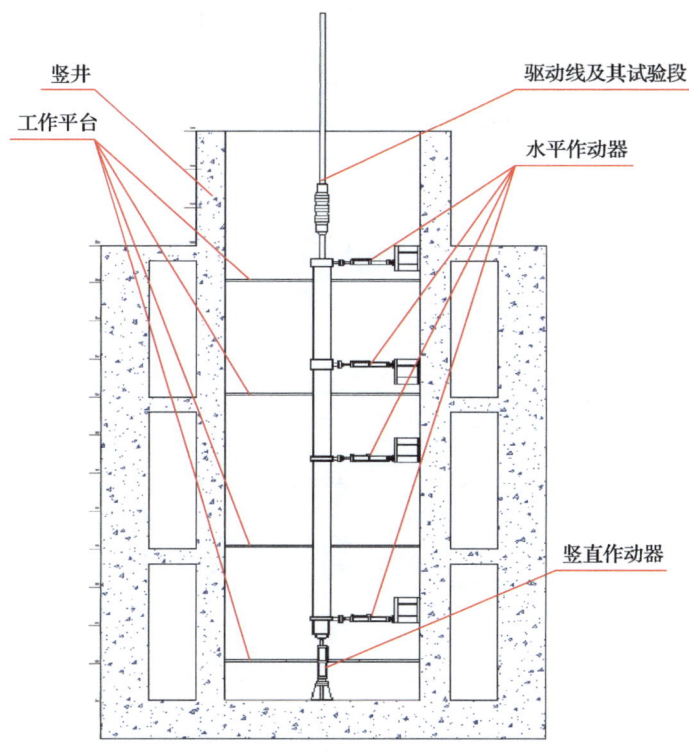

图 5.14　多点激励试验试验装置示意图

Fig. 5.14　Test facility for multi-point excitation test

试验样机为反应堆控制棒驱动线 1∶1 足尺样机，包括控制棒驱动机构、上部导向筒、下部导向筒、燃料组件和控制棒组件等(图 5.15)。试验中选择的水平激励位置为压力容器顶盖、上支承板、上堆芯板和下堆芯板，竖直方向激励位置为下堆芯板。

试验内容包括两大部分。第一部分为动态特性探查试验：测量控制棒驱动线在安装条件下，试验支撑筒体中充满水状态下的自振频率、阻尼等振动参数；测量控制棒驱动线在安装条件下，试验支撑筒体中未充水状态下的自振频率、阻尼等振动参数。第二部分为地震试验：采用竖井式多点激振抗震试验装置，对控制棒驱动线进行 5 次 1/2 SL-2 地震试验，试验中模拟控制棒驱动线的各种运行(控制棒提升、下插、保持、落棒)状态；采用竖井式多点激振抗震试验装置，对控制棒驱动线进行 1 次 SL-2 地震试验，试验中对控制棒驱动线进行落棒测试。

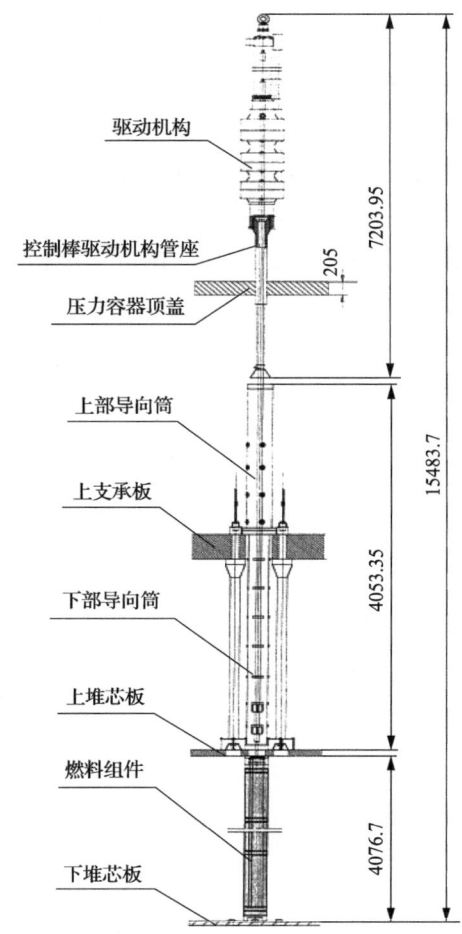

图 5.15 反应堆控制棒驱动线结构示意图（单位：mm）
Fig. 5.15 Sketch of control rod driving line

在地震试验前、1/2 SL-2 地震试验和 SL-2 地震试验过程中、地震试验后分别进行控制棒驱动机构的功能试验，验证地震试验前后和地震载荷作用下控制棒驱动线的可运行性和快速落棒功能。

对于控制棒驱动机构的功能试验，在抗震试验前和抗震试验后分别对安装状态下的控制棒驱动线进行了动态特性探查试验，获得了控制棒驱动线动态特性试验结果。

对于地震试验，获得了地震试验中激励点的输入和响应位移，试验装置很好地模拟了要求位移时程。试验中各个激励点的响应位移与要求位移 RMS 值的相对统计偏差小于 2.5%。地震试验中，激励点加速度响应谱在 0.8Hz（<0.7×1.52=1.06Hz）以上，能够包络输入加速度反应谱，满足 HAF J0053 的要求。地震试验中响应功率谱密度能够满足在 0.3~24Hz 范围内包络输入功率谱密度 80%的要求。通过试验得出，在 1/2 SL-2 试验过程中控制棒组件能够实现提升、下插、保持和落棒等正常运行功能，在 SL-2 试验过程中控制棒组件能够顺利落棒以实现安全停堆功能。

抗震试验在试验前对每个试验件进行了初始目视检查，所有试验件结构完整。抗震试验后，对试验件拆解到试验前的状态，经目视检查，发现控制棒底端和顶部有磨损痕迹，但无明显变形和破损。驱动机构未发现明显的外观损伤，导向筒组件未发现连接件松动和焊点脱落，燃料组件无明显变形和外观损伤，上管座凸台和下管座管腿无明显撞痕和变形、控制棒组件无明显变形。采用内窥镜对导向筒和模拟燃料组件导管内壁进行了查看，发现导向筒内壁和模拟燃料组件导管内壁有明显磨痕，但未发现明显的裂纹和破损。

在 1/2 SL-2 地震试验前、1/2 SL-2 地震试验后、SL-2 地震试验后均对控制棒驱动机构进行了棒位探测精度测试、驱动机构运行试验和落棒试验。

功能测试结果显示，棒位探测精度测试中，棒位探测器工作正常，棒位探测精度为 8 步。驱动机构运行试验中，驱动机构动作正常，无失步、滑步现象出现。落棒试验中，控制棒驱动线均能正常释棒和落棒，测试结果见表 5.1。

表 5.1　控制棒驱动线功能测试结果
Table 5.1　Measurement results of CRDL functions test

序数	工况	t_4/ms	t_5/s	t_5+t_6/s
1	1/2 SL-2 试验前静态全程落棒	75	1.16	1.73
2	1/2 SL-2 试验前静态全程落棒	72	1.10	1.67
3	1/2 SL-2 试验前静态全程落棒	72	1.13	1.72
4	1/2 SL-2 试验后静态全程落棒	72	1.18	1.77
5	1/2 SL-2 试验后静态全程落棒	72	1.20	1.80
6	1/2 SL-2 试验后静态全程落棒	74	1.16	1.78
7	SL-2 试验后静态全程落棒	75	1.21	1.79
8	SL-2 试验后静态全程落棒	77	1.20	1.78
9	SL-2 试验后静态全程落棒	77	1.20	1.78

注：t_4 为定爪线圈和动爪线圈失去电源到钩爪打开的时间；t_5 为从钩爪打开到控制棒落入缓冲段的时间；t_6 为控制棒进入缓冲段到落至堆芯底部的时间。

综上所述，试验装置模拟了控制棒驱动线在实堆中的安装情况；抗震试验很好地模拟了各个输入点的地震位移时程，各个激励点的地震响应加速度反应谱在 0.8Hz 以上能够包络要求加速度反应谱，试验载荷满足相关规范的要求；控制棒驱动线能够保持在 1/2 SL-2 地震载荷下的正常运行功能和 SL-2 地震载荷下的安全停堆功能；1/2 SL-2 和 SL-2 试验完成后，控制棒驱动线能够继续保持正常运行功能。"华龙一号"控制棒驱动线在 1/2 SL-2 和 SL-2 地震载荷作用下和作用后功能正常。

5.6　反应堆水力模拟试验

反应堆整体水力模拟试验的目的是获得各种工况下堆芯入口流量分配，确定堆芯流量分配因子，获得堆进出口总压降和分段压降，为热工水力和结构设计提供支持。

综合考虑实验要求，测量可行性和加工经济性等多方面因素，选择实验模拟体与原型的比例为 1∶4。在模型中进行了简化：①反应堆局部漏流不超过 4%，对反应堆内流场的影响很小。在实验中不考虑各部分的漏流。模拟的上封头部分简化为平顶盖，简化了吊篮出口管和堆芯围板结构。②下空腔的支撑结构及上部堆内构件，在保证外形尺寸与原型相似的条件下进行设计。③燃料组件，17×17 燃料棒束不可能按此例缩小，按动力相似原则设计模拟组件。实验模拟体结构见图 5.16。反应堆水力模拟实验台架包含三条环路。图 5.17 为其流程图。

试验测量了不同数量环路运行情况下的 177 个燃料模拟组件的堆芯入口处的归一化流量分布。结果表明，反应堆堆芯流量分配比较均匀，除外围个别组件之外，流量归一化分配因子在 0.95～1.07 范围内；反应堆中心区组件流量比外围区大，这正好与低泄漏燃料管理的堆芯功率分布一致，有利于各燃料组件发热的导出。

测得的模型各区段压降提供了反应堆各部位旁漏流的驱动头，为反应堆设计和主泵设计提供了输入数据。

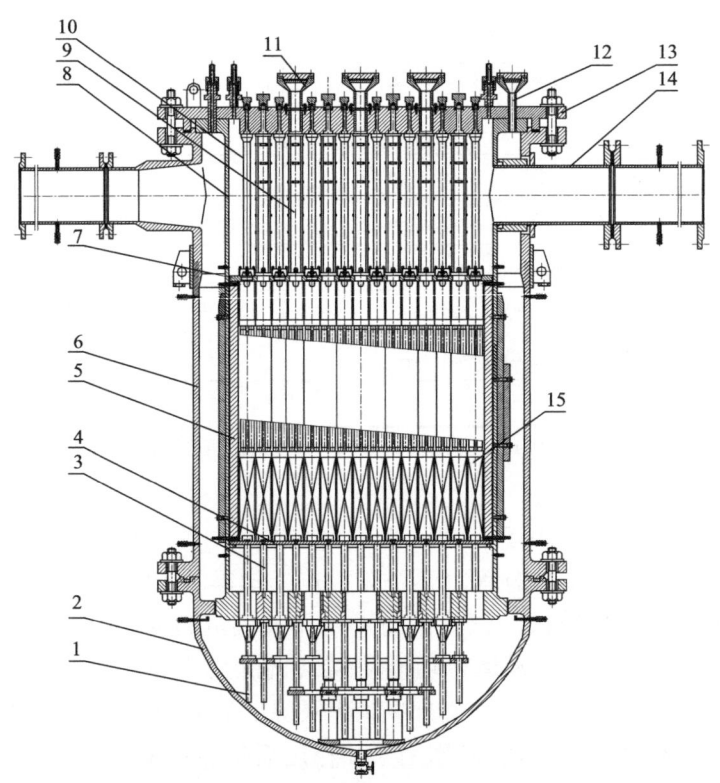

图 5.16　整体实验模型

Fig. 5.16　Integral simulation test model

1. 下部堆内构件；2. 压力容器下封头；3. 下支撑柱；4. 下板；5. 围板组件；6. 压力容器筒体；7. 上板；
8. 吊篮筒体；9. 上支撑柱Ⅱ(导向管)；10. 上支撑柱Ⅰ；11. 组件引线引出管；12. 测压引线引出管；
13. 上盖；14. 出口管；15. 模拟燃料组件

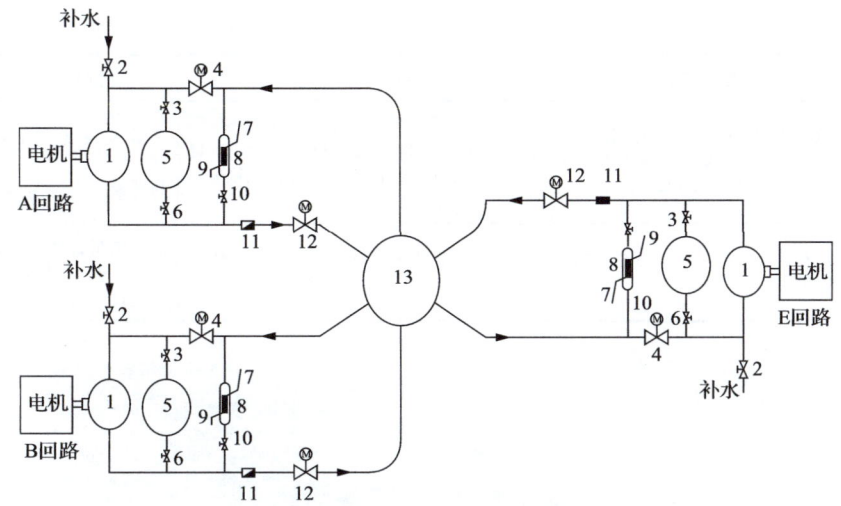

图 5.17　实验回路流程图

Fig. 5.17　Test system flow diagram

1. 主泵；2. 补水阀；3. 电动闸阀；4. 电动调节阀；5. 稳压器；6. 电动闸阀；7. 截止阀；8. 冷却器；9. 电动调节阀；10. 电动闸阀；11. 涡轮流量计；12. 电动球阀；13. 试验模型

5.7　蒸汽发生器验证试验

ZH-65 型 SG 与前期国内二代改进型核电厂蒸汽发生器相比，其关键部件结构和运行参数均不相同。结构和运行参数的改变，直接影响 SG 的工作性能以及核电厂的安全性。由于 SG 二次侧内部结构及流场复杂性，基于大量假设和模型简化进行的数值分析计算目前主要用于 SG 前期设计及方案评估，为了保证电站运行安全及稳定性，仍需要开展 SG 验证试验。

为了充分验证 ZH-65 型 SG 关键部件性能以及综合性能，相继开展了管子支承板水力特性试验、汽水分离装置性能验证、传热管束流致振动试验和综合性能试验 4 个大项共 9 个子项设计验证试验。试验的详细情况见表 5.2。试验装置如图 5.18 所示。

表 5.2　设计验证试验情况

Table 5.2　Design verification test

试验项目	试验必要性	设计要求	试验结果	结论
管子支承板水力特性试验	ZH-65 型 SG 管子支承板采用自主设计的三叶梅花形管孔，需要通过试验获得新型管子支承板的水力特性。	折算的两相局部阻力系数小于二代改进型 SG 的两相局部阻力系数	ZH-65 管子支承板局部阻力系数小于二代改进型 SG	满足要求
汽水分离装置性能验证试验	对改进设计的汽水分离装置，需进行试验，验证出口蒸汽品质是否满足要求，同时获得汽水分离装置的水力特性	1) 限流器后蒸汽湿度≤0.25% 2) 获得汽水分离器局部阻力系数	1) 限流器后蒸汽湿度远小于 0.25% 2) 获得汽水分离器局部阻力系数	满足要求

续表

试验项目	试验必要性	设计要求	试验结果	结论
传热管束流致振动试验	ZH-65型SG改进了管束及其支承结构。需进行试验,验证传热管束无流致振动破坏风险。	在模拟SG正常运行工况下,测量SG管束横流冲刷部位的流致振动响应,验证ZH-65型SG传热管束是否符合流致振动要求。	试验未发现ZH-65型SG存在漩涡脱落等不利现象	满足要求
SG综合性能试验	需进行综合性能试验验证SG的综合性能。	通过SG模拟体试验,综合验证ZH-65型的性能	试验结果证明了ZH-65型SG的总体性能参数满足设计要求	满足要求

(a) 管子支承板水力特性试验台架

(b) 汽水分离装置性能验证试验台架

(c) 传热管束流致振动试验台架

(d) SG综合性能试验台架

图 5.18　ZH-65 型 SG 试验装置

Fig. 5.18　ZH-65 test devices

相关设计验证试验的结果最终证明,ZH-65 型 SG 设计合理,各项性能满足要求。

5.8　内置换料水箱过滤器验证试验

"华龙一号"安全壳内置换料水箱(IRWST)为反应堆专设安全设施提供冷却水源,安全注入系统及安全壳喷淋系统从 IRWST 取水,实现堆芯注水及安全壳喷淋的功能。

IRWST 过滤器的主要功能是：发生冷却剂丧失事故（LOCA）或主蒸汽管道破裂事故（MSLB）后，对破口附近产生并汇集至 IRWST 的碎渣进行过滤，防止安全壳喷淋系统回路中喷淋喷头以及安全注入系统再循环阶段燃料棒支撑格栅的堵塞，实现堆芯长期冷却与安全壳降温降压的功能。

"华龙一号"IRWST 过滤器的设计需要满足事故下安全注入系统和安全壳喷淋系统的压降限值要求，以确保低压安注泵和安全壳喷淋泵的必须汽蚀余量（NPSHr）。IRWST 过滤器的压降限值如表 5.3 所示。

表 5.3 IRWST 过滤器的压降限值
Table 5.3 Limit value of head loss for IRWST filters

系统	流量/(m³/h)	温度/℃	安全壳内压力/bar	压降限值/mcL
安全注入系统	1270	100	1.99	1
安全壳喷淋系统	1050	100	1.99	1

为了验证 IRWST 过滤器的性能，需要对 IRWST 过滤器进行验证试验，包括碎渣压降试验、化学效应试验和堆芯内下游效应试验。试验的详细情况如表 5.4 所示。试验装置如图 5.19 所示。

验证试验的结果最终证明，IRWST 过滤器设计合理，各项性能满足设计要求。

表 5.4 IRWST 过滤器设计验证试验情况
Table 5.4 Design verification test for IRWST filters

序号	试验类型	试验内容	试验验收准则	试验结果	结论
1	碎渣压降试验	碎渣压降试验包括薄层实验与全载荷试验。当大量的颗粒碎渣聚集在一个薄纤维层上时会出现一个压峰值，这种现象称为薄层效应；若不考虑薄层效应，过滤器碎渣层的压降通常随着碎渣数量的逐渐增多而增大。纤维与颗粒碎渣数量达到最大时的试验，即全载荷试验	满足表 5.3 的压降限值	全载荷试验的碎渣压降值最大，为 0.25mcL	满足要求
2	化学效应试验	事故后，产生的碎片与喷淋水、破口水流中的硼酸、氢氧化钠产生化学反应，会产生新的化学物质，安全壳内的材料也会在反应堆冷却剂或喷淋水中发生溶解或腐蚀而生成腐蚀产物颗粒。产生的这些物质将随着温度变化沉淀或与其他物质发生反应形成沉淀。形成的颗粒或沉淀是碎片的另一个来源，沉积在滤网上将增加 IRWST 过滤器的压头损失。IRWST 过滤器的化学效应试验是验证化学产物对 IRWST 过滤器的性能影响	满足表 5.3 的压降限值	事故后化学产物并未导致 IRWST 过滤器的压降增大	满足要求
3	堆芯内下游效应试验	细小的纤维、颗粒及悬浮化学产物仍然会穿过 IRWST 过滤器进入堆芯，并在燃料组件防屑板、格架处沉积，进而对专设安全系统功能的可实现性产生负面影响。IRWST 过滤器堆芯内下游效应试验是为了研究燃料组件在事故工况下的堵塞行为，以验证事故工况下，燃料组件的性能能够满足要求	燃料组件的纤维量小于 15g/FA	燃料组件的纤维量小于 15g/FA	满足要求

(a) 试验过滤器模块　　　　　　　(b) 试验回路　　　　　　　(c) 试验燃料组件模拟件

图 5.19　IRWST 过滤器试验装置

Fig. 5.19　Test devices for IRWST filters

5.9　安全壳过滤排放系统综合试验

5.9.1　安全壳过滤排放系统

安全壳过滤排放系统的功能是在严重事故下通过对安全壳大气进行过滤排放以降低安全壳内的压力不超过其设计限值来确保安全壳完整性的目的。由于事故后安全壳大气带有大量的放射性，需要在排放之前对排放气体进行高效过滤以确保排入环境的气体放射性水平低于要求限值，确保环境安全。

系统设置了两级过滤装置，在严重事故后确定需要开启时，排放气体依次通过文丘里水洗器和金属纤维过滤器进行过滤后排入大气。金属纤维过滤器下游设置一个限流孔板，在较大的系统压力变化范围内，限流孔板处于临界流动状态，系统排放的体积流量基本保持不变，从而保证在排放过程中文丘里水洗器和金属纤维过滤器内部的流速基本恒定，进而保证较高的过滤效率。

5.9.2　综合试验平台

为了验证文丘里水洗器单独的过滤效率及和金属纤维过滤器在串联工作下的过滤效率，根据安全壳过滤排放系统的相关参数，设计并建造了安全壳过滤排放系统实验平台，如图 5.20、图 5.21 所示。该实验平台由蒸汽供给系统、空气供给系统、文丘里水洗器实验体、金属纤维过滤器实验体、高性能数据采集系统等组成。为模拟严重事故条件下安全壳内的大气环境，该系统配备了气溶胶、碘和有机碘的配送系统，能够向实验回路内配送一定压力、浓度的气溶胶、碘和有机碘。同时，该实验平台还配备了气溶胶、碘和有机碘的取样测量系统，能够保证过滤设备前后气体的取样和浓度的准确测量，从而完成文丘里水洗器和金属纤维过滤器的综合过滤性能实验。

实际系统的排放流量较大，因此实验中在原型样机的 1/36 排放流量条件下进行测试。

图 5.20 文丘里水洗器实验体
Fig. 5.20 Test devices for Ventrui scrubber

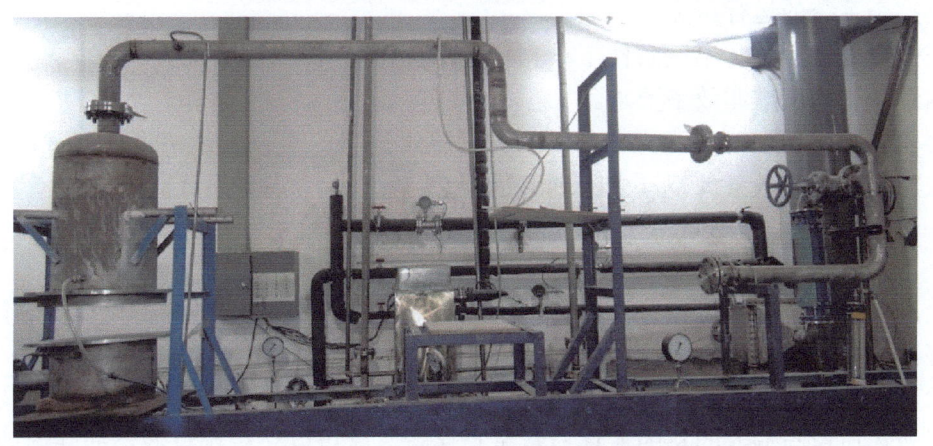

图 5.21 金属纤维过滤器试验装置
Fig. 5.21 Test devices for metal fiber

1. 气溶胶过滤性能实验

为了验证系统对气溶胶的过滤性能,需要将气溶胶样品配送至实验系统,然后在系统的上下游取样测量,分析浓度变化计算过滤效率。

为了满足不同气溶胶浓度的测量需求,实验中系统入口气溶胶浓度采用滤膜称重法测量,而出口浓度采用粒子计数法测量,以此验证文丘里水洗器和整体过滤排放系统对气溶胶的过滤效率。

2. 碘过滤性能实验

为了验证系统对单质碘的吸收性能，需要将碘蒸汽配送至实验系统，然后在系统的上下游取样测量，分析浓度变化计算吸收效率。

碘检测系统分别设置在文丘里水洗器的进、出口，用以监测进、出口碘的浓度，以此验证文丘里水洗器的碘过滤效率。

3. 甲基碘过滤性能实验

为了验证系统对有机碘的吸收性能，需要将甲基碘（代表有机碘）配送至实验系统，然后在系统的上下游取样测量，分析浓度变化计算吸收效率。

5.9.3 文丘里水洗器单独试验

文丘里容器实验样机用于测试文丘里水洗器的单级过滤效率，内部安装有文丘里水洗器的金属样件，样件尺寸参数与原型机相同，运行参数和流动参数也与原型机中所使用的文丘里水洗器相同。

将空气与蒸汽按照一定配比通入文丘里水洗器样机，使溶液的温度升高，并最终稳定在相应分压力所对应的饱和温度，然后通过调节过滤排放系统出口阀门的开度，来控制整个系统的运行压力。

在额定入口压力和温度条件下，文丘里水洗器对气溶胶的过滤效率在 99%以上，满足水洗器的单级过滤效率要求。

实验中在额定温度和压力条件下对文丘里水洗器的碘吸收效率进行测试，碘过滤效率在额定入口参数条件下，去除效率达到99.5%以上，满足设计要求。

5.9.4 金属纤维过滤器单独试验

金属纤维过滤器去除的主要是微米级的雾滴和不可溶性气溶胶。设计能够同时满足除湿、容尘和除尘三方面性能要求。

除湿性能试验主要采用称重法测量经过被测预过滤器时过滤下来的液体质量，将这部分液体质量与输入的总的液体质量进行比较，就可以获得预过滤器的除湿效率。

除尘效率实验考虑采用高效空气过滤器的性能试验方法，首先对平均粒径大约 0.3μm 的气溶胶过滤效率开展试验。为了进一步提高金属纤维过滤器的过滤效率，又继续开展了对最易穿透粒径 0.1~0.3μm 气溶胶的过滤效率检测。

试验研究了不同纤维组合工况下滤层厚度对除湿效率和阻力的影响，以及迎面风速变化对除湿效率的影响。通过除湿性能试验筛选，初步确定纤维过滤器滤层纤维组合。

对平均粒径大于 0.3μm 气溶胶的过滤效率可达到 99.74%，当气溶胶平均粒径大于 0.5μm 时，其过滤效率可达到 99.98%。在此基础上，增加 2μm 滤层的厚度，在最易穿透粒径 0.1~0.3μm 的范围内，被测过滤器可达到 99.96%以上的过滤效率。若继续增加 2μm 纤维层厚度，则金属纤维过滤器的除尘性能可以得到进一步提高。

5.9.5 水洗液稳定性实验

安全壳过滤排放系统采用的是质量浓度 0.5%的 NaOH 与 0.2%的 $Na_2S_2O_3$ 的水洗溶液。水洗溶液的热稳定性和辐照稳定性是影响水洗效率的关键指标。0.5%的 NaOH 与 0.2%的 $Na_2S_2O_3$ 的水洗溶液在常温下具有很好的稳定性。在溶液被加热到 180℃的情况下,水洗溶液放置 15 天,除碘能力是新溶液除碘能力的 98.9%。将 0.5%NaOH+0.2%$Na_2S_2O_3$ 的标准水洗溶液放入恒温炉,并将温度控制在 160℃,放入中国原子能研究院的钴源房中进行辐照。即使在累积剂量 $3.76×10^5$Gy 时,仍然保持着较高的浓度,在高温下表现出较好的耐辐照性能。

5.9.6 整体试验方案和结果

在串联条件下对系统的气溶胶、碘和有机碘的过滤性能,以及气溶胶和碘的再悬浮性能进行验证,实验中以文丘里管喉部流速和金属纤维截面表观流速作为参考量,在设计参数范围内改变系统温度和压力,验证不同条件下系统的过滤性能。验证实验分为常温常压和高温高压两种工况。

1. 气溶胶过滤性能验证

1) 气溶胶过滤效率验证

在常温空气介质和高温空气-水蒸汽介质条件下,安全壳过滤排放系统的气溶胶过滤效率均达到了 99.99%以上。

2) 气溶胶再悬浮率验证

为了研究溶液中气溶胶的再悬浮特性,实验中采用电加热的方法来模拟衰变热功率,并对系统出口的气体进行取样,测量气流中气溶胶的浓度,进而获取气溶胶的再悬浮率结果。

根据三次测量结果所得浓度的平均值,作为系统静置过程中再悬浮气体中的气溶胶浓度平均值,根据实验中的加热功率下液体蒸发携带出气溶胶的总量,计算得到气溶胶的再悬浮率为 0.001%,该再悬浮率低于试验大纲要求在悬浮率 0.0034%。

2. 碘过滤性能验证

1) 碘过滤效率验证

文丘里水洗器与金属纤维过滤器在串联条件下对碘的去除效率实验主要包括常温常压和高温高压两部分,在文丘里水洗器和金属纤维过滤器串联后碘的过滤效率同样维持在 99.5%以上。

2) 碘再悬浮性能验证

与气溶胶的再悬浮实验相同,测量气流中碘的浓度,进而获取碘的再悬浮率结果。根据测量结果,在测量仪器检测限范围内,出口碘浓度为零。为了进一步保守计算,假设出口碘吸收液的吸光度为分光光度计的检测限 0.001,由此计算碘的再悬浮率为 0.0627%。该再悬浮率远小于试验大纲要求悬浮率 0.1%。

5.9.7 结论和建议

针对文丘里容器和金属纤维过滤器的过滤性能所开展的研究工作表明,试验方法、试验过程合理有效,试验结果可以接受,设备的配置和设计方案满足"华龙一号"核电机组的系统设计要求。

性能试验表明文丘里管喉部流速为约 220m/S 时,系统过滤效率较高,系统的综合性能最优。对于金属纤维过滤器,供货商按照金属纤维过滤器规格书要求进行金属纤维的组合,无需再进行性能试验。因此对于下一个华龙工程而言,仅需要对文丘里管的流速进行测量和验证,而不需要在进行其他性能试验。具体测量和验证时,建议随机选取两根文丘里管(一长一短)进行抽样试验,测量文丘里管喉部速度是否满足要求即可。

5.10 仿真验证技术的应用和发展

仿真验证实验主要是指借助计算机技术(并辅以专用物理效应设备)建立仿真系统模型,对真实系统的环境和过程进行模拟,背景是控制理论、相似理论、信息技术等。在核电厂复杂系统设计过程中,仿真验证技术主要用于价格昂贵、周期长、危险性大、实际系统试验难以实现的领域(如核电厂事故等)。

在"华龙一号"电站研发的过程中大量地使用了仿真验证技术并在研发初期就建立了"华龙一号"工程仿真机,该仿真机通过数字化模拟的方式仿真核电厂在正常运行状态以及可能发生的事故状态,验证工艺系统、控制系统特别是核安全相关系统的合理性、可靠性和先进性。

与"华龙一号"工程研发相适应,工程仿真机建立了能动结合非能动模型,集成安全分析软件(特别是为快速冷却验证等提供局部精确仿真计算),建立较完整的严重事故模型验证 SAMG。

与数字化设计工具相结合,"华龙一号"工程仿真机还实现了人机界面和仪控设计的自动建模,真正做到了设计、仿真、验证的一体化,打通了设计与仿真的数据通道。

在"华龙一号"研发过程中依托工程仿真机主要进行了以下的设计验证工作。

1. 先进主控制室设计验证

主要包括主控制室功能分析任务分配研究、数字化及常规人机界面验证、先进报警系统、计算机化规程及导则(SEOP)、后备盘研发内容的设计和验证工作。依托工程仿真机,"华龙一号"主控制室人机界面设计及布局方案等进行了完整的验证。

2. 系统运行分析及运行规程的研究

为核电厂正常运行规程及事故运行规程编制提供支持和验证手段支持，预演电厂运行过程中进行的重大操作，提前发现并解决其中可能出现的问题，如独立汽机工作站配置的适用验证。

3. 系统动态特性分析及系统控制方案的优化等

调节系统的控制方案研究、控制保护联锁逻辑分析及顺控方案的研究，如快速冷却功能验证及调节方案优化。

4. 调试试验验证

在电厂进入调试状态后，工程仿真机针对部分现场调试中的实际问题进行了复现和方案的探讨和修正。同时对热态试验等大型综合试验进行了预先演练，预先发现可能出现的问题并制订应对方案。

近年来，随着数字化设计技术的发展，电力行业正在将数字化设计与仿真技术相结合，共同打造基于模型的数字孪生体，并将其作为沟通虚拟电厂和实体电厂的有效方法。"华龙一号"核电厂开展了数字化设计，可实现数字交付，相应的数字孪生设计验证平台也建设中，未来研发设计部门可依托数字孪生体，开发和验证新技术，同时为电厂智能运维提供技术支持和服务（图 5.22）。

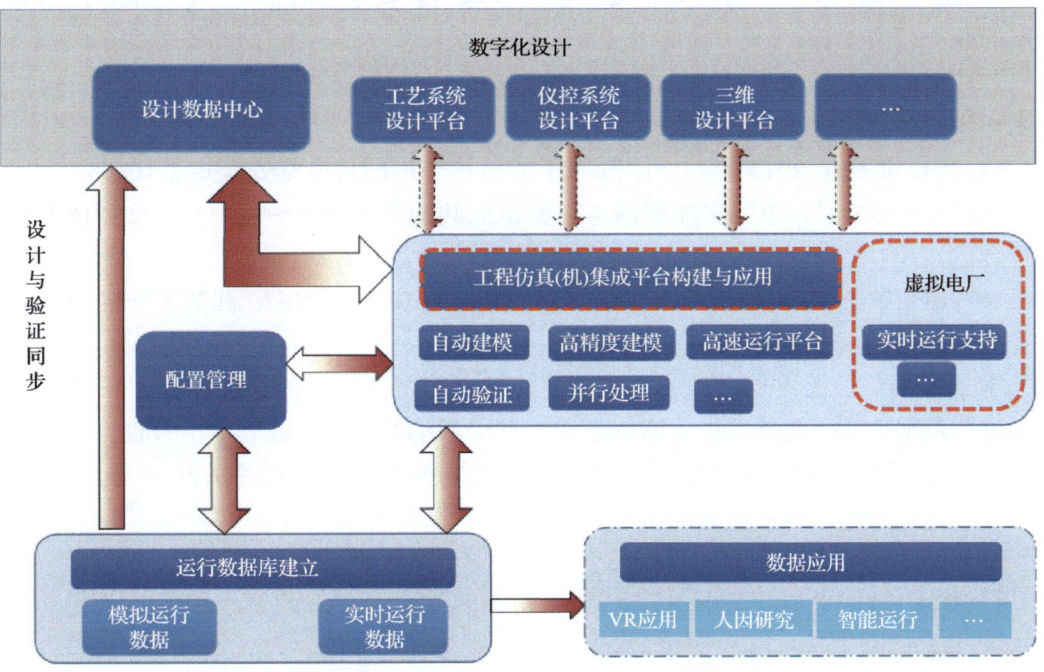

图 5.22 仿真驱动的数字化集成设计

Fig. 5.22. Simulation-driven integrated digital design

第6章

安全评价活动

6.1 概 述

"华龙一号"(及其前身 ACP1000/CP1000)的研发设计过程中,为确保满足国内项目核安全审评要求、目标出口国用户要求及核电走出去的战略需要,实施了一系列第三方独立开展的安全评价活动。这些安全评价活动贯穿整个"华龙一号"研发设计过程,充分保证"华龙一号"的安全性与整体性能可以满足最新核安全法规标准及先进的用户要求指标,并得到国内外同行和权威机构的普遍认可,从而推动"华龙一号"国内外建设项目或海外市场开发活动的顺利实施。

这些独立的第三方安全评价活动包括:

(1)2010~2011 年,由阿根廷核电项目业主委托意大利比萨大学开展的设计技术评价工作。

(2)2012 年,中核集团与国家核安全局核与辐射安全中心针对 ACP1000 技术方案开展的联合研究工作。

(3)2013 年 4 月,由中国核能行业协会组织召开的 ACP1000 先进压水堆三代核电技术初步设计评审会。

(4)2013 年底至 2014 年,由国际原子能机构开展的反应堆安全审查(GRSR)。

(5)2014 年 8 月,由国家能源局与核安全局共同组织的"华龙一号"总体技术方案评审会。

(6)2017 年 11 月启动至今,在经合组织核能署(OECD/NEA)框架下开展的核电厂设计多国评价活动(MDEP)。

本章各小节对上述独立第三方安全评价活动的背景、目的、实施过程和基本结论分别进行简要介绍。此外,作为第三方安全评价活动的外延,最后一小节也介绍了"华龙一号"示范工程(福清 5/6 号机组)的初步安全分析报告审评相关情况。

6.2 由阿根廷核电公司委托的比萨大学独立评价活动

2010 年 8 月,应阿根廷核电公司(NA-SA)的要求,意大利比萨大学(UNIPP)的 San Piero a Grado Nuclear Research Group(GRNSPG)对"华龙一号"和 ACP1000 的前身

CP1000 技术进行了独立评价。评价的目的是阿根廷第四座核电厂的技术选型，对包括 Enhanced CANDU-6、VVER-1200、AP1000、CP1000、APR1400 和 OPR1000 在内的 6 种核电厂设计进行比较。评价采用的标准是 IAEA 关于核电厂设计安全的标准和报告，包括当时已颁布的 IAEA 安全要求文件 IAEA No. NS-R-1"*Safety of Nuclear Power Plants — Safety Requirements*"（核电厂设计安全要求）及 INSAG-10"*Defense in Depth in Nuclear Safety*"（核安全纵深防御）等。

最终报告的名称为《核电厂设计技术评价》（*NPP Design Technical Evaluation*），共有 600 页，评价的领域包括设计特征、运行和可靠性、燃料循环、安全评价、监管和取证。评价结果表明，CP1000 的总体性能满足当时 IAEA 现行有效的安全要求文件及安全导则的要求。

其后，在进一步向比萨大学及阿根廷核电公司提交 ACP1000 技术材料，并经过技术审查与问题澄清环节之后，阿根廷核电公司于 2012 年 1 月 22 日正式向中核集团发函明确 ACP1000 技术已通过其预鉴定，并作为阿根廷第四座核电厂的候选技术开展后续工作。

6.3　与国家核安全局核与辐射安全中心的联合研究

2011 年，中核集团与国家核安全局核与辐射安全中心签订合作协议，共同开展了"华龙一号"前身 ACP1000 的技术方案的重要安全设计及验收准则研究工作。从 2011 年 8 月开始，中核集团向核与辐射安全中心提交了《ACP1000 总体技术方案》《ACP1000 重要安全设计专题报告》和《ACP1000 典型事故分析专题报告》。双方召开了两次审评对话会，共讨论 477 个专题问题。

2012 年 2 月，受国家核安全局委托，国家核安全局核与辐射安全中心对《ACP1000 总体技术方案》进行了审查。根据国家核安全局核与辐射安全中心对 ACP1000 总体技术方案的审查意见，2012 年 3 月 22 日，国家核安全局以《关于中核集团 ACP1000 核电技术意见的函》，对 ACP1000 技术方案做出评价，认为"与目前国际上新开发的一些先进核电厂的设计方案相比较，ACP1000 的设计方案已达到同等水平，其采用的能动和非能动相结合的设计理念，可较好地应对缺乏非能动技术使用经验所带来的不确定性。ACP1000 核电厂可作为国内新建核电厂的一种选择方案"。

2012 年 7 月至 12 月，在国家核安全局核与辐射安全中心完成《ACP1000 总体安全设计评价报告》《ACP1000 典型事故分析专题评价报告》和《ACP1000 重要安全设计专题评价报告》。在联合研究的框架之下，中心的审评专家还参与了 ACP1000 的全部重要试验验证的审查和见证。

《ACP1000 总体安全设计评价报告》的结论如下："ACP1000 在设计上采用了先进的能动与非能动相结合的安全设计理念，充分考虑了福岛核事故的最新经验反馈，并采取相应的安全改进，具备完善的严重事故预防与缓解措施，其安全性总体上能满足我国最新核安全法规要求，也符合三代核电安全指标，但须进一步做好相关试验验证工作和局部设计优化工作。"

《ACP1000 典型事故分析专题评价报告》的结论如下："本专题报告给出了影响较大的典型事故分析，典型工况的选取是较为全面的，分析程序和方法假设与参考电厂基本相同，而且也考虑了参考电厂审评过程中关注的一些审评问题，分析结果能够满足选定的验收准则。但是，由于 ACP1000 详细的方案还没确定，典型事故分析也需要进行较为深入的研究，这些因素有待在下一阶段的设计中加以完善。"

《ACP1000 重要安全设计专题评价报告》的结论如下："ACP1000 针对重要安全设计的改进和创新借鉴了相关的研究成果和经验，并充分考虑了福岛核事故的最新经验反馈，设计方案能够满足基本功能要求，总体上也符合我国最新核安全法规要求。但是，ACP1000 部分重要安全设计的方案还不够完善(如非能动系统设计、事故后停运反应堆冷却剂泵等)，因此，仍需要进一步的分析和论证，在完成相关分析计算、试验验证和设计优化后，将更有利于其作为自主知识产权的新一代压水堆核电技术方案在国内外应用。"

设计方根据上述三份报告中专家提出的相关意见，在非能动系统设计方案与试验验证、全范围事故分析等方面进一步开展了深入分析研究，相关研究成果在初步安全分析报告(PSAR)与最终安全分析报告(FSAR)审评过程中作为依据提交审评。

6.4 中国核能行业协会的初步设计审查

受中国核工业集团公司的委托，中国核能行业协会于 2013 年 4 月 18 日至 19 日召开 ACP1000 先进压水堆三代核电技术初步设计评审会。来自全国核能行业、电力行业的企业、科研院所和高校的近两百名专家参加了评审会。

专家组对 ACP1000 初步设计文件进行了认真审查，通过听取专题汇报、提问与答辩，经专家认真讨论，一致认为：

"ACP1000 初步设计文件(技术部分)文件齐全、内容翔实，其深度及范围满足《核电厂初步设计文件内容与深度规定》的要求，可以作为后续工作的依据。"

"ACP1000 的开发是在我国三十余年核电科研、设计、建设和运行经验的基础上，充分借鉴国际三代核电技术先进理念，满足我国最新的核安全法规和要求，考虑了福岛核事故经验反馈，采用了能动和非能动相结合的安全系统设计理念，全面平衡地贯彻了纵深防御的设计原则，设置了较完善的严重事故预防和缓解措施，达到了 CDF 小于 1×10^{-6}/(堆·a)、LRF 小于 1×10^{-7}/(堆·a)的概率安全目标。ACP1000 的技术和安全指标达到了国际上三代核电机组的同等水平。"

"ACP1000 设计、建造能够实现自主化，首堆目标工程设备国产化率大于 85%，在以往核电技术的基础上进一步提高,有利于加快推动国内装备制造水平的提高和进一步降低工程造价。"

"ACP1000 立足创建拥有自主知识产权的核电品牌,已建立完整的自主知识产权体系,设计技术、软件完全实现自主化,已具备出口条件。"

专家组还就加快先进燃料组件开发、严重事故下设备可用性和新技术的验证等问题提出了宝贵的意见和建议。专家组组长叶奇蓁院士宣布评审结论,ACP1000 初步设计顺利通过了审查。

6.5 国际原子能机构反应堆安全审查

国际原子能机构(IAEA)反应堆安全审查(generic reactor safety review,GRSR)作为其设计安全审查服务的组成部分,主要是对未取证的新反应堆设计安全进行一致性审查。国际上已完成 GRSR 审查的堆型包括:受英国健康与安全执行局(HSE)委托进行的 ACPR1000、AP1000、ESBWR、EPR 以及受堆型研发方委托进行的 ATMEA1、AP1000、APR1400、APR1000、ACPR1000+、AES2006、VVER-TOI 等。

2013 年 12 月,为推广"华龙一号"前身 ACP1000 自主核电品牌走向国际市场,中核集团与 IAEA 签署了《ACP1000 通用反应堆安全审查(GRSR)合作协议》。根据该协议,2014 年 5 月 22 日,中核集团正式向 IAEA 提交审查所需的《ACP1000 环境和安全分析报告》(*ACP1000 Reactor Safety and Environmental Analysis Report*,RSEAR),最终报告全文定稿 4574 页。

2014 年 5 月 27 日,中核集团前往 IAEA 维也纳总部,召开 GRSR 审查前第一次双方专家沟通会。受 IAEA 的邀请,由美国、英国、加拿大、斯洛伐克、阿根廷等多个国家 13 位审查专家组成的审查团、中国国家原子能机构驻 IAEA 代表、IAEA 官员等共同出席了此次会议。IAEA 官员和中国国家原子能机构驻 IAEA 代表对中核集团 ACP1000 的 GRSR 报告编制及各技术专题报告给予了高度评价,审查专家对此次双方专家交流会的初步结果表示满意。

2014 年 12 月,IAEA 专家组发布《ACP1000 最终设计审查报告》(*Final ACP1000 Design Review Report*)。专家组认为,ACP1000 在设计安全方面是成熟可靠的,满足 IAEA 关于先进核电技术设计安全要求;其在成熟技术和详细的试验验证基础上进行的创新设计是成熟可靠的。特别的,专家组认为提交的报告已充分阐明 ACP1000 设计对于以下安全要素进行了充分的考虑:①放射性源项、电厂状态和放射性后果分析;②厂址安全评价;③强健性设计与经验证的设计;④纵深防御;⑤安全自动动作与操纵员响应;⑥全范围的安全分析;⑦对于校准、试验和维护的考虑。

同时,IAEA 专家组也针对提交的 RSEAR 报告的完整性和表述方式提出了进一步完善补充的建议,如确定论安全分析的范围和方法、设计扩展工况、纵深防御层次、单一故障准则的应用及安全分级方法等要素应进行更清晰的归纳和表述。设计方充分吸纳了 IAEA 专家组的意见,在"华龙一号"机组设计准则、设计标准及后续项目初步安全分析报告中对这些要素进行了充分阐述。

6.6 国家能源局与核安全局组织的"华龙一号"总体技术方案评审会

2014 年 8 月 21～22 日,国家能源局、国家核安全局在北京组织召开了自主创新三代压水堆核电技术"华龙一号"总体技术方案专家评审会。此次评审会由国家能源局核电司主持,国家能源局及国家核安全局相关领导出席会议,43 位院士专家及近 50 位行业代表与会,分别来自中国核能行业协会、中国机械工业联合会、环境保护部核与辐射安全中心、中国国际工程咨询公司、电力规划设计总院、总装国防知识产权局、各核电企业、高校和研究机构等。

会议中,中核集团和中广核集团的联合团队就"华龙一号"总体技术方案、反应堆及一回路系统设计和试验验证、安全系统配置及其关键试验验证、设备准备及自主知识产权等情况进行了专题汇报。通过为期两天的会议提问与答辩,专家组对"华龙一号"总体技术方案形成以下审查意见:

(1) "华龙一号"技术方案基于我国三十余年核电科研、设计、建设和运行经验,充分借鉴国际三代核电技术先进理念,吸收福岛核事故经验反馈,采用国际最高安全标准,具有完善的严重事故预防与缓解措施,其 CDF 小于 10^{-6}/(堆·a),LRF 小于 10^{-7}/(堆·a),成熟性、安全性和经济性可满足三代核电技术要求。

(2) "华龙一号"总体技术方案融合取得了很好的成果,体现了方案的总体技术特征。

(3) "华龙一号"采用"177 堆芯"设计,增加堆芯额定功率的同时降低平均线功率密度,提高了核电运行的安全裕量。"177 堆芯"设计经过多年的研究和相关试验验证,技术成熟且可靠性高。

(4) "华龙一号"在满足确定论安全要求的基础上,运用概率论评价方法对设计方案进行优化。采用能动与非能动相结合、多重冗余的安全系统设计方案,可以更好地应对事故和内外部危险。非能动安全系统经过试验验证,安全系统配置方案技术成熟且大幅提高了安全性。

(5) "华龙一号"充分利用我国核电装备制造业体系,自主研制了电厂关键设备和部件,可望使首堆示范工程设备国产化率达 85%,并有利于提高国内核电装备制造水平。

(6) "华龙一号"采用了大量的技术创新和设计改进,技术安全性指标有很大提高,单位造价与目前二代改进型电厂相比有一定程度的增加是合理的;根据初步测算结果,批量化建设后的"华龙一号"在满足资本金内部收益率 9%等条件下,上网电价可与现行核电标杆上网电价基本相当。

（7）"华龙一号"是我国自主研发的先进三代核电技术，设计技术、设备制造、运行维护等领域的核心技术具有自主知识产权，是目前国内可以自主出口的核电机型。

（8）"华龙一号"有助于全面落实国家核电发展规划，并对实施核电"走出去"战略具有重大意义。

专家组还建议，考虑到尽早验证已掌握的核心技术，以及"华龙一号"堆型出口的需求，应尽快启动国内示范工程；继续关注国际核电领域的新专利申请，加强与型号相关的知识产权布局和风险防控。

6.7　核电厂设计多国评价活动

核电厂设计多国评价活动（MDEP）为经合组织核能署（OECD/NEA）的核电厂设计多国评价计划，通过组建工作组，组内由各组员国家安全监管部门对提交的设计方案评价，并通过发表技术报告和共同技术立场两种形式体现工作成果。

2017年11月，为配合"核电走出去"战略实施，由国际核安全局（NNSA）积极推动，在MDEP中设立了"华龙一号（HPR1000）"工作组。工作组由NNSA牵头并作为组长单位，成员国包括中国、英国、南非和阿根廷等。工作组目标是请成员国核安全监管部门审查"华龙一号"设计方案，形成共同技术立场，提高"华龙一号"的国际认可度，推动"华龙一号"出口项目。

截至目前，"华龙一号"工作组已至少召开四次工作组会议，针对前期提供的"华龙一号"技术材料进行审议。同时，针对各成员国重点关注的严重事故和内外部危险，成立两个专家子组进行专门评议。目前，"华龙一号"MDEP工作仍在持续推进过程中，已取得良好反响。

6.8　国家核安全局对福清5、6号机组初步安全分析报告的安全审评

2012年12月，中核集团完成并提交采用ACP1000技术的《福建福清核电厂5、6号机组初步安全分析报告》。2013年11月，根据"华龙一号"技术方案对初步安全分析报告（PSAR）进行了修订，并上报国家核安全局。国家核安全局分别于2014年11月2日至3日、2014年12月17日至18日、2015年3月30至31日分别召开了三次PSAR审评对话会。

福清5、6号机组PSAR的评审和专项审查工作经过3轮对话会已经完成，所有问题已经形成结论。国家核安全局向国家能源局发送了《关于福清核电厂5、6号机组安

全审查意见的复函》，提供以下评审结论："该项目满足我国现行有效的核安全法规和标准，改进措施符合我局在福岛事故后对核电厂提出的安全改进要求，达到了《核安全与放射性污染防治'十二五'规划及2020年远景目标》中确定的安全目标。"国家核安全局在安全分析报告审查的基础上，还针对首次使用的多项重要改进技术开展了专项审查，对关键试验进行了见证，并开展了独立审核计算。对于这部分工作，国家核安全局在函中也指出了以下结论："该技术方案具备了完善的严重事故预防和缓解措施，符合国际最新安全要求，安全和技术水平与国际先进的压水堆核电厂相当。"

2015年4月，国家核安全局在《福建福清核电厂5、6号机组初步安全评价报告》中进一步提供了以下审评结论："经过对福清核电厂5、6号机组PSAR细致的审评，申请者对审评者的大部分问题给出了合理的解释与说明，提供了补充分析与论证，或承诺开展补充试验与分析。目前，绝大部分审评问题已得到解决并获得一致认可，部分重要安全问题已作为建造许可证条件。审评者没有发现其他设计上可能影响福清5、6号机组建造许可证发放的重大颠覆性问题。因此，审评者认为申请者提交申请材料基本可以满足国家核安全局审评的要求，是可以接受的。"

在PSAR顺利通过安全评审的基础上，国家核安全局于2015年5月5日向福清核电有限公司颁发了"华龙一号"示范工程福清5、6号机组的建造许可证。

针对列入建造许可证条件的重要安全问题，如内部飞射物特征参数计算分析、设备环境鉴定等问题，设计方通过进一步分析后，在进行最终安全分析报告审评之前补充提交了有关分析报告。个别重要安全问题如堆内构件稳定性问题，在首堆福清5号机组的调试阶段，在堆芯装料后开展了堆内构件流致振动试验并提交综合评价报告。业主（申请者）和设计方针对所有建造许可证条件均进行了积极响应，并最终关闭，切实履行了PSAR审评过程中的相关核安全承诺。

第 7 章
自主知识产权

百万千瓦级中国先进压水堆"华龙一号"核电技术，是基于我国三十余年核电设计、建设和运行经验，在充分掌握二代改进型压水堆核电技术基础上，借鉴国际先进压水堆设计经验，充分吸取福岛核事故经验反馈基础，通过实施大量科研创新自主开发的第三代先进压水堆自主技术品牌。

由于"华龙一号"核电机组秉承了国际国内核电技术发展的理念，是在原引进的国外核电技术基础上，自主创新设计的新型核电机组，其所考虑的安全特点、采用技术的成熟性，必然会使得"华龙一号"核电机组在技术创新的同时，存在与其他国家同类型核电厂技术的相似性，为积极、稳妥推动核电厂的出口工作，中核集团在"华龙一号"研发过程中全面开展了自主知识产权分析工作。一方面，要确保"华龙一号"采用的各项技术不存在侵权风险；另一方面，在进行"华龙一号"技术研发的同时，应同步构建完善的知识产权布局和专利申请计划，有效保护创新成果，达到提高市场竞争能力的基本目标。

本章内容将阐述"华龙一号"在设计技术、设计软件、设备设计与制造、调试与维护技术等方面的自主知识产权情况以及"华龙一号"知识产权管理体系的构建。

7.1 "华龙一号"知识产权工作体系

7.1.1 "华龙一号"知识产权工作目标

一般来说，我国核电技术自主知识产权的形成分为以下几个阶段。

第一阶段：通过批量化建设一批二代加翻版电站，实现对引进技术的消化吸收和再创新，形成自主设计能力。

第二阶段：在消化吸收引进技术的基础上，通过重要技术创新，完全实现设计自主化，同时进一步推进设备国产化，达到具备部分自主知识产权。

第三阶段：基于二代改进型核电厂的设计、建造和运行经验，采用革新性设计理念并通过大量重大技术创新，推进具有完整自主知识产权的第三代压水堆核电技术研发，通过知识产权盘点与知识产权保护策略，建立完善的知识产权保护体系；同时，完全实现关键设备的国产化，具备核电技术独立"走出去"的先决条件。

作为我国自主研发的第三代压水堆核电厂,"华龙一号"的自主知识产权工作目标定位于上述第三阶段。在中核集团的统一部署下,"华龙一号"为彻底摆脱国外技术垄断和知识产权限制,并实现完全自主知识产权的目标,构建了由知识产权专员组织落实、知识产权专业机构介入服务和知识产权管理人员全程跟踪的"华龙一号"知识产权工作体系,明确了知识产权机构与研究设计单位、制造生产单位和外贸经营单位的知识产权工作职责分工,统一策划、优势互补,建立了"华龙一号"知识产权工作并行机制,实现了知识产权工作与"华龙一号"研发、制造生产与对外经营的有机融合。

在"华龙一号"研发过程中,中核集团进一步制定了知识产权工作实施方案。

1. 盘点知识产权,进行知识产权风险排查

将"华龙一号"在设计技术、设备设计/制造技术、设计软件、运行维护技术等方面已有知识产权状况进行盘点。

分析技术引进合同中制约核电"走出去"的限制条款,避免发生不遵守技术引进合同约定而引发的合同纠纷;收集分析在我国和目标出口国存在的知识产权(尤其是专利壁垒)限制,并进行逐项技术对比分析,避免发生侵犯他人知识产权(尤其是专利权)纠纷。

2. 自主创新并保护创新成果

瞄准国际上先进的第三代压水堆核电技术发展目标,借鉴第三代核电技术理念,并考虑福岛核电厂事故经验反馈,在设计理念、设计软件、燃料技术和核岛技术等方面进行自主创新,尤其是针对制约我国核电"走出去"的"华龙一号"核电机组关键技术进行自主创新。同时在"华龙一号"核电机组研发过程中,将知识产权保护工作贯穿始终,采用技术秘密、专利、商标和计算机软件著作权等知识产权保护方式,构建了完善的知识产权保护网。

7.1.2 知识产权侵权风险排查

知识产权侵权风险包括以下几个方面。

1. 专利侵权风险

包括对于国内授权专利和目标出口国专利存在的侵权风险。

在"华龙一号"研发设计过程中,中核集团知识产权工作团队委托专业知识产权研究机构核工业专利中心对国内与核电相关的数千项专利进行了详细排查,逐个分析可能存在的专利侵权风险。

专利风险规避手段主要包括以下四种方式:

方式一:专利破解,检索专利申请日前的公开文献,确认是否公开了或者该专利是否存在其他被无效的情形。

方式二:技术规避、自主研发,通过修改或者改变技术方案,规避专利保护范围。

方式三：产权许可及购买，通过与专利权利人谈判，获取权利在所需范围内的使用权或者所有权。

方式四：设备采购，向专利权利人采购单项设备，规避侵权风险。

通过专利筛查与侵权风险分析，对于绝大多数国内专利"华龙一号"不存在侵权风险，对于个别可能存在风险的专利，在专利破解与研发过程中采用技术规避的方式进行了规避。

综上所述，中核集团"华龙一号"与国内授权专利不存在专利侵权风险。

同时，对于目标出口国巴基斯坦、阿根廷，通过分析其知识产权政策与专利布局情况表明，在上述两个目标出口国不存在专利侵权风险。

2. 违反技术转让协议的风险

我国核电技术主要源自引进技术，因此需确保不会侵犯原引进技术时签订的技术转让协议的风险，这包括两个方面。

1) 核岛技术转让协议

包括核岛设计技术(技术秘密、专利)、设备设计及制造技术(技术秘密、专利)和计算机软件的侵权风险(软件著作权)。

2) 燃料技术转让协议

包括燃料设计及制造技术(技术秘密、专利)和计算机软件(软件著作权)的侵权风险。

我国在原引进西方国家核电技术时签订的技术转让协议主要包括核岛技术转让协议和燃料技术转让协议。

与二代改进型压水堆核电技术有关的核岛技术转让协议主要包括：1992年，中方与法方之间签订的以广东核电厂(GNPS)为参考电站的咨询合作协议(《秦山核电厂二期核岛技术咨询协议》)。

有关的燃料技术转让协议主要包括：1991年，中方与法方之间签订的关于设计和生产 AFA2G 燃料组件技术许可协议；1998年，中方与法方之间签订的关于设计和生产 AFA3G 燃料组件技术许可协议。

转让协议主要包括使用权条款和保密条款。经过对协议条款的全面分析，中核集团"华龙一号"对于1992年与法方签订的《秦山核电厂二期核岛技术咨询协议》均不存在任何侵权风险。同时，中核集团自主研发了具有自主知识产权的 CF 系列(CF2/CF3)燃料组件，在引进的法国 AFA2G、AFA3G 燃料组件技术基础上进行了自主创新，规避了使用权风险和专利侵权风险。同时，自主开发了堆芯燃料管理程序，摆脱了技转协议中的计算机软件版权限制。

对于 AP1000 技术转让协议，"华龙一号"与 AP1000 采用完全不同的技术路线，不存在违反该协议的风险。

3. 避免知识产权的相似性

考虑到西方国家特别是核电发达国家会对中国核电迈入国际市场设置重重障碍，为了规避在出口过程中后续可能出现的种种知识产权风险，就必须最大限度的避免与他方知识产权具有高度相似性，这也是我国核电技术发展到一定阶段后必须摆脱的重要内容。

"华龙一号"是在充分利用我国三十年核电发展形成的研发设计能力，通过持续改进和自主创新形成的开创性技术方案，既不是对引进机型的翻版复制，也不是对引进技术的模仿。"华龙一号"的自主创新主要体现在以下方面。

1) 堆芯和燃料设计创新

"华龙一号"采用 177 组燃料组件的堆芯设计，是国际同类堆型的首创，既提高核电厂的安全性，又提升了核电厂的经济性。"华龙一号"采用了自主研发的 CF3 型先进燃料组件，其各项技术、安全、经济指标与国际先进水平相当，采用自主研发的 N36 锆合金，在上管座、下管座、导向管和定位格架等方面均实现了自主创新。在反应堆设计和燃料技术上的创新，实现了我国第三代百万千瓦级核电厂的"中国芯"，打破了国外长期以来在压水堆领域的技术垄断，形成了一批自主知识产权的核心和关键技术。

2) 设计理念和设计方案创新

"华龙一号"创造性地提出了能动与非能动相结合的安全设计方案，使得"华龙一号"在提高机组安全性的同时，具有鲜明的设计特点，形成了具有核心竞争力的自主品牌产品。"华龙一号"继承了成熟的能动技术，同时创新性地采用了众多非能动技术。研发团队针对非能动安全系统开展了大量的试验验证工作，保证了设计的可靠性。

"华龙一号"从系统设计、结构设计和严重事故预防与缓解措施等各方面均实现了自主创新，解决了核电出口在核岛技术方面的知识产权限制。

3) 设计软件创新

为了实现技术创新，中核集团组织所属研究设计单位开展了重点科技专项"华龙一号"核电设计与分析软件研发工作，实现了理论模型创新和软件技术创新，摆脱了核电机组出口在软件技术方面的知识产权限制。

7.1.3 自主创新成果与知识产权保护

1. 关键技术的自主创新

"华龙一号"自主创新覆盖了设计、燃料、设备、建造、运行、维护等领域，形成了完整的知识产权体系，打造了"华龙一号"核电机组的专利集群。"华龙一号"的自主创新特征主要体现在以下几个方面。

1) 燃料和堆芯设计

中核集团在重点科技专项"压水堆燃料设计与制造技术研究"中,联合设计院、制造厂及核电厂开展了新型压水堆燃料组件 CF2 及 CF3 的研发。CF2/CF3 燃料组件实现了自主设计,以及关键锆合金材料的自主供应和燃料组件的制造,并采用我国自主知识产权的 N36 锆合金,可以解决出口受限问题。CF 燃料组件已经获得多项专利授权,同时形成技术秘密若干项,涵盖了燃料组件结构设计、燃料组件堆外性能试验技术、新锆合金成分等。

堆芯物理设计技术主要包括堆芯燃料管理设计和堆芯核设计两个方面。堆芯燃料管理设计方面,反应堆堆芯由 177 盒燃料组件组成。可燃毒物首循环采用的是硼硅玻璃可燃毒物,后续循环采用的是弥散型钆可燃毒物。堆芯核设计主要涉及堆芯控制模式(控制棒的布置和分组)和堆内固定式探测器的布置。堆芯设计方案已获得授权专利。

2) 核岛主要系统设计

"华龙一号"系统设计的自主知识产权主要体现在:

(1) 在系统设计包括设备选型及容量分析、热工流体计算、系统容量计算、仪控设计等方面,中核集团目前已完全具备自主设计能力。

(2) 在核岛系统设计理念上,"华龙一号"采用能动与非能动相结合的安全设计理念,完全区别于其他现有核电技术。

(3) 核岛主要系统配置方面,部分沿用了二代改进型机组中系统设计过程中积累的成熟经验,这些经验是中核集团基于国内电厂工程实践积累的,并不构成侵权。

(4) 系统采用全新的代码体系。

(5) 重要安全系统和辅助系统布置按照全新的"华龙一号"核岛厂房布置展开,实现了充分的实体隔离。

(6) 对成熟的系统设计进行了全面的优化和改进,包括系统容量/配置和仪控设计等各方面。

(7) 增设一系列严重事故预防与缓解系统,以增强电厂对于严重事故的预防和抵御能力,具有对这些新增系统完全的知识产权。

针对各个重要系统,已经开展了与专利布局及申请相关的详细策划,尤其是对于新增系统或变化较大的系统,比如反应堆压力容器高位排气系统、快速卸压系统、非能动安全壳冷却系统、堆腔注水冷却系统、反应堆换料水池和乏燃料池冷却和处理系统、安全注入系统、应急硼注入系统等,均已对其专利点进行了充分挖掘,申请了专利保护。

对于二次侧非能动余热排出系统、非能动安全壳热量导出系统、能动与非能动相结合的堆腔注水冷却系统。系统设计理念基于持续的自主研发和试验结果。在研发过程中,为实现系统的预定功能,设计单位多次对系统配置与容量进行重大调整,对系统配置、系统容量、系统系列、设备选型等重大方案进行了充分论证,开展了充分的计算分析验证和试验验证。

3) 主设备设计

"华龙一号"反应堆压力容器的设计吸收了第三代核电的先进设计技术，采取了一系列改进使得设计寿期延长到 60 年。此外，反应堆压力容器还取消了下封头贯穿件，消除了因下封头贯穿件发生泄漏导致冷却剂丧失事故和堆芯裸露的可能性；改进顶盖及堆顶结构，顶盖取消通风罩支承，设置 12 个堆顶结构支承台，与一体化堆顶结构相适应。为了设置了堆腔注水冷却系统，还对反应堆压力容器保温层作了全新的设计，采用金属保温层。

"华龙一号"采用自主设计的 ML-B 型控制棒驱动机构，已经通过 1500 万步热态寿命试验和 0.3g 抗震试验（之前进行了 610 万步热态寿命试验），各项指标均满足并超出第三代核电厂设计指标，达到世界领先水平，其热态寿命试验运行步数已创造世界纪录。ML-B 型驱动机构是由自主设计并广泛应用于国内运行核电厂的 ML-A 型驱动机构发展而来。与 ML-A 型相比，ML-B 型驱动机构采用了整体式驱动杆行程套管、一体化密封壳和双齿钩爪等改进设计。在完成设计的同时，中核集团又自主研制了双齿钩爪，并与国内研究机构合作完成了驱动杆原材料、可拆接头原材料的国产化研制，最终实现了 ML-B 型驱动机构 100%的国产化设计与制造。

相比国内二代改进型核电厂，"华龙一号"堆内构件在径向尺寸上有所增大，以适应 177 堆芯；取消了位于反应堆压力容器底封头的中子测量仪表套管，将中子通量测量仪表通过位于上封头内的堆内测量导向结构和压力容器顶部贯穿件引出反应堆；还增加了用于水位测量的水位测量支承柱组件；在反应堆压力容器底封头，采用了流量分配板加连接板的流量分配结构。其他结构尺寸上的变化还包括出口管嘴增大、吊篮壁厚增大、堆芯支承板变厚等。

"华龙一号"采用自主的 ZH-65 型蒸汽发生器，具有完整的自主知识产权。ZH-65 型蒸汽发生器进行了多项设计改进，包括采用自主设计的三叶梅花形管孔管子支承板、汽水分离器局部结构优化、干燥器采用自主研发双钩波形板、采用小管径 U 形传热管、采用四组 V 形防振条，上部和下部筒体内径增大、管板母材厚度增大。研发过程中建成了三个蒸汽发生器热工水力实验基地、四台/套大型蒸汽发生器实验研究装置，与国内厂家联合完成了 U 形传热管、密封垫片等关键材料的国产化的研制，已获得十多项专利授权。蒸汽发生器支承是自主研发的新型支承，其中上部支承为全新设计，采用销轴式连接，减小了设备与支承墙体的间隙，可以有效地提高系统及设备的抗震性能。

"华龙一号"核电机组稳压器由中核集团自主设计，总容积增大到 51m^3，提高了稳压器的比容积，在系统升温、负荷阶跃变化、甩负荷等工况下，更好地补偿压力波动，提高系统的运行稳定性。主承压部件全部采用锻件，支撑裙筒体与下封头自带的凸台之间实现对接焊，改善了该处受力状态，优化了锻件材料的初始性能要求和制造要求。

"华龙一号"主管道设计实现了 60 年设计寿期，采用一体化锻件，采用破前泄漏（LBB）技术，同时取消了测温旁路，增加了压力测量接管嘴等。

4) 仪控设备设计

堆芯测量系统主要用于测量堆芯中子通量分布、反应堆压力容器关键点的水位、燃料组件出口冷却剂温度及反应堆压力容器上封头温度。该系统由中核集团自主设计，其方案是根据"华龙一号"堆芯中子、温度和压力容器水位测量的总体测量要求提出的，在测点布置、测量方式、数据处理上与国际上其他第三代核电堆型均有区别，目前已经形成了十多项专利，具有自主知识产权。

5) 运行与维护技术

"华龙一号"运行与维护技术主要包括在役检查技术、运行仿真技术、维修技术、老化管理技术、核电换料和燃料维护技术、核电运行及运行技术支持等。依靠三十多年的国内外核电运行与维护技术服务经验，持续坚持自主研发，中核集团已拥有了具备自主知识产权的"华龙一号"核电运行与维护相关技术，具备了为出口核电机组提高自主运行与维护技术的能力。

2. 设计软件自主化

中核集团针对"华龙一号"进行自主创新的软件研发目前已形成了 125 项软件著作权。特别地，针对使用国外软件存在出口知识产权限制风险的反应堆专用设计与分析软件，中核集团均有针对性地进行了自主创新开发，涉及核设计分析、源项及辐射安全设计分析、热工水力与事故分析、燃料元件设计分析、设备与系统设计分析等专业领域，并通过申请软件方法专利、软件著作权登记，软件商标注册等法律手段，以及应用加密、软件计算机绑定、软件定期注册等手段从技术层面保护软件的自主知识产权。在软件产品的商标注册方面，中核集团完成了"NESTOR"商标 5 个 LOGO 版权的著作权登记。

2015 年 12 月 17 日，中核集团自主研发的核电软件包和一体化软件集成平台（NESTOR）在北京正式发布，标志着我国已具备成套核电技术独立出口的能力。NESTOR 是基于核工业 60 年的经验积累，近百台试验台架、数千项实验工况数据，30 年来近 30 个核电工程数据，并针对"华龙一号"三代核电的特征定制开发而成的我国首套自主的核电软件包和一体化软件集成平台，涉及物理设计、屏蔽和源项设计、热工水力、安全分析、燃料元件、系统与设备设计、核电厂运行支持，以及工程管理等多个专业领域。NESTOR 包括软件百余个，获得软件著作权 64 项，专利已受理 17 项，已授权 5 项，源代码 280 万行。已发布的 68 个软件，已成功应用于"华龙一号"的研发和工程设计，如 177 堆芯、能动与非能动相结合的安全系统、CF 燃料组件、ZH-65 型蒸发器等自主设备的性能分析和施工设计，具备了向海外成套技术转让的能力。

NESTOR 的优势和亮点包括：可在一体化的集成平台上运行，实现多专业并行计算，提高研发和设计效率；针对"华龙一号"第三代核电机型的工程设计、建造、运行进行定制开发，软件的适应性更强；采用了先进的计算机技术和信息技术，用户界面友好，应用灵活性强，且具有很强的纠错能力。

3. "华龙一号"自主知识产权保护体系

"华龙一号"采用的知识产权保护形式主要包括:商业秘密(技术秘密)、专利申请(发明专利、实用新型专利)、商标注册、计算机软件著作权。

1)商业秘密先行,保护自主创新

中核集团及其成员单位都建立了完善的商业秘密保护制度,将"华龙一号"研发过程中产生的技术文件、技术图纸和实验数据等列为商业秘密保护客体,成员单位及时按照有关商业秘密管理程序将之确定为商业秘密,以商业秘密的方式加以保护,涉及商业秘密文档千余件。按照中核集团的统一要求,与"华龙一号"有关的文件、会议纪要和往来信函等一律标记"核商密"。在对外提供或披露前,均通过保密承诺书、保密声明等形式明确接收方的保密义务。严格商业秘密管理,加强论文发表、会议资料和宣传展示等审查工作,避免商业秘密流失。

2)系列商标注册,构建自主品牌

2011年,中核集团在中国就ACP核电品牌进行了商标注册,并且取得了商标专用权。2011年,中国核动力研究设计院在中国就N36锆合金材料品牌进行了商标注册,并且取得了商标专用权。2012年4月,中国核动力研究设计院在中国就CF2、CF3燃料元件品牌进行了商标注册,并且取得了商标专用权。

截至目前,中核集团在国内及海外目标市场国共注册商标超过200件次,包括"华龙一号"、HPR1000、N36锆合金材料、CF系列燃料元件等商标。

3)适时申请专利,打造专利集群

中核集团及其成员单位系统规划了"华龙一号"专利申请保护的进程,从设计建造技术、调试运行技术再到检测维修技术,实现专利保护进程与项目实施进程一致。统筹梳理了"华龙一号"专利申请保护的层次,构建了先系统、后设备、再到部件,实现从外围技术向核心技术延伸。

截至目前,中核集团"华龙一号"在国内已经获得700余项专利,覆盖了设计、燃料、设备、建造、运行、维护等领域,形成了完整的知识产权体系,打造了"华龙一号"核电机组的专利集群。通过构建完善的知识产权布局和专利申请计划,"华龙一号"有效保护了创新成果,提高了市场竞争能力。随着核电设备国产化研发工作的开展以及后续的建造、施工、调试等工作的开展,"华龙一号"项目专利集群将会进一步的壮大。

"华龙一号"在国际市场上已经得到了广泛的认同,"市场未动,专利先行",开展专利海外布局是企业进军国际市场参与国际竞争的一项重要工作。因此,中核集团对部分目标出口国的政治法律市场环境进行了分析,结合海外专利申请的保护地域、申请时机和申请途径,初步建立了"华龙一号"海外专利布局,比如通过《保护工业产权巴黎公约》(*Paris Convention for the Protection of Industrial Property*,简称《巴黎

公约》)和《专利合作条约》(Patent Cooperation Treaty，简称PCT)的途径进行专利申请和布局。

截至目前，中核集团专门针对"华龙一号"机组在海外针对性地进行了65项专利申请，包括在目标出口国阿根廷进行的专利申请及PCT申请(目标国为英国等)等。

4) 软件版权登记，延长保护期限

截至目前，中核集团成员单位围绕"华龙一号"核电机组共登记软件著作权125项，并自主研发了核电软件包和一体化软件集成平台(NESTOR)，涉及核设计分析、源项及辐射安全设计分析、热工水力与事故分析、燃料元件设计分析、设备与系统设计分析等专业领域。

7.2 "华龙一号"自主知识产权行业内专家评审意见

2013年4月，为配合核电"走出去"战略，中核集团在深入开展相关研究基础上，形成了《ACP1000自主知识产权和出口相关问题分析报告》，并组织了由国家知识产权局、中国核能行业协会等单位专家参加的评审会。与会专家一致认为，ACP1000是具有自主知识产权的第三代核电机型，其自主知识产权覆盖了设计、燃料、设备、建造、运行、维护等领域，并已自主开发了核电专用软件，形成了完整的知识产权体系，是目前国内能独立出口的第三代机型；ACP1000在国内和出口目标国均不存在侵犯他人知识产权和违反有关技术引进协议的风险。

2014年8月22日上午，"华龙一号"总体技术方案专家评审会知识产权组对"华龙一号"自主知识产权情况进行了专题评审，会议认为：项目团队针对"华龙一号"全面、系统、深入地开展了知识产权工作，包括侵权风险防控、研发成果保护及目标国知识产权分析，有效地制定并实施了知识产权工作策略。"华龙一号"是我国自主研发的先进第三代核电技术，具有自主知识产权，全面覆盖了设计、燃料、设备、软件、运行维护等领域，是目前国内可以自主出口的核电机型。国内具备自主设计、制造"华龙一号"关键设备的能力，可以实现设备的自主供货。

综上所述，"华龙一号"设计技术、专用设计软件、燃料技术、运行维护技术等方面均具有完整的自主知识产权，无论在国内还是目标出口国都不存在知识产权侵权风险。同时，"华龙一号"已形成完整的知识产权保护体系，有效地保护了创新成果。"华龙一号"是我国具有完整自主知识产权的第三代核电机型，可以独立出口，满足国家核电"走出去"的战略要求。

第 8 章
设备国产化

"华龙一号"坚持自主研发、自主设计、自主制造之路，充分利用了我国成熟的核电装备制造体系，机型研发联合了国内 75 家高校、科研机构、设备厂家，国外 14 家组织、机构或大学共同参与，首堆工程设备供货厂家分布全国各地，涉及 5300 多家企业，共计 6 万多台套设备，主要关键设备是在现有核电技术基础上的持续改进和继承发展，其供货依托现有核电机组形成的国产化能力。通过"华龙一号"设计单位和国内制造企业的联合研发，反应堆压力容器、蒸汽发生器、堆内构件、控制棒驱动机构、先进堆芯测量系统、非能动系统设备、燃料转运装置、人员闸门、地坑过滤器、设备闸门、机械贯穿件、电气贯穿件、安全壳过滤排放系统、乏燃料贮存格架、水泥固化线装置等多数核心装备都实现"中国造"，带动了国内装备制造业高端设备的整体研发和制造水平，大幅提升了"华龙一号"设备国产化率和设备的经济性指标，确保了核心关键设备不受制于人，打破了国际垄断，有力地保证了"华龙一号"堆型的深度自主化设计，为解决"华龙一号"出口第三国可能的核禁运限制铺平道路，并将有效发挥国内高端设备制造产能优势，带动产业集群转型升级。

8.1 反应堆压力容器

"华龙一号"反应堆压力容器(图 8.1)的设计吸收了三代核电的先进设计技术，主体材料采用具有成熟应用经验的 16MND5 锻件，采取了一系列改进使得设计寿期延长到 60 年，包括：严格控制堆芯区锻件材料的辐照脆化敏感元素，提高材料的性能、降低缺陷产生的可能性和缺陷的尺寸；提高堆芯段筒体锻件及相邻焊缝金属的韧性要求；增大堆芯段筒体内径，增大吊篮外表面与筒体内表面间的水隙，以降低反应堆压力容器内表面快中子注量。主要特点如下：

(1)采用先进堆芯测量系统，中子注量率和堆芯温度测量探测器合成一个组件，改从压力容器顶盖引入，取消了压力容器底部贯穿件，减小了严重事

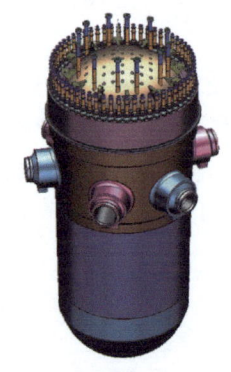

图 8.1 反应堆压力容器结构图
Fig. 8.1 Reactor pressure vessel(RPV)

故情况下压力容器下封头的失效概率。

(2) 改进顶盖及堆顶结构，顶盖取消通风罩支承，设置 12 个堆顶结构支承台，与一体化堆顶结构相适应。

(3) 为了降低堆腔上部的辐射水平，在压力容器保温层中设置了屏蔽组件，降低了从压力容器上封头到换料水池操作平台的辐射剂量，降低相关部件的活化水平。

8.2 控制棒驱动机构

"华龙一号"采用自主设计的 ML-B 型控制棒驱动机构(CRDM)，已经通过 1500 万步热态寿命试验和 0.3g 驱动线抗震试验，各项指标满足或超出第三代核电厂设计指标，达到世界领先水平，其热态寿命试验运行步数已创造世界纪录。ML-B 型驱动机构(图 8.2)是由自主设计并广泛应用于国内运行核电厂的 ML-A 型驱动机构发展而来，具有以下特点：

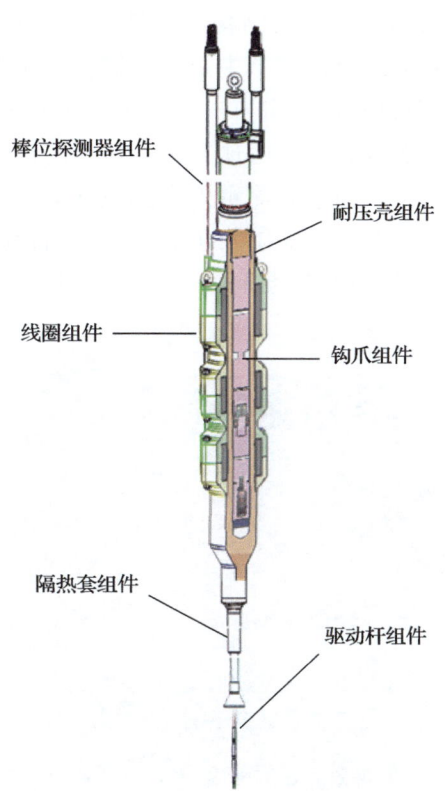

图 8.2 控制棒驱动机构图

Fig. 8.2 Control rod drive mechanism (CRDM)

(1) 采用一体化密封壳和驱动杆行程套管，取消了上部 Ω 焊缝和下部 Ω 焊缝，降低了承压边界泄漏的可能性，也避免了端塞弹射可能性，大大提高了安全性；耐压壳满足 60 年设计寿命要求，与压力容器设计寿命相同。

(2) 采用双齿钩爪的结构设计，提高了钩爪组件不检修步数。

(3) 采用了改进型的驱动杆组件，提高了易损件的使用寿命和驱动杆组件的可靠性。

8.3 堆内构件

"华龙一号"采用自主设计的堆内构件，从 2000 年开始进行了满足 177 堆芯布置要求的 CNP1000 堆型的堆内构件设计工作，其间完成包括流致振动分析、LOCA 动力响应分析、地震分析、力学分析等全套分析工作和整体水力模型试验、堆内构件流致振动模型试验等试验验证工作，达到施工设计深度。

2011 年福岛事件之后，为满足第三代核电厂反应堆的要求，在 CNP1000 基础上，堆内构件将堆芯仪表改为由压力容器顶部引出，按 $0.3g$ 设计基准地震动水平，重新完成了设计、分析和相关试验验证工作。"华龙一号"堆内构件在结构、材料和制造等多个方面有很高的成熟性和可靠性，核心结构经长期和广泛的实堆验证，并将国内最为丰富的设计经验反馈到全方位的设计细节中，其关键技术主要如下：

(1) 堆芯测量仪表由压力容器顶部引出：为了避免压力容器底部发生冷却剂泄漏的风险，将堆芯测量通道由底部贯穿改为由顶部贯穿，因此在上部堆内构件(图 8.3)上设置了新型的堆内测量导向结构，为堆芯测量仪表提供导向和支承。

(2) 满足 $0.3g$ 抗震要求：通过堆内构件的力学分析，优化相关结构尺寸，最终堆内构件(图 8.4)结构强度满足厂址设计基准地震 $0.3g$ 的要求。

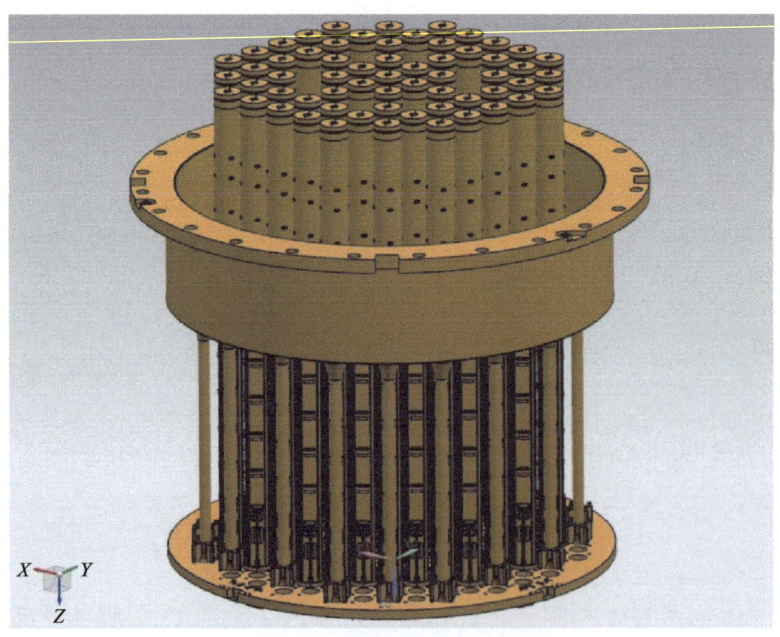

图 8.3　上部堆内构件结构图

Fig. 8.3　Reactor upper internal

图 8.4 堆内构件实物图
Fig. 8.4 Picture of reactor internals

(3) 适应 177 堆芯布置：根据 177 堆芯布置进行了相应的改进设计，堆内构件在径向尺寸上进行了相应的扩大。

(4) 改进了堆芯区紧固件设计，降低失效风险：改进堆芯区围板螺栓连接结构，优化围板与吊篮之间的旁流流道，降低冷却剂压差和螺栓载荷；增设螺栓冷却水孔，降低螺栓使用温度；优化紧固件结构材料及防松焊方式。螺栓结构改进以后，大大延长螺栓寿命，降低其失效风险。

(5) 采用了新型下腔室流量分配结构：由于取消了压力容器下封头的仪表套管，使得下腔室流场发生变化。为了适应上述改动，堆内构件在下部堆内构件上设置了新型流量分配结构，具有优良的流量分配效果。

8.4 蒸汽发生器

蒸汽发生器(SG)(图 8.5)是反应堆冷却剂系统关键主设备之一，其主要功能是利用反应堆产生的热能生产压力和湿度等指标均符合设计要求的饱和蒸汽，送汽轮发电机发电。SG 设计技术复杂、难度极大。长期以来，百万千瓦级大型核电厂 SG 的设计技术及知识产权掌握在美国、法国等国外少数几家设计公司手中，直到 2011 年，国内还没有大型核电 SG 的设计知识产权。要实现中国核电"走出去"的目标，就必须攻克大型核电厂 SG 设计技术这一难关。因此，中国核动力研究设计院从 2009 年开始，自筹经费，对 ZH-65 型 SG 进行专项技术攻关。攻关研发的目标是，掌握"华龙一号"SG 的全套设计技术并拥有完全的自主知识产权，实现设计自主化、制造本地化，彻底解决"华龙一号"SG 出口受限的问题。

ZH-65 型 SG 研发充分调研了国内外核电厂 SG 的运行经验，广泛吸收了国际第三代核电厂 SG 的先进设计理念，并在国内已有的成熟的核电 SG 技术基础上进行设计改进，其主要关键技术如下：

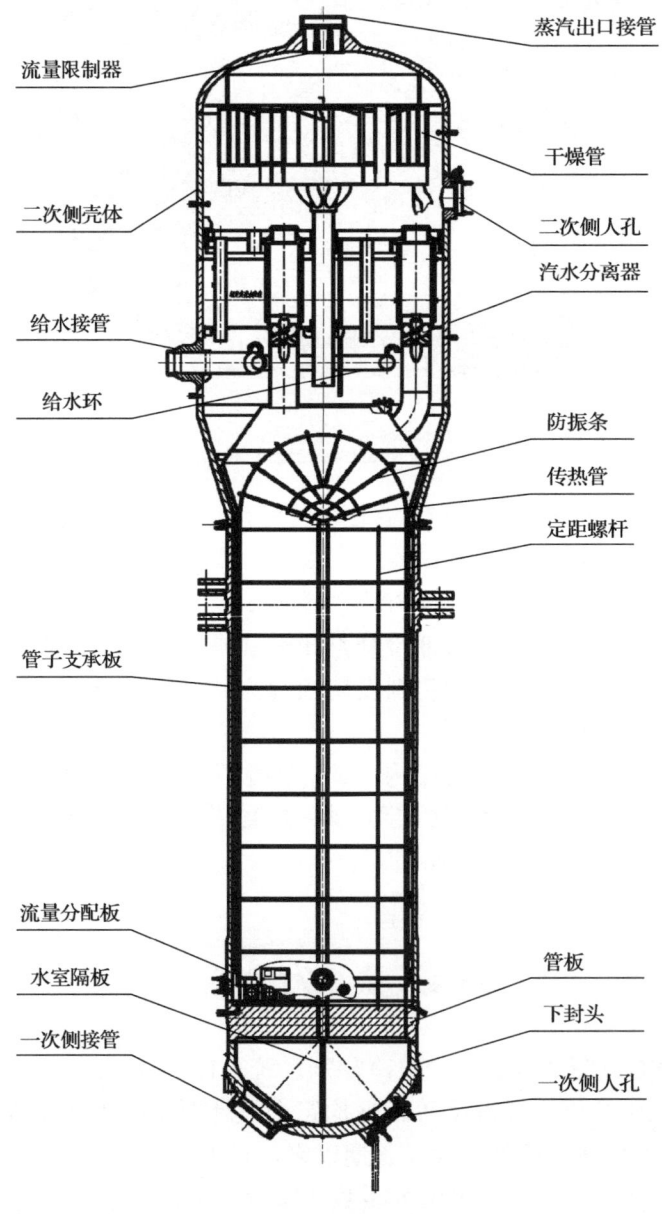

图 8.5　蒸汽发生器结构图

Fig. 8.5　Steam generator

(1) 采用较小直径传热管，并采用三角形布管，在相对于二代改进型核电厂的 55/19B 型 SG 下部筒体直径基本不变的条件下，使总传热面积增大了近 20%，结构更紧凑，提高了蒸汽发生器的功率重量比，保证了设计的安全性、经济性。

(2) 管子支承板的管孔采用完全自主设计的三叶梅花形管孔，流动阻力较小、腐蚀产物不易聚积；加强了传热管 U 形弯曲段的管子支撑，能防止或缓解在汽水两相流横向冲击作用下产生微振磨损，提高传热管的使用可靠性，进而提高 SG 的使用寿命。

(3) 管束弯管段布置了自主设计的防振条，提高了防振条加工和安装技术要求，可以有效防止或缓解由流致振动造成的传热管降质风险，提高 SG 的安全性和运行稳定性。

(4) 干燥器采用自主设计的双钩型波形板，提高了蒸汽品质，保证电厂运行的稳定性。

(5) 上部水平支承相对于 55/19B 型 SG 的支承进行了改进，采用了更先进的"零间隙"支承设计，更利于抗震。

(6) 在顶部管子支承板高度位置增设了检查孔，提高了设备的可检测性。一次侧人孔、二次侧的人孔、手孔和检查孔采用了密封性能更可靠的自主研制的石墨密封垫片。

上述关键技术均最终经过了试验验证，证明了 ZH-65 型 SG 各项性能优异，出口蒸汽湿度、蒸汽压力、功率重量比、设计寿命等主要技术参数全面达到并超过了国外第三代核电 SG 的水平。拥有完整自主知识产权的 ZH-65 型蒸汽发生器的研制成功，突破了 SG 设计的技术瓶颈，打破了国外 SG 的技术封锁，充分展示了中核集团在核电核心设备设计方面的技术水平，标志着我国核电设备的自主设计水平达到了新的高度，是"华龙一号"第三代核电落地国内、走向世界的重要保证。

8.5 稳压器

"华龙一号"稳压器(图 8.6)采用成熟的设计技术，主承压部分全部采用锻件，设计寿命提高到 60 年，具有如下特点：

(1) 采用大容积稳压器，提高稳压器比容积，在系统升温、负荷阶跃变化、甩负荷等工况下，可以更好地补偿压力波动，提高系统的运行稳定性。

(2) 采用 3 个新型的一体式的稳压器先导式安全阀组件为反应堆冷却剂系统提供超压保护，每个组件由串联的保护阀和隔离阀组成，容量设计考虑了最严重的超压瞬态。

(3) 增加稳压器安全阀作为低温超压保护的措施，当一回路冷段温度低于某一温度时，稳压器安全阀通过卸压功能实现低温超压保护，从而减小压力容器发生局部脆性断裂的风险。

(4) 设置大容量的稳压器快速卸压阀(包括串联的截止阀和闸阀)，降低严重事故下高压熔堆带来的风险。

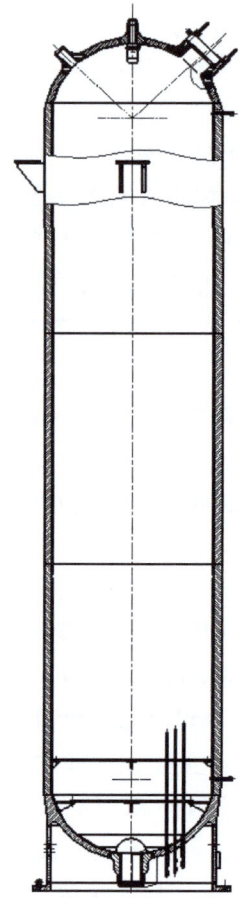

图 8.6 稳压器外形图
Fig. 8.6 Outline drawing of pressurizer

8.6 主管道和波动管

为满足第三代核电 60 年寿命要求,"华龙一号"主管道采用锻造奥氏体不锈钢,在国内首次采用 LBB 技术对主管道进行设计分析并开展了锻造主管道母材和焊缝材料的相关试验研究。相比传统的二代改进型核电厂(如 M310)铸造不锈钢主管道,其主要特点为:

(1) 首次采用 X2CrNiMo18.12(控氮)材料进行主管道锻件的设计和制造,材料力学性能高于铸件力学性能,晶粒度小且均匀,比铸件有更好的抗腐蚀和抗疲劳性能。

(2) 对锻造主管道进行了结构优化设计,如主管道弯头设计由变径优化为等径结构,改善了弯头的应力状态,有利于制造及加工,提高了设备使用寿命;在疲劳使用系数较大的焊缝部位,采用热套管结构设计,有效降低了热冲击对焊缝的疲劳影响。

(3) 主管道的薄弱环节主要在焊缝,锻造主管道属于一体锻造(包括了直管、弯头和接管嘴),减少了主管道工厂预制环焊缝(弯头和直管的焊缝)及较大的接管嘴焊缝,相应地减少了主管道在使用过程中的潜在风险,同时也减少了电厂运行期间相应焊缝的在役检查工作,为整个在役检查节约了时间,提高了电厂的经济性。

(4)国内首次采用 LBB 技术对主管道进行设计分析,与 M310 相比,主管道安装减少了主管道甩击限制器的设置,为核电厂的建造减少成本。

在电厂正常或异常工况下,由于稳压器中的冷却剂温度比反应堆冷却剂系统中的温度高,在出现波动流的情况下,容易发生热分层现象,对波动管的结构完整性构成威胁。在"华龙一号"中,针对这一问题对波动管的布置进行了改进设计,理论分析证明,采用该布置改进后的波动管,可以有效消除波动管在水平段上的热分层现象。图 8.7 为主管道冷段实物图。

图 8.7　主管道冷段实物图
Fig. 8.7　Picture of main coolant piping cold leg

8.7　先进堆芯测量系统

传统的二代改进型核电厂中,堆芯中子通量测量采用离线的方式,且需在压力容器底部开孔,增加了严重事故情况下堆芯熔融物泄漏的概率,并且设备种类和数量多、控制复杂、故障率高、仅能间断测量、不能给操纵员提供反应堆运行状态的即时信息。第三代核电的设计标准和安全要求明确提出,"用于堆芯温度测量和中子测量的仪表应从顶部贯穿进入堆芯,压力容器主管道以下的容器壁不允许开孔,以降低事故工况下堆芯熔融物泄漏概率"。同时,为解决传统堆芯测量系统仅能间断测量、设备种类和数量多、故障率高等固有问题,第三代核电堆芯测量系统还实现了设备规模简化、实时测量的要求。

"华龙一号"先进堆芯测量系统(图 8.8)通过一系列集成在从堆顶插入的固定式组

件中的自给能中子探测器(SPND)及热电偶等敏感元件，实现堆芯内部关键参数的测量，并通过一系列的信号处理装置和分析软件，实现燃料组件线功率密度(LPD)、偏离泡核沸腾比、堆芯三维功率分布、燃料组件燃耗、堆芯过冷裕度、压力容器水装量等堆芯重要指标的监测功能，其关键技术如下：

(1) 采用集成式探测器，从堆顶插入并固定，取消了压力容器底部开孔，从而降低了严重事故工况下熔融物泄漏的概率。

(2) 从二代改进型核电厂的间断测量、离线计算，提升到先进堆芯测量系统的实时测量、在线计算，从而使操纵员和物理工程师可以实时掌握反应堆关键运行参数，提升了反应堆的运行安全性。

(3) 设备种类更为精简，取消了可动机电部件，系统可靠性和设备可用性较大提升，降低了维修难度。

"华龙一号"先进堆芯测量系统的研制成功填补了国内第三代核电堆芯测量系统的技术空白，性能指标达到国际先进水平。经过对不同反应堆堆型的适应性修改与验证后，该方法和设备可以适应不同功率、不同堆型的核动力反应堆。

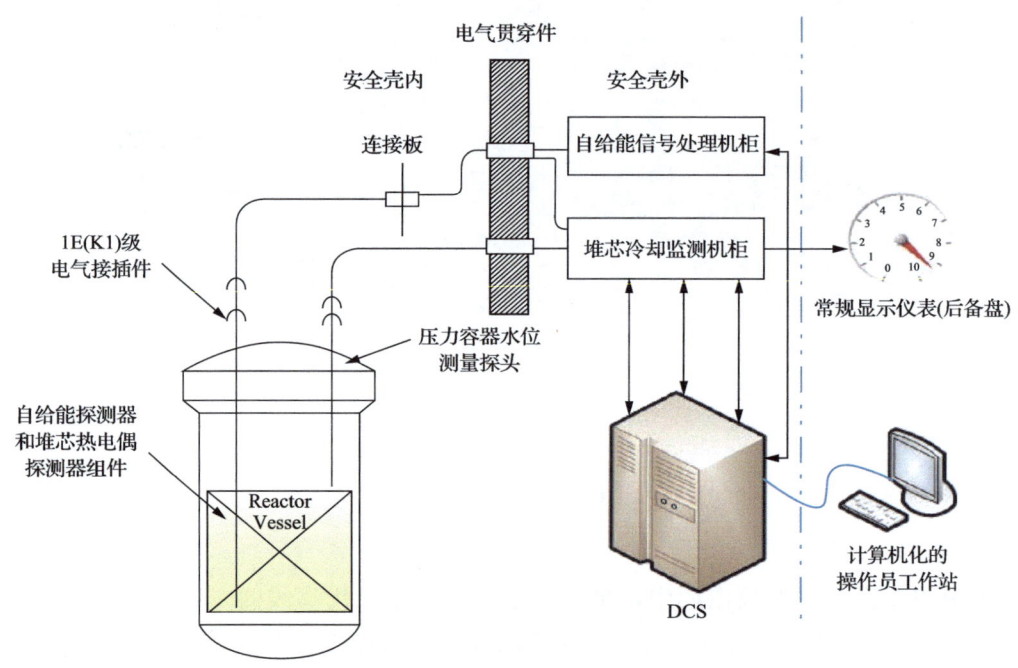

图 8.8　先进堆芯测量系统结构图

Fig. 8.8　Configuration of the advanced in-core instrumentation system

8.8　主泵转速测量装置

主泵转速测量装置(图 8.9)是用于测量安全重要参数"主泵转速"并触发停堆保护

功能信号的设备,属于核电厂的关键安全设备。然而该设备长期依赖进口,价格居高不下,是我国核电设备自主化的薄弱环节,是严重影响我国核电设计和制造自主化的"卡脖子"设备。为解决"华龙一号"出口需求,开展了安全级主泵转速测量装置研制。通过先进的积分滤波信号处理算法和数字逻辑电路设计等创新性的工作,开发出两种型号的主泵转速测量装置,可适用于"华龙一号",解决出口受限的问题,并兼容 M310 机组的备品备件要求。其主要特点和创新点如下:

(1) 极靴间距扩大至 10mm,可显著减少探针和传感器的碰撞概率,极大地提高了运行的安全性和可靠性。

(2) 传感器采用快拆结构的电气连接方式,现场操作人员可以在不借助专用工具的情况下快速实现连接器的装拆,减少了维护时间,且传感器的更换次数不受限,提高了电厂的经济性。

(3) 信号处理采用数字逻辑电路设计方式,在保证可靠性的前提下实现了低功耗设计,保证了设备响应时间和长期运行的可靠性。

(4) 处理装置自带连续可调的定期试验模块,降低了定期试验的时间,提高了电厂的经济性。

(5) 拥有在线自检功能,保证了设备长期运行的可靠性。

(6) 针对国内无满足要求的安全级同轴电缆的问题,开发出同轴型和多芯性两种产品,应用范围更加灵活,实现自主供货。

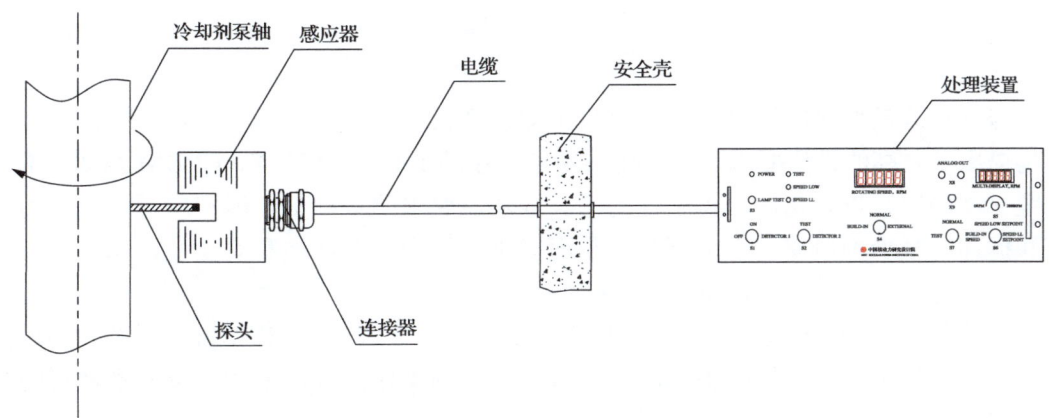

图 8.9　主泵转速测量装置总体结构图

Fig. 8.9　Configuration of main pump speed measurement device

8.9　一体化堆顶

一体化堆顶结构(图 8.10)位于压力容器顶盖的上方,主要由围筒组件、冷却围板、冷却风管、CRDM 抗震组件、防飞射物屏蔽板、电缆托架及电缆桥组件、顶盖吊具和整体式螺栓拉伸机导轨等零部件组成。

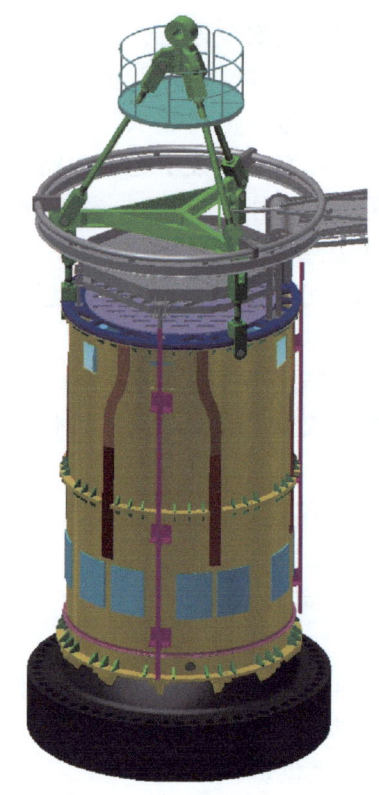

图 8.10　一体化堆顶结构图

Fig. 8.10　The integrated head package

与二代改进型核电厂相比，具有自主知识产权的第三代一体化堆顶结构，对堆顶结构提出了更高的设计要求。一体化堆顶结构在满足 CRDM 抗震、CRDM 冷却、堆顶电缆支承固定、作为起吊顶盖组件的吊具等功能要求的基础上，能实现现场快速的安装和拆卸，减少堆顶周围辐射剂量，从而提供反应堆的经济性和安全性。相对于二代改进型核电机型来说，具备如下优点：

(1) 围筒、CRDM 抗震板组件和压力容器顶盖组件构成 CRDM 抗震系统，不设抗震拉杆，增加了堆顶结构的整体刚度，减少了现场操作内容，节省了反应堆换料的操作时间。

(2) 将冷却围板和风管组件安装至围筒上，与二代改进型堆型的通风罩组件相比，刚度和强度增加，提高了稳定性。

(3) 将顶盖吊具固定在堆顶结构上不需要拆除，减少了现场操作内容，同样节省了反应堆换料的操作时间。

(4) 取消了二代改进型堆型中单独放置于堆顶上方的防飞射物屏蔽结构，将防飞射物屏蔽板集成至一体化堆顶上。

(5) 围筒将 CRDM 围住，能够减少围筒外部的辐射剂量，提高了堆顶操作人员的安全性。

8.10 主设备弯道运输用重载车及驱动装置

"华龙一号"由于厂房布置的要求,压力容器筒体、蒸汽发生器、稳压器等核岛主设备安装过程中,需要在+16.5m 转运平台穿过燃料厂房运输到反应堆厂房内,因空间限制,轨道型式为直轨-弯轨-直轨的直弯复合轨道,需在较短的运动轨迹上实现主设备 30°转弯,运输距离约 52m。此前国内无同类型的相关运输设备和经验,重载车及驱动装置是为完成该工况下主设备的运输而研制的专用设备。

主设备弯道运输用重载车及驱动装置包括重载车、导向轨、液压缸步进机构、液压驱动和电气控制系统。重载车额定载荷 420t,用于承载主设备沿导向轨行驶,主要由前车架和后车架组成;滑板安装于下层车架下方,主设备鞍座安装于上层车架上方,上、下层车架之间可相对转动,以适应主设备在弯道上行驶;导向轨为重载车的行驶提供导向,为液压缸步进机构提供支座。关键技术如下:

(1)针对需运输的主设备重且尺寸庞大,而运输空间严格受限的不利状况,完成了小尺寸、大载荷、低接触应力和低摩擦系数的相对运动部件的设计。

(2)对短距离直行+转弯+直行的行走轨迹,设计了自适应弯道的重载车结构及与之匹配的轨道,解决了前后车架自适应弯道行进的难题。

(3)采用双液压缸驱动,配合步进行驶机构,使重载车可在直轨段和弯轨段连续顺利行驶。

8.11 堆芯测量探测器组件拆除装置

"华龙一号"取消了反应堆压力容器下封头贯穿件,堆芯测量仪表从压力容器顶盖引入,堆芯测量探测器组件共有 48 个,每 2~3 个换料周期即需专用设备进行拆除和更换。M310 堆型探测器组件设计寿命是电厂全寿期,除特殊情况外,不考虑更换,AP1000、EPR 等三代核电机组尚未进入探测器组件更换阶段,目前无可参考的探测器组件拆除设备。为实施"华龙一号"探测器组件更换工作,研制了全新的探测器组件拆除装置,并拥有完全的自主知识产权。

拆除装置(图 8.11)主要由探测器组件抓具、缩容装置(含大小车、剪切卷绕装置等)、高放存储容器及存放架等组成。探测器组件抓具完成对探测器组件的抓取及提升,缩容装置包含大小车组件、剪切卷绕装置、核用水下灯、视觉对中装置及监控摄像机等,完成对探测器组件的导向及定位,并对提升到位的探测器进行剪切,对剪切后剩余高放部分进行卷绕缩容。高放存储容器及存放架用于存储缩容后的探测器组件。主要关键技术如下。

(1)智能化高精度定位技术:采用全闭环伺服技术解决方案,在线观测探测器组件的实际位置,并将其反馈到控制器,控制器进行处理后,驱动拆除装置大小车运动,完成拆除装置大小车相对目标探测器组件的精确定位,定位精度可达 0.2mm。

(2)水下小空间无屑剪切技术:采用模块化屏蔽结构设计同时采用特殊研制的刀具及传动机构确保既能满足屏蔽要求,又可顺利实施剪切功能,且切断后的管口处于闭合状态。

(3)卷绕规整成型技术:采用卷绕轴平移随动技术保证了探测器组件绕卷规整。

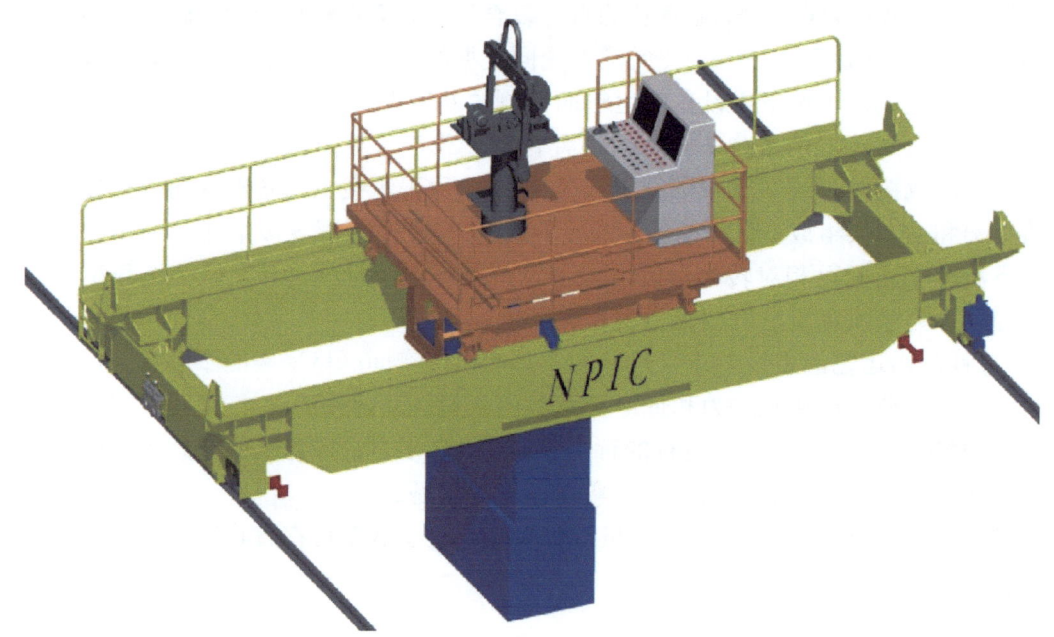

图 8.11 堆芯测量探测器组件拆除装置结构图
Fig. 8.11 Dismantling device of in-core instrumentation thimble assembly

8.12 装卸料机及辅助单轨吊

装卸料机作为核电厂重要操作设备,其作用不仅体现在反应堆停堆换料操作功能的无法替代性,还体现在换料效率影响到核电厂的停堆换料时间,该设备的优化与发展,与我国核电事业的发展相辅相成。作为一台复杂的机电一体化设备,装卸料机研发时研究了控制系统定位方式、驱动机构操作性、抓具结构可靠性、套筒结构稳定性和辅助单轨吊国产化等内容,使装卸料机性能得到很大的提高。

1. 重点结构优化

将抓具、伸缩套筒、主起升机构等关键结构部件进行优化,提高燃料组件自锁及抓取操作的可靠性。根据检修便利性的要求,优化气缸等驱动部件检修结构,最大程度减少大修过程装卸料机占用主线时间。

2. 电控系统软、硬件优化

在自主研发供货装卸料机的基础上，又在电缆敷设、接线箱、设备照明装置、防撞系统、电气保护系统及软件程序上完成改进，并且改进的工作将一直持续，不断提高设备性能、可靠性。装卸料机具备全自动数字化控制功能，确保定位操作的准确与高效。作为机电一体化的设备，控制上采用双 PLC 控制结构，实现运行功能与安全功能的有效隔离，提高了设备操作的安全性与可靠性；结构上采用成熟可靠的运行机构，能够实现精准定位；操作燃料组件抓取与释放的结构采用多重保护，能够有效保护燃料组件的安全。

"100%国产化"是装卸料机的自主研发目标，而在装卸料机研发中卡住这个目标"脖子"的就是专用单轨吊(装卸料机辅助起升设备)的国产化。自主研发设计的专用单轨吊严格遵循了第三代核电技术的工艺要求、接口要求及相关设计准则，已经达到了国际同类产品先进水平，具有完全自主知识产权，具有良好的核电工程项目应用前景。

8.13 双层安全壳燃料转运装置

燃料转运装置是燃料操作与贮存系统最重要的设备之一，是燃料组件在反应堆厂房与燃料厂房之间的唯一运输路径。第三代核电厂由于双层安全壳的设计，燃料转运通道的长度与二代改进型核电厂相比有了很大的增加，国内现有的转运装置技术无法满足使用要求。

双安全壳燃料转运装置首创性地采用了接力驱动技术，并结合特性离合器、防撞齿机构、双 PLC 冗余控制技术、轮齿位置水上检测、小车位置综合测量、手动应急机构共计七大关键技术，解决了长距离水下运输燃料组件的问题。

(1) 将燃料转运装置的小车行程从 10.6m 增加到 14.75m。
(2) 燃料组件运输效率达到了每小时 5~6 组燃料组件，为国际先进水平。
(3) 安全性方面，在核心技术上采用了啮合死区处理和测量系统的冗余安全设计。
(4) 可靠性方面，厂内制造了 1∶1 试验样机，水下运行环境模拟，试验循环 40887次，约相当于核电厂换料 115 次设备运行的总循环次数(电站寿期 60 年，寿期内换料40 次)。

双安全壳燃料转运装置的自主研发，打破了国外巨头在第三代核电厂上对于该设备驱动技术的壁垒(钢丝绳驱动、刚性链驱动等)，在关键驱动部件上采用了标准化和模块化设计，结构简单、体积小巧、材料常规，能够完全实现制造国产化，推动了国内核电设备企业的发展，保证了"华龙一号"第三代核电厂的成功建设。图 8.12 为双安全壳燃料转运装置顺利验收现场。

图 8.12 双安全壳燃料转运装置顺利验收
Fig. 8.12 Acceptance of double containment fuel transfer device

8.14 乏燃料贮存格架

乏燃料贮存格架是压水堆核电厂燃料操作与贮存系统的一项关键设备，主要用于在水下安全贮存乏燃料组件。乏燃料贮存格架的设计须保证燃料组件的安全贮存，防止发生临界和燃料组件过热事故。

针对"华龙一号"的设计条件和第三代堆型的技术要求，以出口项目为依托完成了乏燃料贮存格架研发，掌握了关键制造工艺和组装方式，开发了国产新型硼铝材料中子吸收体的均匀性检验方法，确定了中子吸收体 10B 面密度与中子透射率的关系曲线；格架流固耦合分析及燃耗信任值应用研究上达到国外同类产品先进水平，国内首创硼在硼铝材料中均匀性无损检验方法，模块套管式硼不锈钢乏燃料贮存格架结构简单、安全可靠、刚性好、制造工艺简化，贮存格架结构和分区贮存完全满足工程工艺接口及第三代核电厂安全技术要求。

8.15　CNFC-3G 新燃料运输容器

新燃料运输容器是将新燃料细件从燃料元件厂运往核电厂的专用设备。由于国内现有 AFA-3G 燃料组件的新燃料运输容器经国家核安全局审查后不再允许制造，根据发展预测，运输 AFA-3G 燃料组件的新燃料运输容器存在一定缺口，且目前国内尚无完全满足法规标准要求的运输 AFA-3G 燃料组件的新燃料运输容器。

经过三年的研制，CNFC-3G 新燃料运输容器（以下简称新容器）历经设备结构、力学、临界、热工、屏蔽研究、样机制造、试验到最终取得国家核安全局颁发的《CNFC-3G 新燃料运输容器设计批准书》，各项性能指标均达到了设计要求。

为充分配合"华龙一号"技术创新，经过设计与变更工作，新容器可运输 AFA3G（包括 AFA3G、AFA3G AA）、CF（包括 CF2，CF3）、STEP-12（包括 STEP-12，STEP-12B）新燃料组件。

新容器完全满足国务院 562 号令《放射性物品运输安全管理条例》、环境保护部令（第 11 号）、《放射性物品安全运输规程》（GB 11806—2019）和 IAEA 安全标准 TS-R-1 等国家法规标准的要求，实现了 AFA-3G、CF、STEP-12 新燃料组件的水平运输和垂直装卸，填补了国内空白，满足了市场发展需求。

新容器总体技术和主要性能指标达到国外同类产品的水平，可以改变新燃料操作设备依赖国外进口的局面，符合国家核电设备国产化产业政策，具有良好的工程应用前景，有利于国家核电的持续发展。按照国家核电发展规划，新燃料的运输量将急剧增长，对运输容器的需求也将大大增加，可为国家节省和创汇逾千万美元。

8.16　放射性废物桶外水泥固化成套装置及配方

目前国内核电项目固体废物处理系统设备大多是国外供货，主要采用桶内成套水泥固化装置，处理源项为浓缩液、废树脂及废滤芯，其包容率浓缩液约为 53%、树脂约 38%，废过滤器芯固定额外需要一套滤芯灌浆混合器。

为解决水泥固化装置长期依赖进口的局面，解决出口受限问题，提高设备国产化率，降低采购成本，开展了放射性废物桶外水泥固化成套装置及配方研制。要求固化后，水泥固化体性能指标满足相关标准要求，并且固化过程中水泥浆体满足下列要求，确保其与桶外水泥固化成套设备有较好的匹配性。

（1）浓缩液：固化含硼量在 36000~44000ppm 范围内的浓缩液时，搅拌完成 30min 后浆体流动度仍大于 200mm，在桶外混合器内静置 30min 仍可自排料；异常工况下（硼浓度小于 36000ppm 和大于 44000ppm、钠硼比大于 0.25）系统可安全运行。

(2) 废树脂：固化阴阳树脂比例在 1：2～2：1 范围内的废树脂时，搅拌完成 30min 后浆体流动度仍大于 200mm，在桶外混合器内静置 30min 仍可自排料；即使废树脂为全阴或全阳，系统仍可安全运行；需解决大流动度下树脂颗粒不上浮、分层，吸水溶胀不开裂的技术难点。

(3) 废活性炭：实现对新增废物源项废活性炭的水泥固化，同时确保活性炭搅拌完成 30min 后浆体流动度仍大于 200mm，在桶外混合器内静置 30min 仍可自排料，且需解决大流动度下活性炭颗粒不上浮、分层。

(4) 废滤芯：水泥浆体搅拌完成 30min 后流动度大于 200mm，无需振动即可高效填充至废滤芯内部，且需解决大流动度和低电通量之间矛盾，同时确保泥浆不分层、泌水，控制温升过快、干燥收缩和开裂。

相对引进的桶内水泥固化技术，自主研制的水泥浆体流动性更高，同时新增废活性炭固化，这在国内外还未有工程应用。与桶内工艺相比，一套桶外水泥固化装置即可完成上述所有废物源项的处理。为确保桶外水泥固化系统的稳定可靠，设备研制完成后，将与水泥固化配方协同开展试验，验证配方与设备的匹配性。最终成功研制出的先进、经济、具有完全自主知识产权的桶外水泥固化成套装置及配方，打破了国外垄断，提升了核电装备的国产化率，产生了显著的经济和社会效益。

8.17　核电厂废过滤器芯接收和厂内运输装置

目前国内多个在建核电项目或核设施采用废物处理中心方式处理核废物，因此要将不同地点产生的废物源项运输至废物处理中心，运输过程中需要满足辐射屏蔽等各类标准要求，同时需要在操作过程中避免运行人员直接接触废物源项。

福清 5、6 号机组需要从 NX 厂房接收废过滤器芯并运输至 WB 厂房进行水泥固定，其所用废滤芯接收装置为德国西屋设备；三门核电也采购德国西屋的同类设备，不仅价格昂贵，后期安装调试及运维的技术服务成本均较高。巴基斯坦 K2、K3 项目也需要实现同样功能，但可能存在出口受限问题，而国内还未有供货商研发出相关产品。

废滤芯接收装置主要功能是在核电厂或核设施中接收更换下的放射性废过滤器芯并运输至废过滤器芯处理厂房，其主要技术指标如下：

(1) 实现在核电厂或其他核设施接收和厂内运输放射性废过滤器芯，人员的所有操作过程均满足辐射防护要求。

(2) 滤芯装入后，屏蔽容器未封盖前的所有操作应通过远程控制实现，不需要人员就近操作。

(3) 自动完成对装入屏蔽容器内 400L 钢桶上的 12 个螺栓的拧紧或松开，拧紧轴出现故障时也可以通过手动操作完成螺栓的拧紧或松开。

(4) 12 个拧紧轴的拧紧力矩可在 30~150N·m 范围内调节。

(5) 能够同时自动将屏蔽容器盖和 400L 钢桶盖抓起或释放。

(6) 运输车上水平和垂直升降机构运行平稳，停位精准，其误差小于±2mm，取封盖操作可靠性高，应满足无故障连续运行 5 次。

为了达到上述技术指标，需对集成于运输车上的屏蔽容器、取封盖装置、屏蔽容器水平和垂直移动装置开展研究，解决如何对装入屏蔽容器内部的钢桶进行螺栓拆除与拧紧、取盖与封盖及满足辐射防护要求的前提下进行远程操作等。

自主研发的废滤芯接收装置的主要技术指标高于国外产品，自动化程度高，打破了国外垄断，提升了核电装备的国产化率，具有较高的推广应用价值，并产生了显著的经济和社会效益。

8.18 安全壳过滤排放系统纤维过滤器和文丘里水洗器

安全壳过滤排系统是"华龙一号"为防止严重事故下放射性物质不可控地释放采取的缓解措施，由于事故后安全壳大气中含有大量的气溶胶、碘等放射性物质，因此需要该系统具备极高的过滤效率，才能满足排放要求。而系统中起关键过滤作用的设备就是文丘里水洗器和金属纤维过滤器，但是这两项设备的核心技术均掌握在国外供货商手里，为打破垄断，需要国内从基础研究出发，对文丘里水洗器和金属纤维过滤器进行过滤机理研究，从根本上掌握这两项关键设备的核心技术，实现完全自主知识产权和国产化。

文丘里水洗器作为安全壳过滤排放系统中的第一级过滤，主要用于去除大部分气溶胶和元素碘。针对过滤效率要求极高、过滤机理复杂、多参数耦合特性强，且要求非能动自吸特性等技术难题，研究人员探索性地开展了单一因素试验研究和理论分析，研究文丘里喷管的流动、引射和阻力特性，掌握了其过滤特性与结构参数和运行参数之间的定量关系。经过大量的机理研究和不同种类的文丘里喷管型式的实验，创新性开发了分体式文丘里喷管结构，成功解决了传统工业文丘里水洗器由于喉部存在明显静压分布，导致引射能力不足，并且随流速变化存在区域效应的技术难题。

在完成文丘里喷管结构型式研究的基础上，又进行了文丘里水洗器喷管数量、排布和气流分配研究，完成了文丘里水洗器工程产品的设计方案。

金属纤维过滤器作为第二级过滤主要用于去除夹带液滴和亚微米级气溶胶，为了满足除湿、容尘和高效过滤指标要求，过滤器选用了组合式的过滤结构，同时综合考虑容尘量与流阻、过滤机理与组合方式的相互影响，为此开展了大量的单精度纤维过滤机理研究，研究过滤效率、阻力，以及容尘量与纤维结构参数和运行参数之间复杂的定量关系，建立了多参数耦合的样本数据库。经过大量的优化组合分析及实验，最终确定了满足过滤要求的金属纤维丝径及组合及工程产品结构方案。

文丘里水洗器和金属纤维过滤器的研发成功，使我国牢牢掌握了第三代核电中作为预防和缓解严重事故的湿式过滤系统的全部核心技术，设备能够全部实现国产化，解决了应对严重事故的重大技术难题，提升了第三代核电安全技术水平，打破了国外垄断，具有完全自主知识产权，提升了研发设计与装备制造能力。

8.19　双层安全壳人员闸门

目前我国自主设计的人员闸门只能实现单层安全壳的密封功能，在"华龙一号"采用双层安全壳的前提下，需要开展新型人员闸门的研制。"华龙一号"人员闸门是安全壳承压边界的一部分，是重要的核岛机械设备，承担着保持安全壳密封性的重要功能，是核电厂最后一道安全屏障的组成部分。

人员闸门为钢制筒型结构，贯穿双层安全壳，筒体分为三节：位于内层安全壳内侧的"内筒节"、预埋在内安全壳上的"贯穿筒节"、位于外安全壳外侧的"外筒节"。贯穿筒节预埋在内安全壳上，并与内壳钢衬里焊接。内、外筒节分别与贯穿筒节焊接。外安全壳对应位置安装"外壳预埋件"，人员闸门筒节外表面与外壳预埋件之间用柔性连接件密封，无刚性接触。筒节两端设置门框，门框上铰接着起密封作用的承压门。人员闸门的开启和关闭可通过电动或手动的方式由传动部件实现，门体开启方向为面向堆芯右开，门体位于堆芯侧，从而保证内安全壳内部为正压时，门体处于压紧状态。"华龙一号"人员闸门主要创新包括以下：

(1) 设计上考虑严重事故影响，使闸门可以在严重事故后仍然保持其完整性，保证核安全功能。

(2) 通过人员闸门密封结构鉴定试验，证明事故条件下的闸门保持密封性的能力，保证核安全功能。

(3) 简化了传动机构，提升了可靠性和可操作性，降低了闸门故障率，提高了工业安全性。

(4) 增加一系列辅助装置，确保开关门动作准确性和操作人员的职业安全，包括防回弹装置、障碍物检测系统、多功能在线密封检测系统等。

(5) 对闸门主要锁紧传动机构开展了抗震鉴定试验，传动机构可以经受 SL-2 地震动载荷而不损坏，使闸门地震后的可用性得到保证，进而提高电厂地震后的恢复能力。

8.20　反应堆压力容器整体螺栓拉伸机

反应堆压力容器的开盖和关盖是核电厂大修的主线，反应堆密封和解除密封是反应堆大修和装卸料的里程碑节点，直接决定着整个大修的绝对工期。整体螺栓拉伸机是核电厂用于反应堆压力容器开/关盖的关键工具设备。相对 M310 堆型,"华龙一号"反应堆压力容器顶盖紧固件组件尺寸更大,不同工况下螺栓剩余伸长量更长,螺栓剩余载荷更大。

为解决新堆型关键设备的成熟可靠问题,扭转反应堆压力容器整体螺栓拉伸机长期依赖进口的局面,提高设备国产化率,"华龙一号"对反应堆压力容器整体螺栓拉伸机进行研制,实现了预定的设计目标:

(1) 整体落实拉伸机吊装过程中自动调平,下降过程中自动对中。
(2) 同时拉伸 60 根主螺栓到预定值。
(3) 一旦拉伸完毕,活塞复位应自动完成。
(4) 泄漏的液压油应可回收,尤其是动密封部位(活塞和油缸)。
(5) 螺栓拉伸机操作程序应避免出现高压超压的可能性。
(6) 转速控制、扭矩控制等。

设计的反应堆压力容器筒体法兰模拟体、压力容器顶盖模拟体、紧固件组件模拟体、整体螺栓拉伸机经试验验证后通过了专家鉴定,完全满足接口要求和关键技术指标,具有完整自主知识产权。

8.21　一体化堆内构件吊具

"华龙一号"采用从堆顶进行堆芯测量的先进堆芯测量技术,堆内构件操作要求已远超出常规吊具的功能范畴,具有"远距离、小空间、高可靠性、高精度"等特点,暂无可直接借鉴使用的成熟技术。

为满足"华龙一号"堆型在国内外建设与推广的需求,急需研制出新型的一体化堆内构件吊具,具有完全自主知识产权。依靠计算机辅助设计和 1∶1 样机模拟试验相结合的手段,研制出了一套适用第三代核电全新堆内构件的大型一体化操作工具,可满足核电厂安装、换料及维修期间新型堆内构件的操作要求,包括对上部、下部堆内构件的连接、起吊,反应堆压力容器密封面保护环的起吊,以及堆内测量机械结构的提升、自导向、悬挂及远距离支撑等操作,整体采用纯机械结构,所有操作均可远距离水下可靠盲操作完成,如图 8.13 所示。

该成果具有自主知识产权,达到国际先进水平,有效避免了第三代核电新型堆内构件操作工具依赖进口的局面,符合国家核电装备国产化产业政策。该成果已经成功应用于福清 5、6 号核电机组及巴基斯坦 K2、K3 核电机组,且正在推广应用于多个其他核电项目,具有显著的经济、社会效益及广泛的应用前景。通过对部分自主创新的结构进行适应性修改,也可推广应用到其他具有远距离可靠操作需求(水下、高温、辐射等环境)的小型或大型专用工具上。

图 8.13 一体化堆内构件吊具

Fig. 8.13 The integrated reactor internals lifting rig

8.22 内置换料水箱过滤器

"华龙一号"将换料水箱设置在安全壳内并承担地坑功能,根据使用环境的变化,地坑过滤器设置在 IRWST 内并命名为 IRWST 过滤器。2012 年颁布的国核安发[2012]52 号文件,明确运行核电厂需要进行地坑过滤器改造,并进行相关性能评估工作。因此,结合"华龙一号"的总体布置要求与核安全要求,开展了围绕"华龙一号"IRWST 过滤器安全性能相关的分析研究、设备研制及试验验证等一系列研发工作。

IRWST 过滤器研发关键技术包括:上游碎渣源项分析研究与源项踏勘、过滤器设备的方案设计、过滤器性能试验(碎渣压降、化学效应、下游效应)验证、下游效应评估等。2016 年 9 月 30 日,IRWST 过滤器完成应用于工程的设计方案,并试验验证满足 IRWST 过滤系统的功能要求和安全要求,其解决的关键技术难点与创新点在于:

(1)方案设计上采用了逐级精细的三级过滤方案,有效减小到达坑口过滤器的碎渣量;滤网最小孔径为 $\Phi1.2$mm,提高了过滤精度,有效降低了下游效应的不利影响。

(2)IRWST 过滤器采用特殊拼装结构和模块化设计,便于运输引入和现场安装,同时便于过滤面积的调整或扩展。

(3) 国内首次针对全新堆型开展的上游分析自主研究，利用了"华龙一号"采用三维设计的优势，直接在三维软件批量导出各个破口对应的设备、管道信息，能够及时跟踪设计变更，高效可靠地获得上游分析结果，并提出了碎渣源项踏勘技术要求。

(4) 碎渣压降试验、化学效应试验、堆内下游效应试验中均采用了全比例的过滤器模块与缩小比例的滞留篮模块，同时采用浊度计、压力传感器等多种仪表进行测量与相互验证，确保了试验结果的真实可靠。通过下游效应评估分析了对下游堆芯、泵、阀等设备运行的影响。

IRWST 过滤器设备的研发成功，标志着已具备第三代核电机组"华龙一号"同类设备的产品设计、计算分析、性能验证等方面的能力，具有完全的知识产权，实现了设备国产化目标。

在福清 5、6 号机组工程中，通过出图设计的方式与国内供货商签订了 IRWST 过滤器的供货合同，相比外资设备节省成本 3500 万左右，有助于控制总承包模式下设备采购成本。在巴基斯坦 K2、K3 项目上，通过 IRWST 过滤器的国产化，除了节省成本外，还解决了"华龙一号"该类设备出口受限的障碍，并为产业化推广打下了基础。

8.23　非能动安全壳热量导出系统换热器及汽水分离器

非能动安全壳热量导出系统热交换器是"华龙一号"中非能动安全壳热量导出系统中的关键设备，该设备的研制目的是要在核电厂发生设计扩展工况时，实现非能动安全壳热量导出系统的非能动运行，导出安全壳内热量，降低安全壳内的压力和温度，保持安全壳的完整性。研发主要包括非能动安全壳热量导出系统配置方案、非能动安全壳热量导出系统热交换器及汽水分离器开发验证、非能动安全壳热量导出系统综合性能实验验证等。针对非能动安全壳热量导出系统热交换器，开展了传热管选型，传热管传热理论、传热系数研究计算，传热管规格、数量、排数、排列间距等基础性研究，以及单一传热管冷凝传热性能实验，并进行了缩比例的非能动安全壳热量导出系统热交换器整机样机的试验验证工作。

在研发过程中，进行了大量的不凝性气体冷凝特性实验研究及管内流量分配均匀性实验研究，为热交换器联箱筒体、封头、进出口接管等的型式及竖向传热管倾斜角度等关键设计技术提供了支撑。

在上述研究和验证试验的基础上，进行了工程应用产品的开发设计工作。根据事故下热量导出的需求，热交换器换热部件体积较大，因此需要考虑相应的支撑装置，同时为满足抗震要求，进行了设备整体的支撑框架设计和力学分析，完成了设备的支撑结构设计方案。

由于竖直部分传热管的长度较长，为满足抗震要求，研究设计了传热管防振措施，保证传热管晃动幅度在可控范围内，避免在地震情况下互相碰撞损坏。

非能动安全壳热量导出系统热交换器布置在标高+32m 的安全壳内壁上，因此研究设计了底部的三角支撑座和上中下三部分的连接结构方案,保证设备整体能够牢固地安装在安全壳内壁上。

非能动安全壳热量导出系统汽水分离器,是设置在非能动安全壳热量导出系统冷却水箱中的一项关键设备,位于系统自然循环回路的末端,其作用是将系统中上升的汽液两相流体分离,使蒸汽顺畅地排放,减小因蒸汽泡破碎而导致不必要的管路系统的振动,从而使系统稳定运行。研发主要研究了汽水分离器的结构,首先结构设计需要满足最基本的汽液完全分离的要求,其次在保证汽液分离效果的同时尽可能减小振动,最后要尽可能减小流动阻力,提高自然循环能力。基于上述设计原则,确定了主要由中间芯管、外套筒、折流板、排气孔和疏水孔组成的汽水分离器结构,并进行了性能实验研究,结合实验研究结果,完成了非能动安全壳热量导出系统汽水分离器的工程产品设计。

通过非能动安全壳热量导出系统热交换器和汽水分离器的研发和工程产品设计,对第三代核电该类非能动热交换器的传热特性,传热机理及汽水分离等基础性研究有了零的突破,为后续第三代核电非能动系统关键设备的研发和工程设计及优化改进奠定了良好的基础。在"华龙一号"上,非能动安全壳热量导出系统热交换器和汽水分离器的设计、制造已经完全实现了国产化,有力助推了华龙出口。

8.24 核安全级逻辑控制系统(继电器机架)

核安全级继电器机柜系统应用于巴基斯坦 K2、K3 项目中,属于整个仪控系统的核心部分,对核安全功能的执行起着非常重要的作用。基于模拟技术电厂仪控系统设计上积累的丰富经验,并结合秦山二期扩建工程中的继电器机架系统,提出了继电器机柜系统的设计方案,并与供货商开展联合科研,开展了一系列的试验活动。经过试验验证产品满足项目要求并且相对于继电器机架系统有重大的改进,主要改进和创新包括:

(1)采用机柜设计,利于布置和防护等级的提高。
(2)创新地采用基于设备的分区布置设计,有利于节约利用空间、增强机柜设备增减的灵活性和易维护性。
(3)采用硬接线的逻辑实现优选功能,在满足隔离要求的基础上实现了不同安全等级信号之间的优先级。研制成果达到国际同类产品的先进水平。

8.25 电气贯穿件

根据"华龙一号"的双层安全壳结构、总体性能、严重事故工况等条件对电缆贯穿的具体要求,在现有二代改进型压水堆核电厂电气贯穿件的成熟技术基础上,结合自主创新，开展电气贯穿件的整体结构设计研究、新型导体组件的研制、制造工艺研究以及全系列鉴定试验研究，成功研制了满足技术规格要求、满足"华龙一号"核电机组工程实际应用、具有自主知识产权的"华龙一号"第三代核电厂电气贯穿件产品，如图 8.14 所示。

"华龙一号"电气贯穿件的总体结构设计完全满足"华龙一号"核电机组双层安全壳结构的使用要求，具有使用寿命长、抗震性能优异、耐火性能良好及耐受严重事故工况等特点。同时，根据"华龙一号"对数字化通信及严重事故工况下的电缆传输要求，成功研制了高传输效率的光纤导体组件、抗干扰性能优异的三同轴导体组件以及能够在严重事故工况下执行安全功能的 SA 导体组件，为第三代核电技术中新技术的应用以及安全功能的提高提供了硬件保障。

图 8.14 电气贯穿件实物图
Fig. 8.14 Picture of the containment electrical penetration assembly

8.26 金属保温层

"华龙一号"反应堆压力容器金属保温层(图 8.15)包覆整个压力容器，主体结构为具有金属反射结构的板块组件，其采取了全新设计方案，完全满足第三代核电的先进功能要求，包括：进行系统的传热及力学分析，提升保温层主要性能指标；作为堆腔注水冷却系统的重要组成部分，为堆腔冷却水提供稳定流道；增设辐射屏蔽组件，降低中子辐射，满足操作平台剂量限制要求。主要特点如下：

(1)对保温层进行系统的传热及力学分析，对保温层支承传热、堆坑混凝土壁温度场、烟囱效应影响、结构抗震能力、堆腔冷却水载荷等因素进行了详细分析，提升保温层热性能及机械性能指标。

（2）通过设置流道钢衬板、保温层支承、进水口及汽水排放口组件等结构改进，完成堆腔注水冷却系统的堆坑流道设计，该流道结构能够在堆芯熔化的严重事故工况下维持稳定，实现严重事故工况下压力容器的冷却，避免压力容器底部熔穿，保证核电厂安全。

（3）通过在顶盖法兰保温层下部增设辐射屏蔽保温层组件，同时实现关键部位的辐射屏蔽及保温功能，降低+16.5m 标高操作平台的辐射剂量，保证操作人员安全。

图 8.15　压力容器金属保温层结构图

Fig. 8.15　Metallic thermal insulation of reactor pressure vessel

"华龙一号"蒸汽发生器和稳压器等主设备同样采用金属反射型保温层，金属保温层耐辐照、耐腐蚀、材料相容性好，具有长达 60 年的设计寿命，并能有效减小事故下堆坑滤网堵塞风险。相比于非金属保温层，金属保温层无粉尘、不需要捆扎，其模块化设计使其拆装便捷、重复利用率高，可有效避免放射性粉尘危害、缩短在役检查时人员辐照时间，适应在役检查等维修工作需要。

金属保温层通过了严格的模块抗震试验及系统抗震力学分析，其设计满足抗震要求；金属保温层的模块化设计，结合了三维协同设计系统，充分考虑核岛内其他专业物项的密集程度、模块安装的逻辑顺序、现场转运通道及施工空间、设备及管道的定期检查需求，以便于现场施工和减少现场修改工作，以及最大化的保证投运后金属保温层仍具有良好的拆装性。

8.27　K1 级电气连接器

国内核电项目安全级电气连接器均采用进口产品，价格高昂、可选配置少，难以满足国内核安全级仪表研发需求。为解决安全级电气连接器出口受限问题，以及为国内核安全级仪表设备提供订制化产品，"华龙一号"开展了 K1 级电气连接器研制。通过设计双重密封结构、行程倍增螺旋锁紧槽结构等创新性工作，解决了包括连接器盲装、连接器整体无可动部件、恶劣环境下可靠密封等多项技术问题，开发出了接口丰富、适应性强的电气连接器产品，满足气密、抗震、耐高温、耐辐照的要求，多数技术指标上达到国际先进产品水平，可应用于大多数核电安全级仪表设备。为适应不同种类、不同接口的仪表需求，产品开发了多个型号，具有很高的技术完备性；产品经过核电安全级产品质量鉴定，具有很高的技术成熟性和可靠性；产品应用范围广，可适用于核动力堆多数安全级仪表设备，具有广阔的市场前景；产品的研制成功打破了国外同类产品的垄断，可提供丰富多样的接口类型供国内仪表厂家进行选择。

8.28　更高要求的通用设备研制

"华龙一号"为解决出口受限问题，同时满足第三代电站更长寿命、更高抗震的技术要求，通过联合科研的方式，实现了关键通用设备的研发，实现了海外项目国内自主供货的目标。

1. 核级泵国产化及优化

结合二代及二代改进型核电厂设备国产化的成果，并根据"华龙一号"的设计特点对国产化的成果进行改进设计，新增设备也全面开展了国产化研制工作，新增设备和具有较大技术难点的设备以横向科研的形式进行合作研发；核二、三级泵样机研制主要采用横向科研的模式，技术难度的泵采用与两家制造厂同时研制攻关的方式以减小研发风险，完成了中压安注泵、设备冷却水泵、辅助给水汽动泵、应急硼酸注入泵等关键泵样机研制。

2. 阀门国产化

阀门样机研制主要采用横向科研的模式，完成了主蒸汽隔离阀、主给水隔离阀、地坑阀、主蒸汽安全阀、直流电动执行机构等关键阀门样机研制。

3. 混凝土蜗壳泵

"华龙一号"机组循环水泵采用自主研发、完全国产化的混凝土蜗壳泵。通过与上海阿波罗机械股份有限公司历时四年共同的研发,完成多项技术改进,采用整体铸造叶轮、双道停机密封、泵轴与叶轮专用连接方式、高低压润滑油系统等。实现自主化后,避免了"卡脖子",同时也大大降低了采购成本。

4. 贝类捕集器

国内核电项目的贝类捕集器全部由德国的 Taprogge 和法国的 Beaudrey,其中以 Taprogge 为主。"华龙一号"联合研制出了达到国际先进水平,使用寿命不低于 60 年,满足第三代核电使用需求的贝类捕集器,实现了国产化,打破了国际垄断,避免了"卡脖子"问题。

5. 烟囱流量计

核辅助厂房烟囱流量测量 Annubar 流量计用于测量通过核辅助厂房顶部的烟囱的气体流量。该仪表属于 PAMS(事故后监测)系统。通过与国内有核级流量测量及核级变送器生产经验及核电供货业绩的企业合作,针对整套烟囱流量计的设备及控制方案提出优化解决方案,在保证变送器电气性能、流量计机械等性能、测量精度、鉴定要求等参数不降低的前提下,在国内采购整套设备,降低采购成本,缩短供货周期,消除最小起订量问题,打破了以往项目长期依赖于国外厂家的限制,解决了"卡脖子"问题。

6. 核级小三箱

核级小三箱用于就地信号的转接、实现就地控制或信号的报警、指示,主要布置在核岛,数量较多,对核电厂的安全运行至关重要。"华龙一号"就地盘箱柜鉴定标准高于以往 M310 堆型,通过联合研发完成了适用于"华龙一号"的核级小三箱的研究、设计,并首次完成了"华龙一号"核级就地盘箱柜的鉴定。

7. 1E 级严酷环境下电缆

通过与安徽电缆股份有限公司联合研制,开发了第三代核电厂严酷环境用(K1 类)核级电缆,电缆使用寿命不小于 60 年,适用于"华龙一号"安全壳内,作电力传输、信号控制,具有良好的稳定性和安全性能。电缆研发首次运用"华龙一号"LOCA 试验条件和浸没试验条件完成特殊性能试验,首次在国内进行聚烯烃材料 β 射线和 γ 射线等量关系转换,运用试验结果进行辐照老化试验。

8. 1E 级严酷环境电缆热缩套管

"华龙一号"1E 级热缩套管(核级电缆附件)用于实现电缆与电气设备的永久连

接和再绝缘，保证电缆端头密封、绝缘、防潮，满足正常环境条件、设计基准事故环境条件和严重事故环境条件下的运行工况，对核电厂的正常运行及安全停堆起着非常重要的作用。通过与深圳市沃尔核材股份有限公司合作，历时两年联合研制的"华龙一号"1E 级 K3 类热缩套管(核级电缆附件)顺利通过了国家电线电缆质量监督检验中心的鉴定测试，并组织完成新产品成果鉴定。"华龙一号"1E 级 K1 类热缩套管(核级电缆附件)在国内属首家完成，实现了该产品的自主研制和国产化，有望打破国外公司的产品和价格垄断局面，为国家节约大量外汇，具有双重的社会效益和经济效益。

9. 抗震照明设备

"华龙一号"堆型的照明系统设计上考虑了安全停堆地震(SSE)期间及之后为特定区域仍提供照明的工况。"华龙一号"开展了满足在安全停堆地震期间及之后，保持其照明功能或保持结构完整性的照明设备的研发工作。解决了如下关键技术：主控室嵌入式漫射荧光灯用内置圆弧形金属透光灯罩和高反射雾面状铝板的双曲面反光器，防止眩光；灯罩采用二次保护设计，防止脱离灯体坠落；灯体内置数字化无极调光电子镇流器，可实施 0~100%范围内的舒适调光。核环境疏散照明灯外壳采用了密封式的树脂纤维材料，电缆进线采用 PG 接头锁紧，适用于核环境安装，灯体结构采用上下盖联接方式，光源采用 LED，灯具内部配备电池。结构设有自动充电、放电、应急自动切换、声光报警、电池容量检测等功能。灯具通过消防 3C 认证。此研究成果填补了国内尚没有适用于第三代核电厂抗震照明设备的空白，同时满足了安全停堆地震期间及之后核电厂的照明需求。

10. 两段式漏电继电器

核电厂 BOP 低压配电系统均装设全供电范围的接地故障保护，其实施方案是在中低压配电变压器中性点与接地系统的连接线上配置一套两段式漏电故障保护装置，完成第一阶段漏电报警，第二阶段单相接地故障跳闸两项功能，灵敏度高，设备简洁，功能完整。而在"华龙一号"之前国内尚无两段式漏电故障保护装置的生产厂家，导致核电厂 BOP 低压配电系统上加装的两段式漏电故障保护装置一直依赖于进口设备且可选择供货商较少，价格高昂。基于此，设计方与保定市尤耐特电气有限公司联合研发了"核电厂低压配电系统漏电保护设备"——UNT-LPD-A 型两段式漏电保护继电器，具备重漏电、轻漏电保护功能，可替代进口的两段式漏电故障保护装置，解决了模拟量采样技术、模拟量算法技术、数据记录技术、液晶显示技术等。

11. 卡轨及配套螺栓

技术和环境要求更高的核电用卡轨及配套紧固件长期以来一直依赖国外供货商。核电用卡轨及配套紧固件产品的开发成功，不但打破了国外厂家多年的在核电项目上的垄断，解决卡轨及配套紧固件采购时面临的采购价格高、采购周期长，采购政策风险极高等问题，而且开创了国产核电用卡轨及配套紧固件在国内核电厂应用的新局面。该成果具有完整的自主知识产权，达到国际先进水平，且所用的生产原材料、加工设备等均系国产设备，国产化率为100%。

12. 电缆桥架及支吊架

"华龙一号"SSE 地面峰值加速度为 0.3g，市场上无符合要求的电缆桥架及支吊架产品。为满足工程需求，"华龙一号"对核岛电缆桥架及其支吊架系统进行重新设计研发，完成了所有支吊架类型的力学计算，并对典型电缆桥架及其支吊架进行抗震试验验证。

13. 井下全天候摄像机

过往核电项目中，地面下大口径管道的相关管井内设置有入侵探测设备，因市场上没有能够适应井下恶劣环境的摄像机，所以井下入侵的报警复核是借助地面上厂区内的摄像机，存在报警后视频复核不及时的问题，影响探测的有效性。为解决地面下大口径管道的管井内设入侵探测的及时视频复核问题，研制了井下全天候摄像机。该摄像机安装于井下，能有效应对高湿度、无光照、温差变化大、强腐蚀高氧化等井下恶劣的环境，并在工程中应用。在管道的检查井内设置专用的井下全天候摄像机，作为检查井内管道栅栏探测器的专用视频复核手段。

8.29 "华龙一号"全范围模拟机

全范围模拟机俗称"数字虚拟指挥部"，它采用多种国际先进仿真技术，具备模拟核电厂正常运行和严重事故等工况的能力，可用于核电厂主控室操纵人员培训、考核、取证，是核电工程关键路径设备，同时可为核电厂工程验证、设计改进、规程变更等提供重要验证手段，是"华龙一号"仪控系统自主化、国产化的重要保障。"华龙一号"工程承载着核电国产化的梦想，"华龙一号"全球首台模拟机作为"华龙"家族的重要成员之一，必然也要践行国产化路线。

"华龙一号"全范围模拟机(图 8.16)按照福清核电 5 号机组主控制室 1∶1 比例复制，因"华龙一号"核电技术采用"能动与非能动相结合"的安全系统设计，还有容量及设备寿命的提升、全新事故响应规程体系的应用以及一系列工艺系统改进等，以前项目中可复用的内容少，国内外尚无相关产品技术可以借鉴，且需确保机组装料等关键节点的实施，这对模拟机仿真技术和管理开发水平都提出了巨大的挑战。

"华龙一号"首次采用具有完全自主知识产权的新一代 RINSIM2.0 仿真平台协同开发，该平台涵盖反应堆物理、热工水力、严重事故、DCS/DEH 仿真、工艺系统仿真、通信软件、二层平台等核心技术，实现模拟机开发国产化及流程自主可控，降低开发和维护成本，缩短了核电厂发电的关键路径上的周期。

图 8.16 "华龙一号"全范围模拟机

Fig. 8.16 HPR1000 full scope simulator

为提升模拟机仿真精度和工程验证能力，核电厂控制系统仿真采用了 DCS 实物模拟及虚拟实物模拟的仿真技术。在机组 DCS 现场安装前，无法连接现场工艺系统进行充分测试，以局部测试为主。"华龙一号"全范围模拟机直接装载调试 DCS 数据（包括安全级、非安全级以及 DEH），使用仿真模型替代工艺系统与 DCS 数据提前进行全仪控系统集成和测试，运行不同复杂工况，测试覆盖面更广，通过模拟启停、瞬态、插入故障等方式来全方位调试，可为机组调试提供非常有价值的参考信息。"华龙一号"全范围模拟机在全仪控系统集成及测试过程中，共发现了 814 项 DCS 问题，为完善 DCS 仪控数据做出了突出贡献。

在仿真技术上完成了自主化工业仿真软件开发及工程软件仿真改造与应用，极大提升模拟机在流体网络、堆芯物理、热工水力的仿真逼真度及计算精度，使得平台具备严重事故仿真能力和 SEOP&SAMG 验证能力，如图 8.17 所示。

"华龙一号"全范围模拟机真实还原了核电厂主控室人机界面环境，完整配备了针对核电厂操纵人员培训的教练员站软硬件系统，具备包括重演等各项教学功能及教学监控系统，模拟机可用率高于 99%，其他各项性能均达到国际先进水平，具备提供产品技术服务的能力。

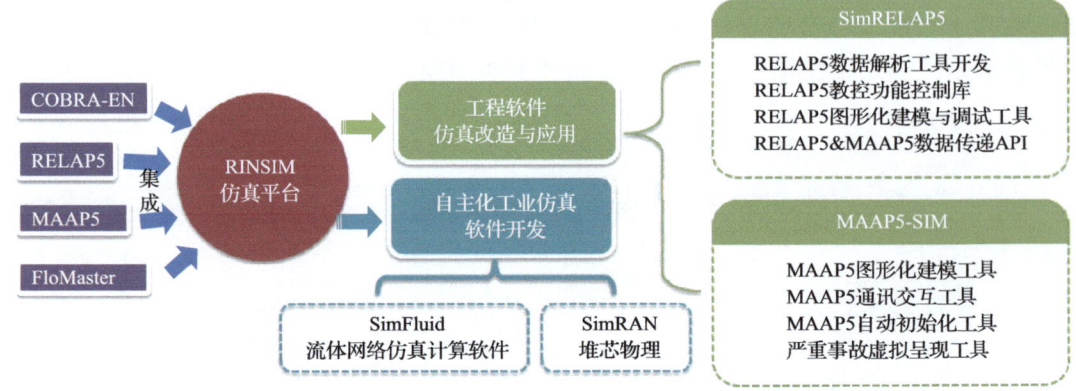

图 8.17 模拟机工业仿真软件开发

Fig. 8.17 Industrial simulation software development for the simulator

8.30 数字化设计验证平台

设计验证平台作为设计及验证的工具，为新堆型的研发提供一种多样化的验证手段，为提高设计效率、降低设计研发成本与风险、保障核动力系统安全性和建造的经济性，发挥出了巨大的作用。"华龙一号"的数字化设计验证平台及 BUP 马赛克样盘如图 8.18 所示，其主要应用于核电厂的系统设计验证(包括系统动态响应确认、安全功能、事故研究、设计深化验证等)，控制逻辑设计验证(包括保护逻辑设计验证、功能图设计验证、调节系统及调节策略验证、缺省值验证等)，先进主控室相关设计验证(包括 HMI 配置设计、人机界面设计及验证、规程计算机化设计和验证、报警抑制设计和验证、电厂工况计算及验证、后备盘布置设计和验证、人因工程验证等)。

图 8.18 "华龙一号"数字化设计验证平台和 BUP 马赛克样盘

Fig. 8.18 Digtal design verification platform and BUP mosaic panel of HPR1000

随着数字化设计与数字化交付体系的推进，以及各项设计验证任务要求的提高，对验证平台本身的要求也越来越高。在"华龙一号"的数字化设计验证平台中，通过开发与集成验证辅助工具，支持了快速设计迭代、智能查错、自动组态，极大地缩短了仿真建模周期、降低人为错误、提高设计迭代效率。此外，完全掌握了最佳估算热工水力软件、严重事故分析软件等主流工程分析软件与仿真平台的集成交互和协同运行关键技术，使仿真设计验证平台对正常、异常和设计基准事故的动态过程的模拟具有更高精度，拓展了数字化设计验证平台的应用场景与范围，可用于将验证平台应用于事故导则及严重事故管理导则的策略研究。

通过"华龙一号"数字化设计验证平台的研制与应用，形成了一套针对控制逻辑、人机画面、BUP 后备盘面等设计文件的批量识别、导入组态、智能查错的方法与流程，能够快速响应设计迭代验证需求。设计单位基于此平台，完成了大量设计验证数据的引入，并开展了大量的验证工作，包括数字化仪控画面及控制逻辑验证、事故规程导则的验证、计算机化报警卡的验证、SEOP 及相关画面的验证、AOP 及相关画面的验证、HMI 配置验证等，为"华龙一号"首堆示范机组工程项目的整体进度提供了有力的保障。其中，首次将验证平台应用于事故导则的策略验证，实现设计验证平台功能和应用的突破。

附表 "华龙一号"系统代码

序号	系统代码	系统中文名称	系统英文名称
1	AVC	自动电压控制系统	Automatic Voltage Control System
2	CAM	安全壳大气监测系统	Containment Atmosphere Monitoring System
3	CAV	环形空间通风系统	Annulus Ventilation System
4	CCV	安全壳连续通风系统	Containment Continuous Ventilation System
5	CFE	安全壳过滤排放系统	Containment Filtration and Exhaust System
6	CHC	安全壳消氢系统	Containment Hydrogen Combination System
7	CHM	安全壳氢气监测系统	Containment Hydrogen Monitoring System
8	CIL	安全壳隔离系统	Containment Isolation System
9	CIM	安全壳仪表系统	Containment Instrument Measurement System
10	CIS	堆腔注水冷却系统	Cavity Injection and Cooling System
11	CLM	安全壳泄漏监测系统	Containment Leakage Monitoring System
12	CMF	流体化学监测	Chemical Monitoring of Fluids
13	CPV	反应堆堆坑通风系统	Reactor Pit Ventilation System
14	CSP	安全壳喷淋系统	Containment Spray System
15	CSV	安全壳换气通风系统	Containment Sweeping Ventilation System
16	CUP	安全壳空气净化系统	Containment Cleanup System
17	DAS	多样化保护系统	Diverse Actuation System
18	EAA	220V交流重要负荷电源系统(第一保护组)	Vital 220V AC Power System (Protection Group Ⅰ)
19	EAB	220V交流重要负荷电源系统(第二保护组)	Vital 220V AC Power System (Protection Group Ⅱ)
20	EAC	220V交流重要负荷电源系统(第三保护组)	Vital 220V AC Power System (Protection Group Ⅲ)
21	EAD	220V交流重要负荷电源系统(第四保护组)	Vital 220V AC Power System (Protection Group Ⅳ)
22	EAE	220V交流不间断电源系统(系统A2)	Uninterrupted 220V AC Power System (System A2)
23	EAF	220V交流不间断电源系统(核辅助厂房)	Uninterrupted 220V AC Power System (NX Building)
24	EAG	220V交流不间断电源系统(系统A1)	Uninterrupted 220V AC Power System (System A1)
25	EAH	220V交流不间断电源系统(系统B1)	Uninterrupted 220V AC Power System (System B1)
26	EAK	220V交流不间断电源系统(除盐水车间)	Uninterrupted 220V AC Power System (YA Demineralization)
27	EAL	220V交流不间断电源系统(保卫控制中心)	Uninterrupted 220V AC Power System (UG Building)
28	EAP	220V交流不间断电源系统(系列B2)	Uninterrupted 220V AC Power System (System B2)
29	EAT	220V交流不间断电源系统(汽机厂房)	Uninterrupted 220V AC Power System (MX)
30	EAU	72h交流不间断电源系统(系列A)	Uninterrupted 72h AC Power System (Train A)

续表

序号	系统代码	系统中文名称	系统英文名称
31	EAV	72h 交流不间断电源系统（系列 B）	Uninterrupted 72h AC Power System（Train B）
32	EAW	380V 交流不间断电源系统（系列 A）	Uninterrupted 380V AC Power Supply System（Train A）
33	EAY	380V 交流不间断电源系统（系列 B）	Uninterrupted 380V AC Power Supply System（Train B）
34	ECA	机组 48V 直流电源系统系列 A	Unit 48V DC Power Supply System Train A
35	ECB	机组 48V 直流电源系统系列 B	Unit 48V DC Power Supply System Train B
36	ECD	48V 直流电源系统（核辅助厂房）	48V DC Power Supply System（NX Building）
37	ECT	48V 直流电源系统（厂区附加电源柴油机发电机厂房）	48V DC Power Supply System（DY Building）
38	EDA	110V 直流电源系统系列 A	110V DC Power Supply System Train A
39	EDB	110V 直流电源系统系列 B	110V DC Power Supply System Train B
40	EDG	110 直流电源系统（核辅助厂房）	110V DC Power Supply System（NX Building）
41	EDJ	110V 直流电源系统（6.6kV 断路器）	110V DC Power Supply System（6.6kV Breakers）
42	EDK	110V 直流电源系统（除盐水车间）	110V DC Power Supply System（Demineralization Plant）
43	EDL	110V 直流电源系统（保卫控制中心）	110V DC Power Supply System（UG Building）
44	EDM	110V 直流电源系统	110V DC Power Supply System
45	EDP	110V 直流电源系统（EAP）	110V DC Power Supply System（for EAP）
46	EDT	110V 直流电源系统（厂区附加电源柴油机发电机厂房）	110V DC Power Supply System（DY Building）
47	EEA	低压交流应急电源 380V 系统系列 A	LV AC Emergency Network 380V System Train A
48	EEB	低压交流应急电源 380V 系统系列 B	LV AC Emergency Network 380V System Train B
49	EEC	低压交流应急电源 380V 系统系列 A	LV AC Emergency Network 380V System Train A
50	EED	低压交流应急电源 380V 系统系列 B	LV AC Emergency Network 380V System Train B
51	EEE	低压交流应急电源 380V 系统系列 A	LV AC Emergency Network 380V System Train A
52	EEF	低压交流应急电源 380V 系统［左侧安全厂房+安全壳环形空间左+电气厂房+柴油发电机（DA）厂房应急照明系列 A］	LV AC Emergency Network 380V System（SL+Containment Annulus left+LX+DA Building Emergency Lighting Train A）
53	EEG	低压交流应急电源 380V 系统（柴油机辅助设备系列 A）	LV AC Emergency Network 380V system（Diesel Auxiliaries-Train A）
54	EEH	低压交流应急电源 380V 系统［右侧安全厂房+安全壳环形空间右+反应堆厂房+核辅助厂房+主控室应急照明系列 B］	LV AC Emergency Network 380V System（SR+Containment Annulus right+RX+NX+MCR Emergency Lightening Train B）
55	EEI	低压交流应急电源 380V 系统系列 A	LV AC Emergency Network 380V System Train A
56	EEJ	低压交流应急电源 380V 系统系列 B	LV AC Emergency Network 380V System Train B
57	EEK	低压交流应急电源 380V 系统系列 A	LV AC Emergency Network 380V System Train A
58	EEL	低压交流应急电源 380V 系统系列 B	LV AC Emergency Network 380V System Train B
59	EEM	低压交流应急电源 380V 系统［燃料厂房+柴油发电机厂房（DB）+应急空压机房+运行服务厂房+核岛消防泵房应急照明］	LV AC Emergency Network 380V System（KX+DB+KY+AR+FR Building Emergency Lighting）

续表

序号	系统代码	系统中文名称	系统英文名称
60	EEN	低压交流应急电源 380V 系统系列 A	LV AC Emergency Network 380V System Train A
61	EEO	低压交流应急电源 380V 系统系列 B	LV AC Emergency Network 380V System Train B
62	EEP	380V 厂用应急电源系统(汽轮机应急设备)	LV AC Emergency Network 380V System (Turbo Generator Emergency Auxiliaries)
63	EER	380V 厂用应急电源系统(常规岛照明)	LV AC Emergency Network 380V System (CI Lighting)
64	EES	400V SBO 电源系统	400V Station Black Out Power Supply System
65	EET	低压交流应急电源 380V 系统(厂区附加柴油机辅助设备)	LV AC Emergency Network 380V System (Site Supplementary Diesel Auxiliaries)
66	EEW	低压交流应急电源 380V 系统(柴油机辅助设备-系列 B)	LV AC Emergency Network 380V system (Diesel Auxiliaries-Train B)
67	EEZ	低压交流应急配电屏 380V 系统(保卫控制中心)	LV 380V AC Distribution Emergency Panel System (UG Building)
68	ELA	BOP 380V 交流电源系统(放射性机修及去污车间)	BOP 380V AC Power Supply System（AC）
69	ELD	BOP 380V 交流电源系统(生产检修办公楼)	BOP 380V AC Power Supply System（BX）
70	ELE	BOP 380V 交流电源系统(生产检修办公楼)	BOP 380V AC Power Supply System（BX）
71	ELH	BOP 380V 交流电源系统(泵房)	BOP 380V AC Power Supply System（PX）
72	ELL	BOP 380V 交流电源系统(保卫控制中心)	BOP 380V AC Power Supply System（UG）
73	ELM	BOP 380V 交流电源系统(放射性机修及去污车间)	BOP 380V AC Power Supply System（AC）
74	ELN	BOP 380V 交流电源系统(厂区实验楼)	BOP 380V AC Power Supply System（AL）
75	ELO	BOP 380V 交流电源系统(空气压缩机房)	BOP 380V AC Power Supply System（ZC）
76	ELU	BOP 380V 交流电源系统(除盐水生产厂房)	BOP 380V AC Power Supply System（YA）
77	ELV	BOP 380V 交流电源系统(除盐水生产厂房)	BOP 380V AC Power Supply System（YA）
78	ELW	BOP 380V 交流电源系统(空气压缩机房)	BOP 380V AC Power Supply System（ZC）
79	ELX	BOP 380V 交流电源系统(放射性机修及去污车间)	BOP 380V AC Power Supply System（AC）
80	ELY	BOP 380V 交流电源系统(机修车间)	BOP 380V AC Power Supply System（AA1）
81	ELZ	BOP 380V 交流电源系统(机修车间)	BOP 380V AC Power Supply System（AA1）
82	EMA	6.6kV 交流应急配电系统系列 A	6.6kV AC Emergency Power Distribution System Train A
83	EMB	6.6kV 交流应急配电系统系列 B	6.6kV AC Emergency Power Distribution System Train B
84	EMM	6.6kV 交流厂区附加电源配电系统	6.6kV AC Site Supplementary Power Distribution System
85	EMP	6.6kV 交流应急电源系统-系列 A	6.6kV AC Emergency Power Supply System-Train A
86	EMQ	6.6kV 交流应急电源系统-系列 B	6.6kV AC Emergency Power Supply System-Train B
87	EMS	6.6kV 交流厂区附加电源系统	6.6kV AC Site Supplementary Power Supply System
88	EMT	6.6kV 交流应急电源切换及连接系统	6.6kV AC Emergency Power Changeover Interconnection System
89	EMZ	低压 380V AC 发电机组系统(保卫控制中心)	LV AC Network 380V System (UG)
90	ENA	220V 交流正常电源和配电系统	220V AC Normal Power Source and Distribution System
91	ENB	220V 交流正常电源和配电系统	220V AC Normal Power Source and Distribution System

续表

序号	系统代码	系统中文名称	系统英文名称
92	ENC	220V 交流电源系统（常规岛）	220V AC Power Supply System（CI）
93	END	220V 交流电源系统（常规岛）	220V AC Power Supply System（CI）
94	ENE	220V 交流应急电源系统（常规岛）	220V AC Emergency Power Supply System（CI）
95	EPF	低压交流电源 380V 系统（常规岛主厂房厂用）	LV AC Network 380V System（CI Auxiliaries）
96	EPG	低压交流电源 380V 系统（常规岛主厂房厂用）	LV AC Network 380V System（CI Auxiliaries）
97	EPJ	380V/220V 工作段系统（辅助变压器区域及公用 6.6kV 配电间）	380V/220V Operation Auxiliary Bus System（JX）
98	EPP	低压交流电源 380V 系统（汽机厂房通风装置）	LV AC Network 380V System（Turbine Building Ventilation）
99	EPQ	低压交流电源 380V 系统（常规岛主厂房厂用）	LV AC 380V System（CI Unit Auxiliaries）
100	EPR	低压交流电源 380V 系统（常规岛主厂房厂用）	LV AC Network 380V System（CI Unit Auxiliaries）
101	EPS	低压交流电源 380V 系统（汽机厂房通风装置）	LV AC Network 380V System（Turbine Building Ventilation）
102	EPT	低压交流电源 380V 系统（常规岛主厂房厂用）	LV AC Network 380V System（CI Unit Auxiliaries）
103	EPX	低压交流电源 380V 系统（常规岛精处理）	LV AC Network 380V System（CI Condensate Polishing）
104	EPY	低压交流电源 380V 系统（常规岛精处理）	380V System BOP Auxiliaries System（CI Condensate Polishing）
105	ERA	低压交流电源 380V 系统（核岛辅助设备）	LV AC Network 380V System（NI Auxiliaries）
106	ERB	低压交流电源 380V 系统（核岛辅助设备）	LV AC Network 380V System（NI Auxiliaries）
107	ERC	低压交流电源 380V 系统（核岛辅助设备）	LV AC Network 380V System（NI Auxiliaries）
108	ERD	低压交流电源 380V 系统（核岛辅助设备）	LV AC Network 380V System（NI Auxiliaries）
109	ERE	低压交流电源 380V 系统（核岛辅助设备）	LV AC Network 380V System（NI Auxiliaries）
110	ERF	低压交流电源 380V 系统（核岛辅助设备）	LV AC Network 380V System（NI Auxiliaries）
111	ERI	低压交流电源 380V 系统（核辅助厂房）	LV AC Network 380V System（NX Building）
112	ERJ	低压交流电源 380V 系统（核辅助厂房）	LV AC Network 380V System（NX Building）
113	ERL	低压交流电源 380V（燃料厂房）	LV AC Network 380V System（Fuel Auxiliary Building）
114	ERP	380V 交流正常配电系统（核辅助厂房）	LV AC Network 380V System（NX Building）
115	ERS	低压交流电源 380V 系统（核废物厂房）	LV AC Network 380V System（Nuclear Waste Building）
116	ERU	400V 移动电源供电系统	400V Mobile Power Supply System
117	ESA	6.6kV 交流正常配电系统 A	6.6kV AC Normal Power Distribution System A
118	ESB	6.6kV 交流正常配电系统 B	6.6kV AC Normal Power Distribution System B
119	ESC	6.6kV 交流正常配电系统 C	6.6kV AC Normal Power Distribution System C
120	ESD	6.6kV 交流正常配电系统 D	6.6kV AC Normal Power Distribution System D
121	ESE	6.6kV 交流正常配电系统 E	6.6kV AC Normal Power Distribution System E
122	ESF	6.6kV 交流正常配电系统 F	6.6kV AC Normal Power Distribution System F
123	ESH	6.6kV 公用配电系统	6.6kV Common Distribution System
124	ESI	6.6kV 公用配电系统	6.6kV Common Distribution System

续表

序号	系统代码	系统中文名称	系统英文名称
125	ESR	辅助电源系统	Auxiliary Power Supply System
126	ESS	10kV 交流正常配电系统 S	10kV AC Normal Power Distribution System S
127	EST	10kV 交流正常配电系统 T	10kV AC Normal Power Distribution System T
128	ETA	蓄电池试验回路系统(核岛)	Batteries Test Loops System (NI)
129	ETB	蓄电池试验回路系统(BOP)	Batteries Test Loops System (BOP)
130	ETC	常规岛 220V 直流电源系统	220V DC Power Supply System for CI
131	ETE	72h 直流电源系统(系列 A)	72h DC Power Supply System (Train A)
132	ETF	72h 直流电源系统(系列 B)	72h DC Power Supply System (Train B)
133	ETG	电源转换试验	Power Conversion Tests
134	ETI	常规岛检修供电系统	CI Maintenance Power Supply System
135	ETL	试验回路系统	Test Loops System
136	ETM	主变压器和高压厂用变压器系统	Main transformer and Step-down transformer System
137	ETO	I&C 电源失电试验	I&C Power Outage Tests
138	ETP	防雷接地系统	Grounding and Lightning Protection System
139	ETR	大修期间再供电系统	Electrical Power Resupply in Outage System
140	ETU	220V 直流电源系统	220V DC Power Supply System (for EAE)
141	FAD	火灾自动报警系统	Automatic Fire Alarm System
142	FAS	常规岛自动喷水灭火系统	Automation Spray Water and FireFighting System (CI and BOP)
143	FBD	子项消防水分配系统	BOP Fire Fighting Water Distribution System
144	FCG	常规岛固定式气体灭火系统	CI Gas Fire Extinguishing System
145	FDP	柴油发电机厂房消防系统	Diesel Generator Building Fire Protection System
146	FEP	电气厂房消防系统	Electrical Building Fire Protection System
147	FGP	核岛电缆沟消防系统	Nuclear Cable Channel Fire Protection System
148	FMP	移动式和便携式消防设备	Mobile & Portable Fire Fighting Equipment
149	FNP	核岛消防系统	Nuclear Island Fire Protection System
150	FSD	厂区消防水分配系统	Site Fire Fighting Water Distribution System
151	FSP	安全厂房消防系统	Safeguard Building Fire Protection System
152	FSW	厂区消防水生产系统	Site Fire Fighting Water Production System
153	FWD	核岛、常规岛消防水分配系统	Nuclear and CI Island Fire Fighting Water Distribution System
154	FWP	核岛消防水生产系统	Nuclear Island Fire Fighting Water Production System
155	FXX	核岛部分消防系统	Balance of Fire Protection Systems of Nuclear Island
156	HBP	BOP 厂房起重设备	Miscellaneous Hoists and Lifting Equipment in BOP Buildings and Areas
157	HCI	常规岛主厂房起重系统	Turbine Hall Mechanical Handling Equipment System
158	HEB	BOP 电梯系统	BOP Elevator System

续表

序号	系统代码	系统中文名称	系统英文名称
159	HEC	常规岛主厂房电梯系统	Turbine Hall Elevator System
160	HEN	核岛厂房电梯	Nuclear Island Building Elevators
161	HFL	燃料厂房起重设备	Fuel Building Handling Equipment
162	HMI	反应堆外围厂房起重设备	Miscellaneous Building Handling Equipment
163	HNA	核辅助厂房起重设备	Nuclear Auxiliary Building Handling Equipment
164	HPX	联合泵房起重设备	Circulating Water Pumping Station Handling Equipment
165	HQX	核废物厂房起重设备	Nuclear Waste Building Handling Equipment
166	HRT	反应堆厂房起重设备	Reactor Building Handling Equipment
167	HSC	安全厂房起重设备	Safeguard Building Handling Equipment
168	HWS	放射性机修及去污车间起重设备	Hot Workshop and Decontamination Shop Handling Equipment
169	IAM	控制区出入监测系统	Controlled Area Access Monitoring System
170	IAW	核辅助厂房三废处理控制系统	Nuclear Auxiliary Building Waste Treatment Control System
171	IDA	试验数据采集系统	Test Data Acquisition System
172	KRS	环境辐射和气象监测系统	Environmental Radiation and Meteorological Monitoring System
173	IGR	电网电表和故障录波系统	Grid Energy Metering and Fault Record System
174	IIC	电厂计算机信息和控制系统	Plant Computer Information & Control System
175	ILV	松脱部件和振动监测系统	Loose Parts and Vibration Monitoring System
176	IMC	主控制室系统	Main Control Room System
177	INL	核岛热实验室测量设备	Nuclear Island Hot Laboratory Measuring Equipment
178	IPC	电站过程控制机柜系统	Plant Process Control Cabinet System
179	IPI	过程仪表系统	Process Instrumentation
180	IPP	非安全级电站过程控制机柜	Non Safety Plant Process Control Cabinet System
181	IPS	安全级电站过程控制机柜	Safety Plant Process Control Cabinet System
182	IRM	电厂辐射监测系统	Plant Radiation Monitoring System
183	IRS	远程停堆站系统	Remote Shutdown Station System
184	ISA	厂区出入口控制系统	Site Access Control System
185	ISI	地震仪表系统	Seismic Instrumentation System
186	ISM	安保集成管理系统	Security Integrated Management System
187	ITI	试验仪表系统	Test Instrument System
188	IUR	机组电表和故障录波系统	Unit Energy Metering and Fault Record System
189	JSX	非能动防火保护系统	Passive Fire Protection System (in the code, the third letter X represents code of relevant building)
190	LEA	人员通行厂房应急照明系统（包括核岛消防泵房）	Access Building Emergency Lighting System (Including FR)

续表

序号	系统代码	系统中文名称	系统英文名称
191	LEB	BOP厂房和BOP区域应急照明系统	BOP Buildings and Areas Emergency Lighting System
192	LEK	核燃料厂房应急照明系统[包括应急空压机房、柴油发电机厂房(DB)]	Fuel Building Emergency Lighting System (Including KY, DB)
193	LEL	电气厂房应急照明系统[包括柴油发电机厂房(DA)]	Electrical Building Emergency Lighting System (Including DA)
194	LEM	常规岛主厂房应急照明系统	Turbine Hall Emergency Lighting System
195	LEN	核辅助厂房应急照明系统	Nuclear Auxiliary Building Emergency Lighting System
196	LEP	循环水泵站应急照明系统	Circulating Water Pumping Station Emergency Lighting System
197	LEQ	废物辅助厂房应急照明系统	Waste Auxiliary Building Emergency Lighting System
198	LER	反应堆厂房应急照明系统	Reactor Building Emergency Lighting System
199	LES	安全厂房应急照明系统(包括安全壳环形空间)	Safeguard Building Emergency Lighting System (Including Containment Annulus)
200	LEY	厂区附加电源柴油机发电机厂房应急照明系统	DY Building Emergency Lighting System
201	LNA	人员通行厂房正常照明系统(包括核岛消防泵房)	Access Building Normal Lighting System (Including FR)
202	LNB	BOP厂房和BOP区域正常照明系统	BOP Buildings & Areas Normal Lighting System
203	LNK	核燃料厂房正常照明系统[包括应急空压机房、柴油发电机厂房(DB)]	Fuel Buildings Normal Lighting System (Including KY, DB)
204	LNL	电气厂房正常照明系统[包括柴油发电机厂房(DA)]	Electrical Building Normal Lighting System (Including DA)
205	LNM	常规岛主厂房正常照明系统	CI Main Building Normal Lighting System
206	LNN	核辅助厂房正常照明系统	Nuclear Auxiliary Building Normal Lighting System
207	LNP	循环水泵房正常照明系统	Circulating Water Pumping Station Normal Lighting System
208	LNQ	废物辅助厂房正常照明系统	Waste Auxiliary Building Normal Lighting System
209	LNR	反应堆厂房正常照明系统	Reactor Building Normal Lighting System
210	LNS	安全厂房正常照明系统(安全壳环形空间)	Safeguard Building Normal Lighting System (Including Containment Annulus)
211	LNY	厂区附加电源柴油机发电机厂房正常照明系统	DY Building Normal Lighting System
212	LSC	厂区通信系统	Site Communication System
213	LSL	厂区照明系统	Site Lighting System
214	LSM	厂区报警与监视系统	Site Detection and Monitoring System
215	LTV	闭路电视系统	Closed Circuit Television System
216	LUA	6.6kV移动电源供电系统	6.6kV Mobile Power Supply System
217	MFS	冲洗	Flushing
218	MPS	管道移位和支架检查	Piping Displacements and Support Checking
219	MTA	核岛系统综合试验(到装料准备阶段)	Multi-system Test Phases (up to preparation for Fuel Loading)
220	MTB	核岛系统综合试验(从装料到满功率)	Multi-system Test Phases (from Fuel Loading to Full Power)

续表

序号	系统代码	系统中文名称	系统英文名称
221	NCS	开关站仪表和控制设备系统	Switchyard Network Controlling and Monitoring System
222	OOS	总体运行系统	Overall Operation System
223	PCS	非能动安全壳热量导出系统	Passive Containment Heat Removal System
224	PRS	二次侧非能动余热排出系统	Passive Residual Heat Removal System (Secondary Side)
225	RBM	反应堆硼和水补给系统	Reactor Boron and Water Makeup System
226	RCS	反应堆冷却剂系统	Reactor Coolant System
227	RCT	堆芯合格试验	Core Conformity Tests
228	RCV	化学和容积控制系统	Chemical and Volume Control System
229	REB	应急硼注入系统	Emergency Boron Injection System
230	RFH	燃料操作与贮存系统	Fuel Handling and Storage System
231	RFT	反应堆换料水池和乏燃料水池冷却和处理系统	Reactor Cavity and Spent Fuel Pit Cooling and Treatment System
232	RHR	余热排出系统	Residual Heat Removal System
233	RHT	特殊工艺管线电伴热系统	Special Process Electrical Heat Tracing System
234	RII	堆芯测量系统	In-core Instrumentation System
235	RND	核岛氮气分配系统	Nuclear Island Nitrogen Distribution System
236	RNI	核仪表系统	Nuclear Instrumentation System
237	RNS	核取样系统	Nuclear Sampling System
238	RPC	棒控和棒位系统	Full Length Rod Control System
239	RRC	反应堆控制系统	Reactor Control System
240	RRP	反应堆保护系统	Reactor Protection System
241	RRS	控制棒驱动机构电源系统	CRDM Power Supply System
242	RRV	控制棒驱动机构通风系统	CRDM Ventilation System
243	RSI	安全注入系统	Safety Injection System
244	RVD	核岛疏水排气系统	Nuclear Island Drain and Vent System
245	SFZ	安全防火分区系统	Safety Fire Zoning System
246	SGL	清单类调试导则	Standard Guideline List
247	SGG	总体类调试导则	General Standard Guideline
248	SGC	堆芯类调试导则	Core Standard Guideline
249	SGM	机械类调试导则	Mechanical Standard Guideline
250	SGI	仪控类调试导则	Instrumental Standard Guideline
251	SGE	电气类调试导则	Electrical Standard Guideline
252	SGV	通风类调试导则	Ventilated Standard Guideline
253	TFA	辅助给水系统	Auxiliary Feedwater System
254	TFC	凝结水精处理系统	Condensate Polishing System

续表

序号	系统代码	系统中文名称	系统英文名称
255	TFD	主给水除氧器系统	Main Feedwater Deaerating System
256	TFE	凝结水抽取系统	Condensate Extraction System
257	TFH	高压给水加热器系统	High Pressure Feedwater Heater System
258	TFL	低压给水加热器系统	Low pressure Feedwater Heater System
259	TFM	主给水流量控制系统	Main Feedwater Flow Control System
260	TFO	电动主给水泵油系统	Motor Driven Feedwater Pump Lubrication Oil System
261	TFP	电动主给水泵系统	Motor Driven Feedwater Pump System
262	TFR	给水加热器疏水回收系统	Feedwater Heaters Drain Recovery System
263	TFS	启动给水系统	Start up Feedwater System
264	TFV	低压交流电源(380V)系统(运行服务厂房)	LV AC Network 380V System（AR Building）
265	TGC	发电机定子冷却水系统	Stator Cooling Water System
266	TGH	发电机氢气控制系统	Generator Hydrogen Control System
267	TGM	发电机氢气/励磁机空气冷却和温度测量系统	Generator Hydrogen and Exciter Air Cooling and Temperature Measuring System
268	TGO	发电机密封油系统	Generator Seal Oil System
269	TGP	发电机变压器组保护系统	Main Generator and Transformer Unit Protection System
270	TGR	发电机励磁和电压调节系统	Generator Excitation and Voltage Regulation System
271	TGS	发电机并网系统	Grid Synchronization System
272	TGG	发电机本体及其监测系统	Generator Unit and Generator's Monitoring System
273	TSA	汽机旁路系统-A	Turbine Bypass System-A
274	TSC	汽机旁路系统-C	Turbine Bypass System-C
275	TSD	汽机蒸汽和疏水系统	Turbine Steam and Drain System
276	TSM	主蒸汽系统	Main Steam System
277	TSR	汽水分离再热器系统	Moisture Separator Reheater System
278	TSS	汽轮机轴封系统	Turbine Gland Seal System
279	TTB	蒸汽发生器排污系统	Steam Generator Blowdown System
280	TTC	汽机调节油系统	Turbine Control Fluid System
281	TTG	汽轮机调节系统	Turbine Governing System
282	TTL	汽机润滑、顶轴和盘车系统	Turbine Lube Oil, Jacking Oil and Turning-gear System
283	TTO	汽轮机润滑油处理系统	Turbine Lube Oil Treatment System
284	TTP	汽轮机保护系统	Turbine Protection System
285	TTR	汽机和给水加热装置停运期间的保养系统	Turbine and Feedheating Plant Preservation During Outage System
286	TTU	汽轮机监视系统	Turbine Supervisory System
287	TTV	凝汽器真空系统	Condenser Vacuum System
288	VAC	热机修车间和仓库通风系统	Hot Workshop and Warehouse Ventilation System

续表

序号	系统代码	系统中文名称	系统英文名称
289	VAG	环境实验室通风系统	Environmental Laboratory Ventilation System
290	VAL	厂区实验室通风系统	Site Laboratory Ventilation System
291	VCA	凝结水精处理厂房通风系统	Condensate Polishing Building(MP) HVAC System
292	VCF	电缆层通风系统	Cable Floor Ventilation System
293	VCI	常规岛主厂房通风系统	Turbine Building HVAC System
294	VCL	主控制室空调系统	Control Room Air Conditioning System
295	VCP	上充泵房应急通风系统	Charging Pump Room Emergency Ventilation System
296	VCR	设备冷却水房间通风系统	Component Cooling Room Ventilation System
297	VCT	电缆沟通风系统	Cable Trench Ventilation System
298	VCV	循环水泵站通风系统	Circulating Water Pumping Station Ventilation System
299	VDS	柴油机房通风系统	Diesel Room Air Conditioning System
300	VDY	厂区附加电源柴油机发电机厂房通风空调系统	Onsite Additional Diesel Generator Building Ventilation and Air Conditioning System
301	VEB	电气柜间通风系统	Electrical Cabinet Room Ventilation System
302	VEC	控制柜间通风系统	Control Cabinet Room Ventilation System
303	VEE	电气厂房机械设备区通风系统	Electrical Building Mechanical Equipment Area Ventilation System
304	VES	电气厂房及安全厂房防排烟系统	Electrical Building & Safeguard Building Smoke Prevention and Extraction System
305	VFL	核燃料厂房通风系统	Fuel Building Ventilation System
306	VFR	消防泵房通风系统	Fire Fighting Pump Room Ventilation System
307	VHL	热洗衣房通风系统	Hot Laundry Ventilation System
308	VHX	制氯站通风系统	Electrochlorination Plant Ventilation System (HX Building)
309	VLO	润滑油转运站通风系统	Lubricating Oil Transfer Build HVAC System
310	VMO	安全厂房机械设备区通风系统	Safeguard Building Mechanical Equipment Area Ventilation System
311	VNA	核辅助厂房通风系统	Nuclear Auxiliary Building Ventilation System
312	VPF	厂区消防泵房通风空调系统	Site Fire Fighting Pump Station Ventilation and Air Conditioning System
313	VPX	重要厂用水泵站通风系统	Essential Service Water Pumping Station Ventilation System
314	VRW	核废物厂房通风系统	Radioactive Waste Building Ventilation System
315	VTD	辅助变压器区域及公用6.6kV配电间通风空调系统	Auxiliary Power Distribution Building(JX) HVAC System
316	VUA	控制区和保护区大门通风系统	Main Access of Control & Protection Area Ventilation System
317	VUG	保卫控制中心通风系统	Security Building Ventilation System
318	VUV	核岛要害区出入口通风系统	Main Access of the NI Vital Area Ventilation System
319	VYA	除盐水车间通风系统	Demineralization Plant Ventilation System

续表

序号	系统代码	系统中文名称	系统英文名称
320	VZA	公共气体贮存区通风系统	General Gas Storage Area Ventilation System
321	VZC	空压机房通风系统	Compressors Building Ventilation System
322	WAC	人员通行厂房冷冻水系统	Access Building Chilled Water System
323	WAI	仪用压缩空气分配系统	Instrument Compressed Air Distribution System
324	WAP	压缩空气生产系统	Compressed Air Production System
325	WAS	公用压缩空气分配系统	Service Compressed Air Distribution System
326	WCC	设备冷却水系统	Component Cooling System
327	WCD	常规岛除盐水分配系统	Conventional Island Demineralized Water Distribution System
328	WCF	循环水过滤系统	Circulating Water Filtration System
329	WCI	常规岛闭式冷却水系统	Conventional Island Closed Cooling Water System
330	WCL	循环水泵润滑系统	Circulating Water Pump Lubrication System
331	WCP	阴极保护系统	Cathodic Protection System
332	WCR	二回路化学加药系统	CI Chemical Dosing System
333	WCS	二回路水汽取样监测系统	CI Water and Steam Sampling System
334	WCT	循环水处理系统	Circulating Water Treatment System
335	WCV	人员通行厂房通风系统	Access Building Ventilation System
336	WCW	循环水系统	Circulating Water System
337	WDC	清洗去污系统	Decontamination System
338	WDP	除盐水生产系统	Demineralized Water Production System
339	WEC	电气厂房冷冻水系统	Electrical Building Chilled Water System
340	WES	重要厂用水系统	Essential Service Water System
341	WGD	厂用气体贮存和分配系统	General Gas Storage and Distribution System
342	WHD	热水生产和分配系统	Hot Water Production and Distribution System
343	WHS	氢气贮存与分配系统	Hydrogen Storage and Distribution System
344	WLC	常规岛废液收集系统	Conventional Island Liquid Waste Collection System
345	WNC	核岛冷冻水系统	Nuclear Island Chilled Water System
346	WND	核岛除盐水分配系统	Nuclear Island Demineralized Water Distribution System
347	WOD	废油和非放射性水排放系统	Waste Oil and Inactive Water Drain System
348	WOS	汽轮机润滑油存储和输送系统	Turbine Lube Oil Storage and Transfer System
349	WPW	饮用水系统	Potable Water System
350	WQB	常规岛液态流出物排放系统	Conventional Island Liquid Effluents Discharge System
351	WQX	热洗衣房系统(核废物厂房)	Hot Laundry System (QX)
352	WRW	生产水系统	Industrial Water System
353	WSC	安全厂房冷冻水系统	Safeguard Building Chilled Water System

续表

序号	系统代码	系统中文名称	系统英文名称
354	WSD	辅助蒸汽分配系统	Auxiliary Steam Distribution System
355	WSR	放射性废水回收系统（核岛—机修车间—厂区实验室）	Sewage Recovery System (NI-Workshop-Site Laboratory)
356	WSS	电站污水系统	Station Sewer System
357	WUC	辅助冷却水系统	Auxiliary Cooling Water System
358	WWC	核废物厂房冷冻水系统	Nuclear Waste Building Chilled Water System
359	ZBR	硼回收系统	Boron Recycle System
360	ZDT	可降解废物处理系统	Degradable Waste Treatment System
361	ZGT	废气处理系统	Gaseous Waste Treatment System
362	ZLD	核岛液态流出物排放系统	Nuclear Island Liquid Effluents Discharge System
363	ZLT	废液处理系统	Liquid Waste Treatment System
364	ZST	固体废物处理系统	Solid Waste Treatment System